日用化学产品制造工业排污许可管理

申请·审核·执行·监管

王焕松　等 编著

·北京·

内容简介

全书共8章，首先介绍了我国目前日用化学产品制造工业的发展概况、环境管理相关政策及标准规范、国外排污许可制度实施情况，总结了典型国家排污许可制度的特征及主要经验启示。随后详细介绍了我国日用化学产品制造工业排污许可技术规范的主要内容，排污许可证的申请流程、核发审核要点，以涵盖排污许可重点、简化管理和排污登记管理的综合型日化工业排污单位为案例，具体分析了排污许可证信息填报要求、易错问题和审核要点，并根据排污许可分类管理要求，结合实际列举分析了日化工业纳入排污许可管理的4类典型案例和实施排污登记管理的5类典型案例。最后对排污许可证后执行与监管总体要求进行了梳理，并对日化工业排污单位证后执行和生态环境管理部门证后监管重点进行了详细介绍。

本书针对性、实用性较强，可供日用化学产品制造行业企事业单位、排污许可证核发机关审核单位和监管执法单位，以及从事环境保护的科研人员、管理人员参考，也供高等学校环境科学与工程、化学工程、生态工程及相关专业师生参阅。

图书在版编目（CIP）数据

日用化学产品制造工业排污许可管理：申请·审核·执行·监管/王焕松等编著.—北京：化学工业出版社，2022.7

ISBN 978-7-122-41172-3

Ⅰ.①日… Ⅱ.①王… Ⅲ.①日用化学工业-排污许可证-许可证制度-研究-中国 Ⅳ.①X78

中国版本图书馆CIP数据核字（2022）第059541号

责任编辑：刘兴春 刘 婧　　文字编辑：王丽娜 师明远
责任校对：王 静　　装帧设计：韩 飞

出版发行：化学工业出版社（北京市东城区青年湖南街13号 邮政编码100011）
印　　装：北京科印技术咨询服务有限公司数码印刷分部
787mm×1092mm 1/16 印张17¼ 字数380千字 2022年7月北京第1版第1次印刷

购书咨询：010-64518888　　售后服务：010-64518899
网　　址：http://www.cip.com.cn
凡购买本书，如有缺损质量问题，本社销售中心负责调换。

定　　价：138.00元

《日用化学产品制造工业排污许可管理：
申请·审核·执行·监管》

编著人员名单

编著者：

王焕松　张　亮　王　洁　董　妍　赵利娟　周　添
魏雅楠　顾琦玮　刘　枫　边　峰　刘　华　刘　洋
肖　梅　张　鹏

前　言

排污许可制是国际通行的一项有效控制污染物排放的环境治理基础制度。我国从20世纪80年代开始引进排污许可制，并逐步在地方试点实施，但制度效能一直未能充分发挥。党的十八大以来，党中央、国务院大力推进排污许可制度改革。十八届三中全会、五中全会和十九届四中全会、五中全会，以及《生态文明体制改革总体方案》《中共中央关于坚持和完善中国特色社会主义制度推进国家治理体系和治理能力现代化若干重大问题的决定》《中共中央关于制定国民经济和社会发展第十四个五年规划和二〇三五年远景目标的建议》等都对实施排污许可制度做出要求，明确构建以排污许可制为核心的固定污染源监管制度体系，全面实行排污许可制度，凸显了排污许可制度对生态文明建设和生态环境保护工作的极大重要性，是党中央、国务院从推进生态文明建设全局出发，全面深化环境治理基础制度改革的一项重要决策部署和重大举措。在总结国内外排污许可制度实践经验的基础上，2016年11月国务院办公厅印发《控制污染物排放许可制实施方案》，我国排污许可制改革正式拉开序幕，明确按行业、分时序逐步实现固定污染源排污许可管理全覆盖，建立法规体系完备、技术体系科学、管理体系高效的排污许可制度。

日用化学产品制造工业（以下简称日化工业）子行业类别多、产品种类多、产排污特征差异大，且尚未制定相关行业污染物排放标准，环境管理基础较为薄弱。为推动建立健全日化工业排污许可管理和技术体系，指导和规范日化工业排污单位排污许可证申请与核发工作，推动日化工业排污许可制度顺利实施，生态环境部组织轻工业环境保护研究所、中国洗涤用品工业协会、中国环境科学研究院、中国香料香精化妆品工业协会、轻工业杭州机电设计研究院有限公司、中国口腔清洁护理用品工业协会共同起草了《排污许可证申请与核发技术规范 日用化学产品制造工业》（以下简称《技术规范》）。《技术规范》作为我国首部关于日化工业环境管理的国家环境保护标准，首次系统规定了日化工业排污单位排污许可证申请与核发的基本情况填报要求，许可排放限值确定、实际排放量核算和合规判定的方法，以及自行监测、环境管理台账与排污许可证执行报告等环境管理要求，提出了日化工业污染防治可行技术要求。

为做好排污许可制度解读，便于日化工业排污单位管理人员、技术人员和排污许可证核发机关审核管理人员，以及第三方技术服务单位技术人员理解排污许可制改革精神，掌握日用化学产品工业排污许可证申请与核发的技术要求，同时为排污单位按证排污和地方生态环境主管部门依证监管等提供参考，也供高等学校环境科学与工程、生态工程、化学化工及相关专业师生参阅，特组织编著了《日用化学产品制造工业排污许可管理：申请·审核·执行·监管》。全书共分为 8 章：第 1 章介绍了我国目前日化工业的行业范围、产业分布、发展现状、典型生产工艺、产排污特征及污染治理现状等；第 2 章介绍了国内日化工业环境管理相关政策与制度，包括产业发展政策、排污许可制度、污染控制标准、环境影响评价、总量控制、环境保护税、污染源监测等，重点介绍了排污许可全过程管理要求；第 3 章介绍了国外排污许可制度实施概况、实施程序、主要特征，及其对我国排污许可制度实施可借鉴、可参考的主要经验启示；第 4 章详细介绍了《技术规范》的总体框架、适用范围以及相应内容的填报要求、许可排放限值确定方法、排污许可环境管理要求、实际排放量核算方法、合规判定方法等；第 5 章以日化工业为例，从申报材料准备、系统注册到正式填报，针对排污许可证首次申请、变更、延续、整改完成后申请、重新申请、补办等情形，将在全国排污许可证管理信息平台中的具体填报流程进行截图并按照申报步骤详细解读；第 6 章主要介绍了日化工业排污许可证核发过程中生态环境管理部门需要关注的审核要点；第 7 章以某综合管理类型（含排污许可重点管理、简化管理和排污登记管理）的日化工业企业为例，对全国排污许可证管理信息平台排污许可证申请表中每个表格填报信息、审核要点和易错问题进行详细分析，并结合实际列举了日化工业纳入排污许可管理的 4 类典型案例和实施排污登记管理的 5 类典型案例；第 8 章针对证后执行，介绍了日化工业排污单位证后执行的相关要求与实施路径，梳理了排污单位无证或不按证排污相关处罚，针对证后监管，介绍了生态环境主管部门证后监管的相关要求和依证监管检查的主要内容，并给出了依证监管现场检查要点，包括检查资料准备、污染防治设施检查和环境管理要求执行情况检查等。

本书由王焕松等编著，各章节具体分工如下：第 1 章由王焕松、董妍、边峰、刘华、刘洋、肖梅、张鹏编著；第 2 章由王焕松、王洁、董妍编著；第 3 章由魏雅楠、王焕松、顾琦玮编著；第 4 章由王焕松、张亮、顾琦玮、赵利娟编著；第 5 章由周添、王焕松、刘枫编著；第 6 章由王焕松、王洁、张亮、刘枫编著；第 7 章由赵利娟、王焕松、魏雅楠、周添编著；第 8 章由董妍、王焕松、张亮编著。全书最后由王焕松统稿并定稿，张亮、王洁负责校对等。

本书在编著过程中得到了生态环境部环境影响评价与排放管理司、生态环境部环境工程评估中心、中国环境科学研究院、轻工业杭州机电设计研究院有限公司、中国日用化学工业研究院、纳爱斯集团有限公司、北京味食源食品科技有限责任公司、丰益油脂科技（东莞）有限公司、中国中轻国际工程有限公司等单位领导和专家的大力支持和协助，在此一并致谢。

限于编著者水平及编著时间，书中难免有不足及疏漏之处，敬请广大读者批评指正。

编著者

2021 年 10 月

目 录

第 1 章

日用化学产品制造工业概况

1.1 行业范围及产业分布

《国民经济行业分类》(GB/T 4754) 将日用化学产品制造工业(以下简称"日化工业")划分为肥皂及洗涤剂制造 C2681、化妆品制造 C2682、口腔清洁用品制造 C2683、香料香精制造 C2684 和其他日用化学产品制造 C2689 五个子行业。根据 2020 年行业协会统计数据,日化工业企业共约 11000 家,规模以上企业约 1500 家。其中,除其他日用化学产品制造企业因涉及产品种类繁多、行业企业分布较为分散外,其他四个子行业企业分布主要集中于我国珠江三角洲和长江三角洲地区。

肥皂及洗涤剂制造工业主要产品包括肥皂、香皂、洗衣粉和液体洗涤剂等,全国企业数量约 1700 家,规模以上企业约 400 家。其中,以肥(香)皂生产企业最为集中,产量前十的企业占总产量的比例达 80%以上。2020 年,肥(香)皂产量约为 93.00 万吨,占洗涤用品总量的 7.73%,香皂和肥皂的产品比例约为 1∶4。从企业的分布情况来看,我国肥皂及洗涤剂制造企业主要集中于华东地区,占比为 39.5%;其次是华南地区,占比为 25.5%;最低的是西北地区,占比仅为 2.6%,如图 1-1 所示。

全国香料香精制造行业企业总数量目前约为 1200 家,规模以上企业约为 200 家。近年来,国内香料香精制造行业虽然总体增速有所放缓,但行业收入仍呈稳定增长态势,其中广东、山东、江苏、浙江、上海五个省市已成为国内香料香精市场主要的竞争区域。2020 年我国香料香精产量区域分布,如图 1-2 所示。

截至 2021 年 7 月,全国化妆品制造行业企业数量为 5678 家,其中规模以上化妆品生产企业数量约占 10%。从其地区分布来看,广东省化妆品生产企业数量达 3101 家,占全国化妆品生产企业数量的 54.61%。其次主要分布在浙江省(587 家)、江苏省(328 家)、上海市(234 家)、山东省(188 家)、福建省(111 家),该四省一市化妆品

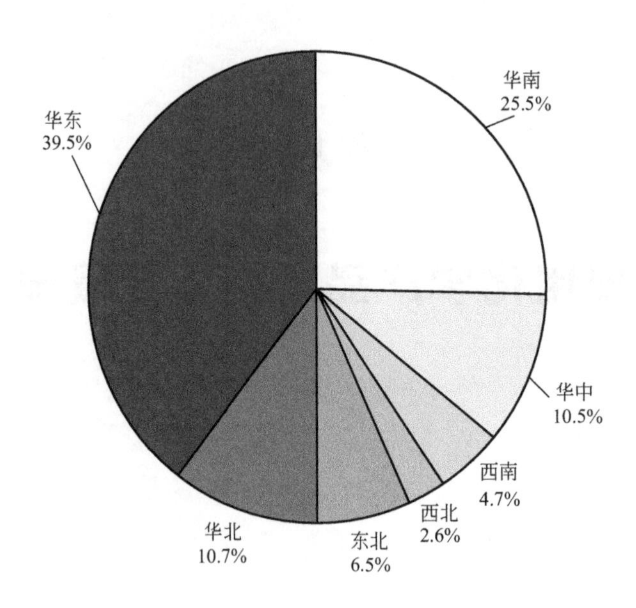

图 1-1　我国肥皂及洗涤剂制造行业企业区域分布

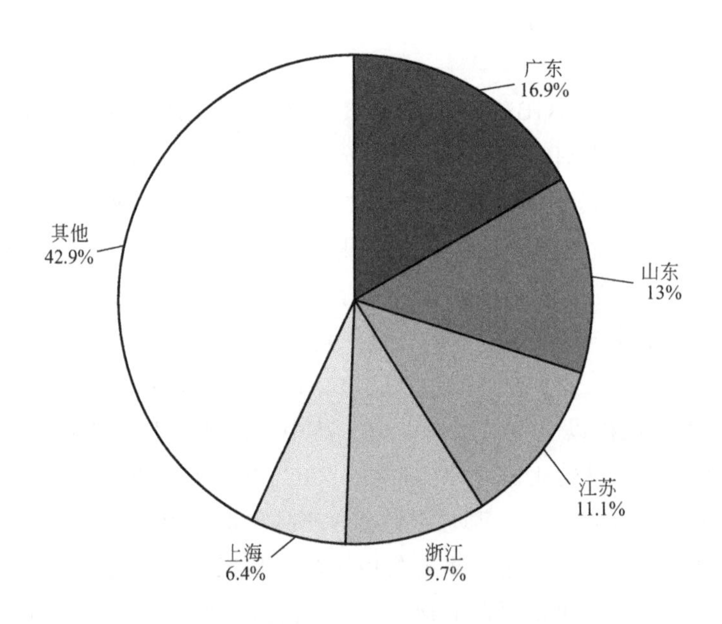

图 1-2　我国香料香精产量区域分布（2020 年）

生产企业数量约占全国的 25.5%。

全国口腔清洁用品制造企业约 300 家，其中规模以上约 120 家。从其分布来看，行业 50%以上企业和产量在广东省，其次是江苏、云南、重庆、广西、浙江、安徽、江西等省市，其余生产厂家分布在北京、上海、辽宁、福建、山东、河南、湖北、湖南、海南、陕西等省市。

1.2 主要子行业发展现状

1.2.1 肥皂及洗涤剂制造

肥皂及洗涤剂制造是指以喷洒、涂抹、浸泡等方式施用于肌肤、器皿、织物、硬表面，即冲即洗，起到清洁、去污、渗透、乳化、分散、护理、消毒除菌等功能，广泛用于家居、个人清洁卫生、织物清洁护理、工业清洗、公共设施及环境卫生清洗等领域的产品（固、液、粉、膏、片、胶囊状等）的制造。

肥皂及洗涤剂制造为日用化学工业中第一大行业，包括洗涤剂（洗衣粉、液体洗涤剂等）、肥（香）皂两大类产品，行业企业数量在 1700 家左右，其中规模以上企业 400 家左右。改革开放以来，我国肥皂及合成洗涤剂行业持续、稳定、和谐发展，全行业取得了长足进步。国内目前主导产品品种根据产量排序依次为液体洗涤剂、洗衣粉、肥（香）皂。随着人们生活方式的变化，肥（香）皂产量基本保持稳定，但比例逐年下降，洗衣粉略有增长，液体洗涤剂增长较快。2020 年我国“肥皂及洗涤剂制造业”规模以上企业洗涤剂产量累计为 1108.84 万吨，同比增长 7.67%；其中合成洗衣粉产量为 354.92 万吨，同比增长 4.14%；液体洗涤剂产量为 753.92 万吨，同比增长 9.42%。2020 年肥（香）皂产量为 93.00 万吨，同比增长 3.30%。

1.2.2 香料香精制造

香料香精制造指具有香气和香味，用于调配香精的物质——香料的生产，以及以多种天然香料和合成香料为主要原料，并与其他辅料一起按合理的配方和工艺调配制得的具有一定香型的复杂混合物，主要用于各类加香产品中的香精的生产活动。

香料是一种能被嗅觉嗅出香气或被味觉尝出香味的物质，具有挥发性，分子量一般不大于 400，是用以调制香精的原料。按来源分类，香料可分成天然香料和合成香料。近年来，我国香料香精行业快速发展，销售收入提升，香精产量稳步增长。在发展中国家中，我国是少数能在香料香精生产上与发达国家相抗衡的国家之一。如图 1-3 所示，2019 年，我国香料香精行业销售规模达到 398.00 亿元，2020 年约 408.00 亿元，同比增长了 2.50%。

产量方面，2018 年，我国香料香精产量约 49.50 万吨（其中香料约 21.90 万吨、香精约 27.60 万吨），年主营业务收入约 387.00 亿元（其中香料约 159.00 亿元、香精约 228.00 亿元）。2019 年的香料香精产量约 51.00 万吨（其中香料约 21.60 万吨、香精约 29.40 万吨），年主营业务收入约 398.00 亿元（其中香料约 164.00 亿元、香精约 234.00 亿元），与 2018 年相比，产量增长率约为 3.03%，如图 1-4 所示。

1.2.3 化妆品制造

化妆品制造是指以涂擦、喷洒或者其他类似方法，施用于皮肤、毛发、指甲、口唇等人体表面，以清洁、保护、美化、修饰为目的的日用化学工业产品的制造。化妆品分

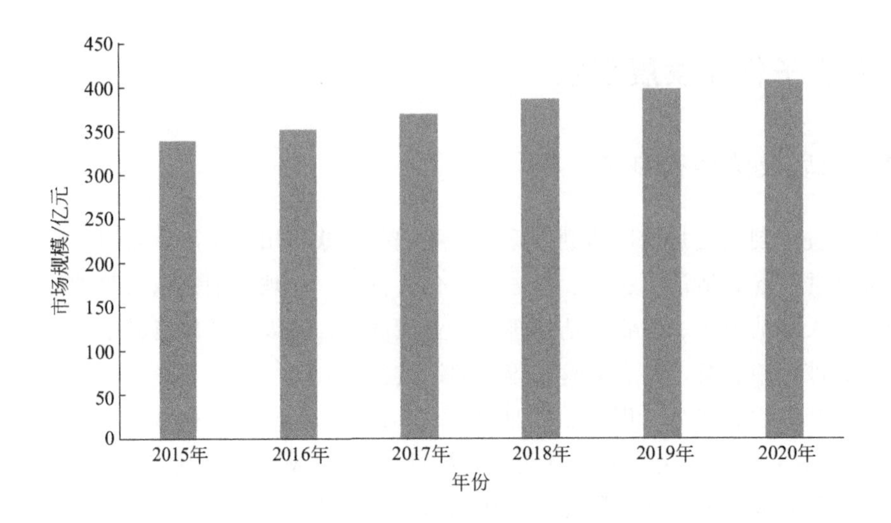

图 1-3　我国香精香料市场规模（2015～2020 年）

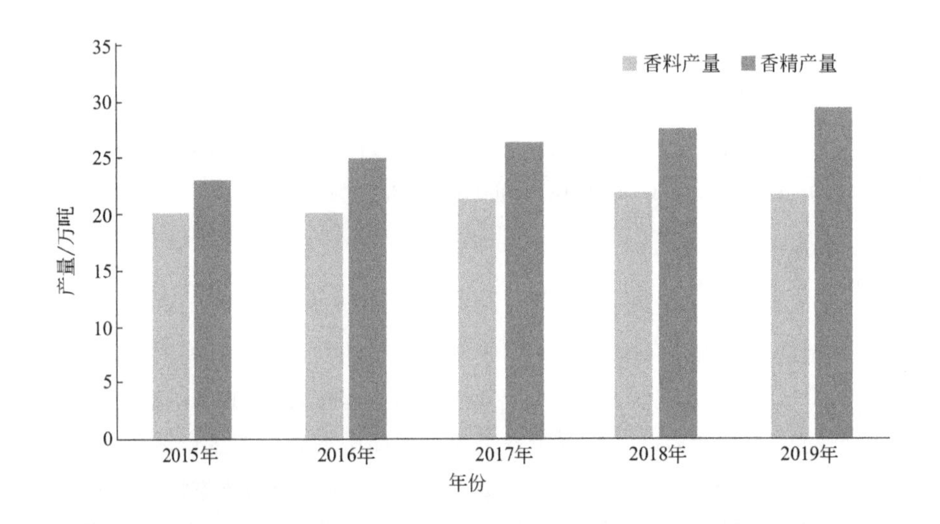

图 1-4　我国香精香料行业细分产量（2015～2019 年）

类方式多种多样，通常按其使用目的可分为清洁类化妆品、护理类化妆品和美容/修饰类化妆品。化妆品常见的生产工艺包括搅拌混合、乳化和分散、粉末混合及压制成型等，原料间基本不发生化学反应。

目前，我国境内已生产、销售的化妆品中所使用的原料达 8972 种，常见的原料类型包括表面活性剂（包括乳化剂）、溶剂、增稠剂、pH 调节剂、黏度调节剂、防腐剂、色素、防晒剂、成膜剂、填充剂、抗氧剂、动/植物提取物、调理剂、螯合剂、香精等。化妆品配方师会根据产品类型、产品稳定性、目标人群等，综合考虑以确定产品配方。

历史原因，我国现代意义上的化妆品产业直到改革开放后才逐渐起步，在经历了低基数快增长的成长初期后，至 2006 年我国化妆品产业主营业务收入首次突破 1000 亿元大关，跃居亚洲第二位、国际第八位。2013 年，我国化妆品市场规模（以零售价格计）超越日本，成为全球第二大化妆品国别消费市场并保持至今。

尽管近年来化妆品产业增速有所下滑，但仍保持着足够的韧性和发展潜力。根据国家统计局数据，2013～2020 年我国限额以上企业化妆品零售额不断增加，年均复合增长率约为 9.67%。2020 年，我国化妆品的零售总额约 3400 亿元，增幅达 9.50%，在 15 类商品中增幅次于饮料类（14.00%）、通信器材类（12.90%）和粮油食品类（9.90%）等生活必需品，且近年来化妆品类零售额增幅显著高于限额以上企业商品零售总额增幅，呈现日益扩大趋势。另外，值得注意的是，受疫情影响，在 2020 年 1～3 月期间，我国化妆品销售较 2019 年同期出现了明显的下降，而自 2020 年 3 月起化妆品销售已止跌回升，4～12 月出现明显上涨，2021 年更是自 1 月起高开后，直至 5 月，一直高于前期水平，见图 1-5 和图 1-6。

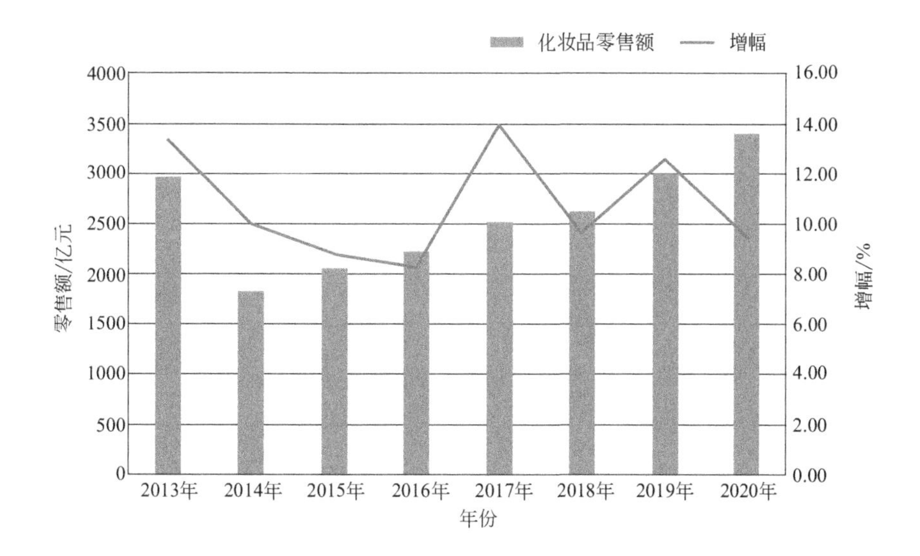

图 1-5　我国限额以上企业化妆品零售额及增幅（2013～2020 年）

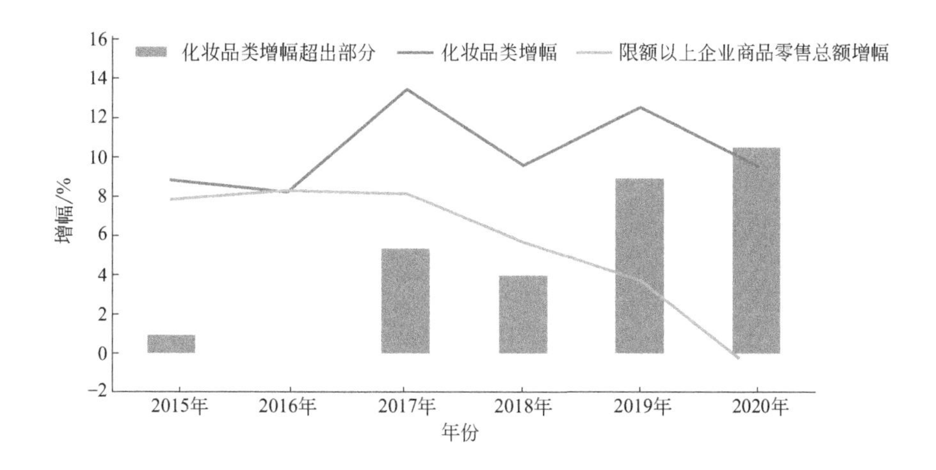

图 1-6　化妆品类零售额/限额以上企业商品零售总额增幅（2015～2020 年）

1.2.4 口腔清洁用品制造

口腔清洁用品制造是指以洗刷、含漱、涂擦、喷洒、刮擦、贴或者其他类似的方法，作用于人的牙齿（含义齿）或口腔黏膜，以达到清洁、减轻不良气味、修饰、维护目的，使之保持良好状态的日用产品的制造。口腔清洁护理用品是用来保持口腔清洁、预防口腔疾病、维护口腔健康的产品，其与人民生活息息相关，品类多种多样，主要产品包括牙膏、牙凝胶、牙齿增白啫喱、牙贴、口腔清洁护理液、口腔喷雾剂、牙粉等。其中牙膏为本行业主要产品。

2020年全国82家牙膏企业生产量67.58万吨，同比增长5.75%，其中外资企业8家产量24.41万吨，同比增长5.61%，合资企业2家产量9.58万吨，同比减少0.82%，本土企业72家产量33.59万吨，同比增长7.89%。实现生产量同比增长5%以上的企业有30家，增长10%以上的22家，增长30%以上的14家。牙膏出口量19.69万吨，同比增长8.30%；进口量2.79万吨，同比增长8.10%。牙刷产量96.3亿把，同比增加4.70%，牙刷出口量50.30亿把，同比减少11.24%；进口量3.60亿把，同比减少19.30%；牙刷进出口相抵，净出口46.70亿把。

2020年口腔用品行业63家规模以上牙膏企业主营业务收入268.02亿元，同比增长6.81%；利润率17.31%，同比增加3.79%；利润总额46.39亿元，同比增长10.85%。主营收入和利润总额指标同比都有较高增长率。

1.3 典型生产工艺及产排污特征

1.3.1 肥皂及洗涤剂制造

1.3.1.1 肥（香）皂制造

肥（香）皂生产企业主要分为两类：一类是购买皂粒（肥皂半成品），经添加辅料后，真空出条、定型、包装，这类生产工艺，基本没有污染物产生；另一类是以植物或动物油脂为原料，经碱皂化或酸水解工艺，分离制取脂肪酸，精制成皂粒，或出售或进一步加工成肥皂产品，此类生产方式，原料、能源消耗都有一定规模，同时会产生一定的废水。废水由工艺废水和循环冷却水构成，形成污染的化学物质为油脂、脂肪酸、无机的酸或碱，水污染物主要为化学需氧量（COD）、动植物油等。其中，酸水解工艺流程及产排污节点详见图1-7；碱皂化工艺主要分为连续皂化和大锅皂化两种，工艺流程及产排污节点详见图1-8和图1-9。

1.3.1.2 洗衣粉制造

洗衣粉是一种碱性的合成洗涤剂，洗衣粉的主要成分是阴离子表面活性剂如烷基苯磺酸钠，少量非离子表面活性剂，再加一些助剂如磷酸盐、硅酸盐、元明粉、荧光剂、酶等。目前国内洗衣粉的生产工艺主要有高塔喷粉和干法混合附聚成型两种。其中，高

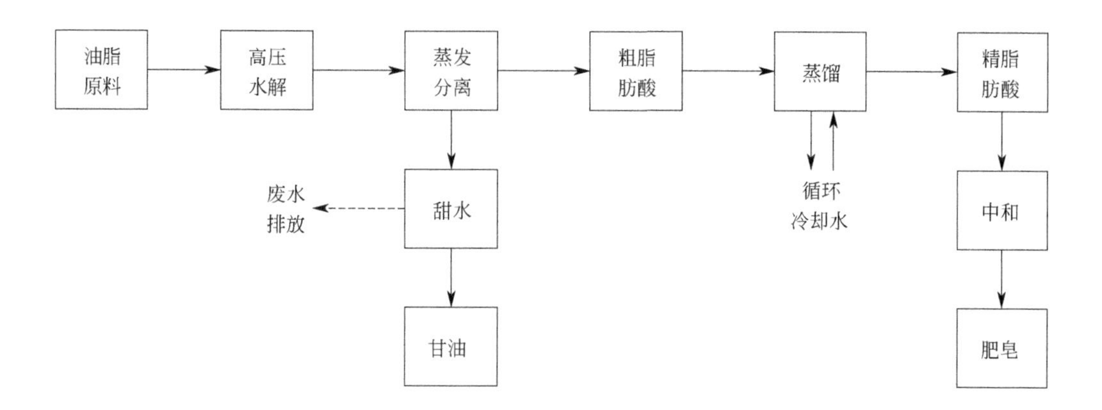

图 1-7　高压酸水解工艺流程及产排污节点

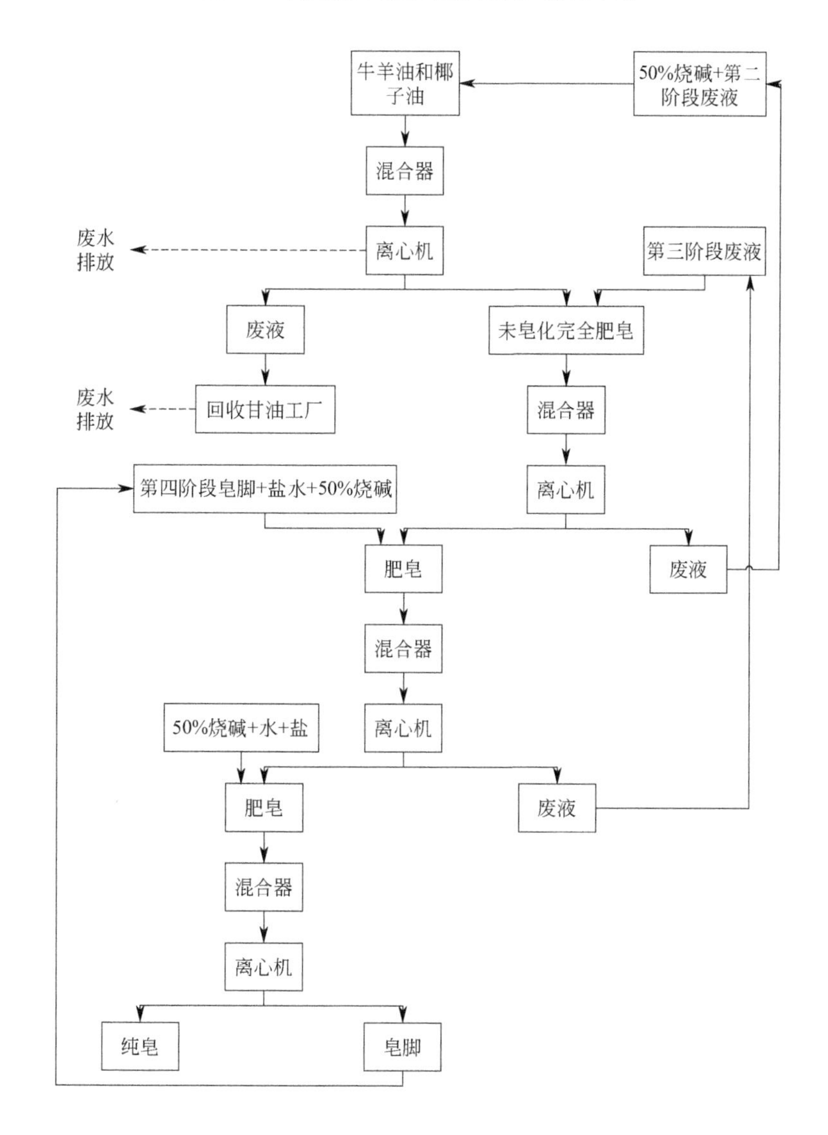

图 1-8　（连续）碱皂化制皂工艺流程及产排污节点

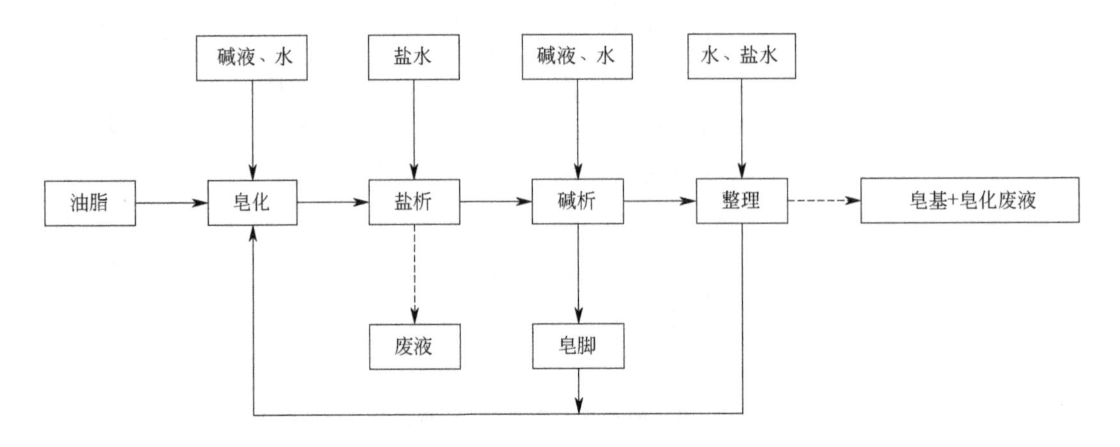

图 1-9 （大锅）碱皂化制皂工艺流程及产排污节点

塔喷粉为主流工艺，约占现有洗衣粉产量的 95%，该工艺有废气和少量废水产生。相对而言干法混合附聚成型工艺应用不普遍，产量小，但该工艺基本不产生废水和废气。

（1）高塔喷粉工艺

先将活性物单体和助剂调制成具有一定黏度的浆料，再用高压泵和喷射器喷成细小的雾状液滴，与温度为 200～300℃的热空气进行传热，使雾状液滴在短时间内迅速干燥成洗衣粉颗粒。干燥后的洗衣粉经过塔底冷风冷却、风送、老化、筛分制成成品，而塔顶出来的尾气经过旋风分离器回收细粉，除尘后的尾气通过尾气风机而排入大气。生产废水主要来自循环冷却水和除尘喷淋、设备清洗等用水。废水中主要污染成分是配制洗衣粉的各类原料，典型成分是表面活性剂（LAS），部分企业可以将此废水再次用于料浆配制，做到不外排。废气中主要污染物为颗粒物、二氧化硫、氮氧化物，颗粒物主要为洗衣粉的细粉颗粒，因此收集后可以作为下一批产品的生产原料。高塔喷粉工艺制洗衣粉的生产工艺流程及产排污节点详见图 1-10。

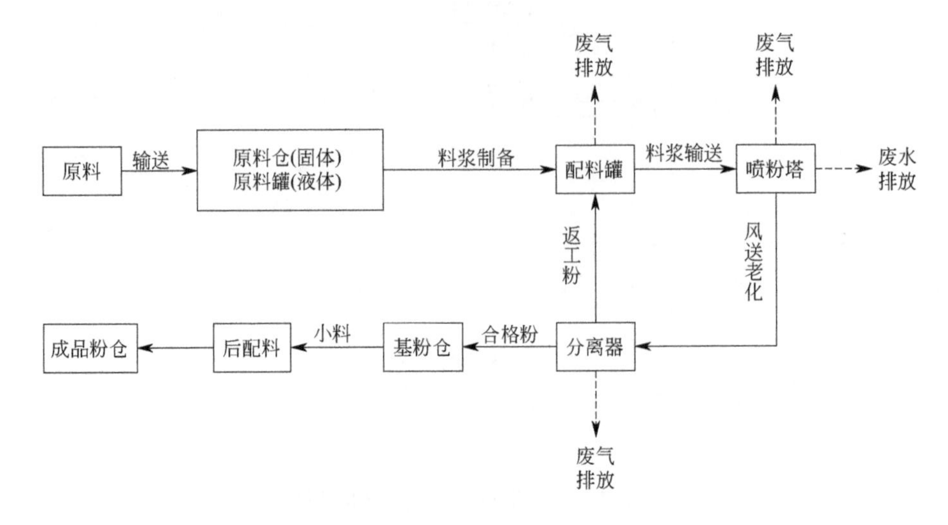

图 1-10 高塔喷粉工艺制洗衣粉生产工艺流程及产排污节点

（2）干法混合附聚成型工艺

将喷成雾状的硅酸钠溶液喷洒在固体物料组分上，使其中的三磷酸五钠和碳酸钠遇水发生水合作用，硅酸钠失水而干燥成硅酸盐黏合剂，通过粒子间的桥联，形成近似球状的颗粒附聚物，属于单纯物理混合，污染物产生量较少。

1.3.2 香料香精制造

1.3.2.1 香料制造

香料可分为天然香料和合成香料。天然香料的常见生产工艺包括：蒸馏、浸提、冷榨（磨），生产工艺流程及产排污节点详见图 1-11。生产过程中产生的污染物主要为蒸馏、浸提、冷榨（磨）后的固体废物分离残渣，更换产品时生产设备清洗废水及地面冲洗废水，以及生产过程中的无组织挥发性有机废气。合成香料，即通过化学反应，合成带有特定结构的香料化合物，生产工艺流程及产排污节点详见图 1-12。生产过程中产生的污染物主要为少量的反应残渣，更换产品时生产设备清洗废水及地面冲洗废水，以及生产过程中的无组织挥发性有机废气。

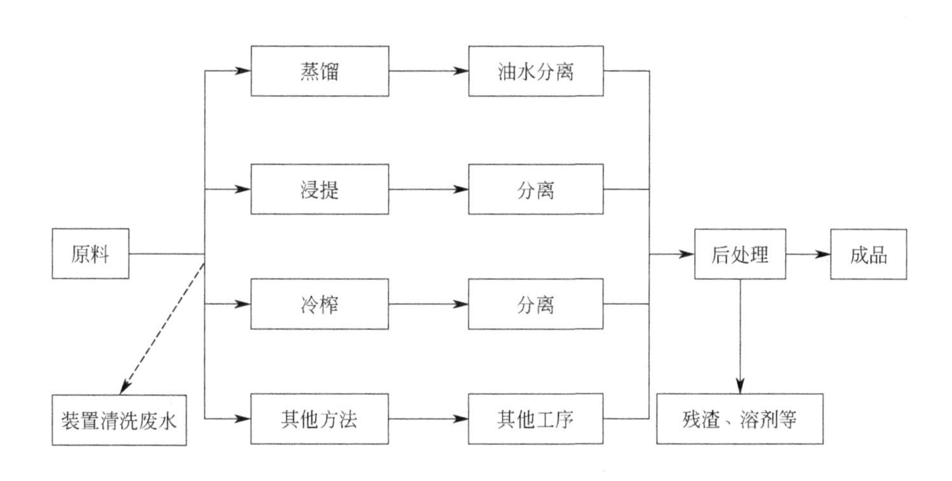

图 1-11 天然香料生产工艺流程及产排污节点

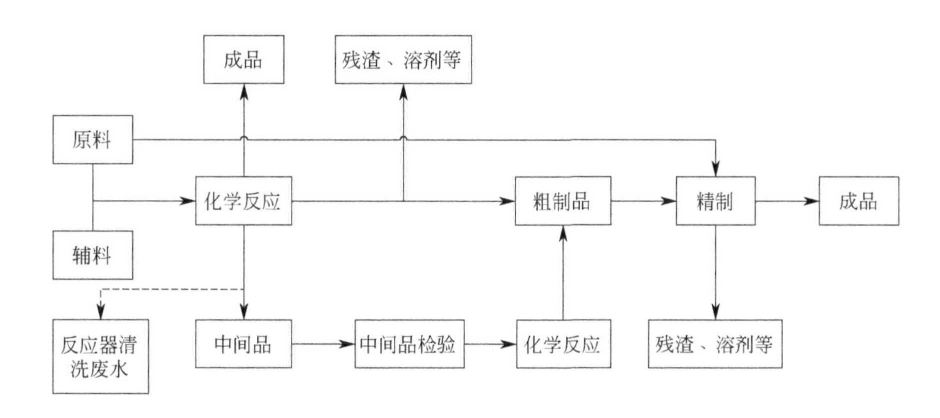

图 1-12 合成香料生产工艺流程及产排污节点

1.3.2.2 香精制造

香精的生产工艺多为搅拌混合。部分粉末香精是将液体香精喷粉后制备而成，部分膏状香精又称热反应香精是利用美拉德反应制备而成，生产工艺流程及产排污节点详见图 1-13 和图 1-14。生产过程中产生的主要污染物为更换产品时反应釜等设备的清洗用水，以及生产过程中的无组织挥发性有机废气。

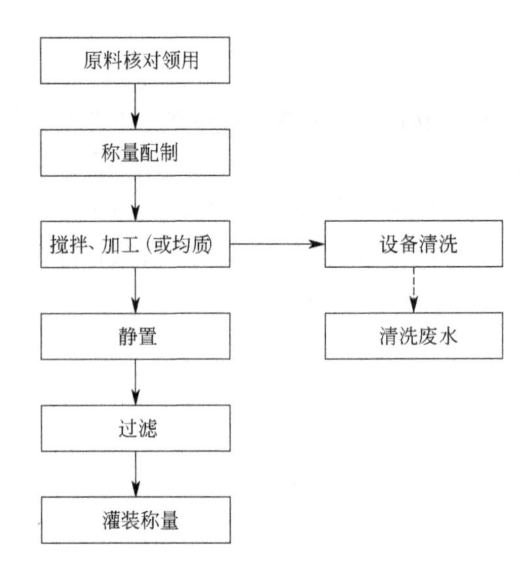

图 1-13 香精（不含热反应）生产工艺流程及产排污节点

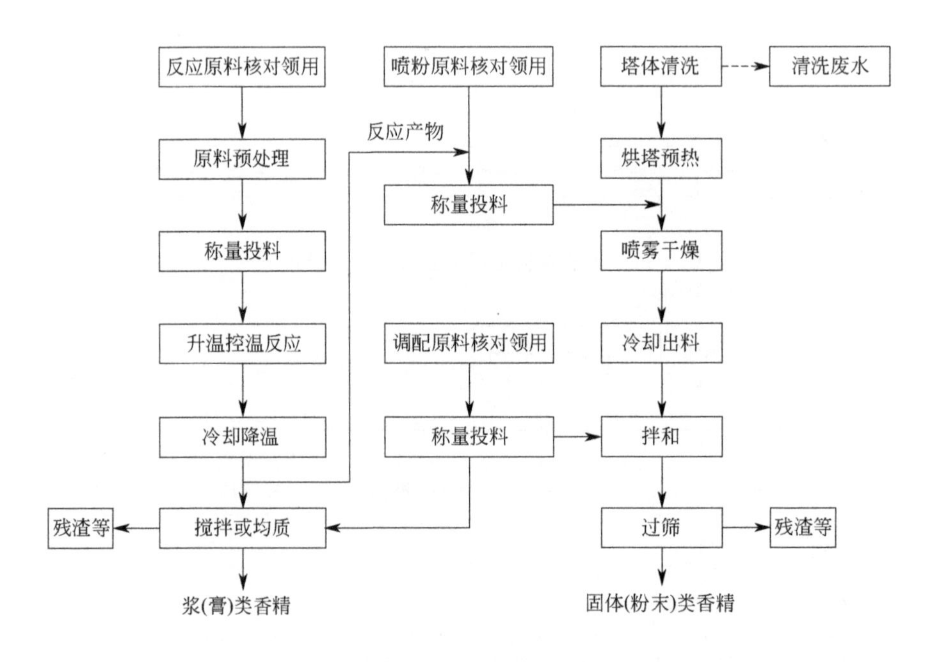

图 1-14 香精（含热反应）生产工艺流程及产排污节点

1.3.3 化妆品制造

化妆品常见生产工艺包括搅拌混合、乳化和分散、粉末混合及压制成型等，原料间基本不发生化学反应。液体、乳膏及固体粉状化妆品生产工艺流程详见图 1-15 和图 1-16。

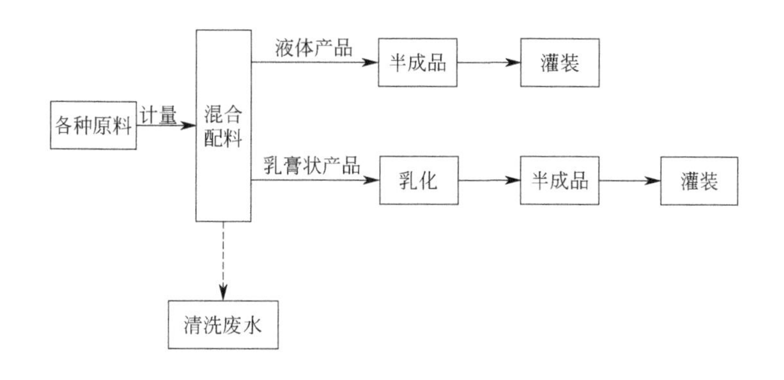

图 1-15　液体、乳膏状化妆品生产工艺流程

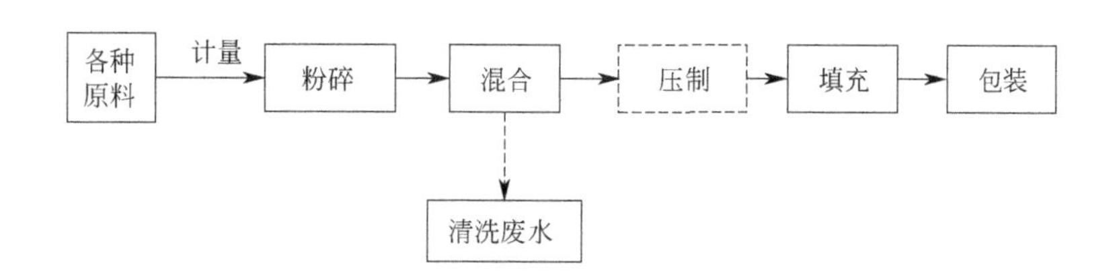

图 1-16　固体及粉状化妆品生产工艺流程

化妆品生产是一个混合复配的物理过程，其工艺过程中基本不产生废水和废气，企业产生的少量废水主要为制备软化水的外排水及更换产品时设备和容器的清洗水。

1.3.4 口腔清洁用品制造

牙膏是口腔清洁用品制造行业的主要产品，主要生产工艺分为一步法和二步法，如图 1-17 所示。

牙膏、牙粉、口腔护理液、假牙清洁剂等口腔清洁用品的制造过程是一个混合复配的物理过程，没有化学反应，因此其工艺过程基本不产生废水和废气。工业废水主要来源：

① 生产过程中更换产品品种时设备和容器的少量清洗水，其污水中的主要成分是产品原材料；

② 清洁生产区时的冲洗水，生产区地面散落的原料、中间产物、成品等在地面清洗过程中进入污水；

③ 制备软化水时产生的外排水，这部分水中污染物指标较低。

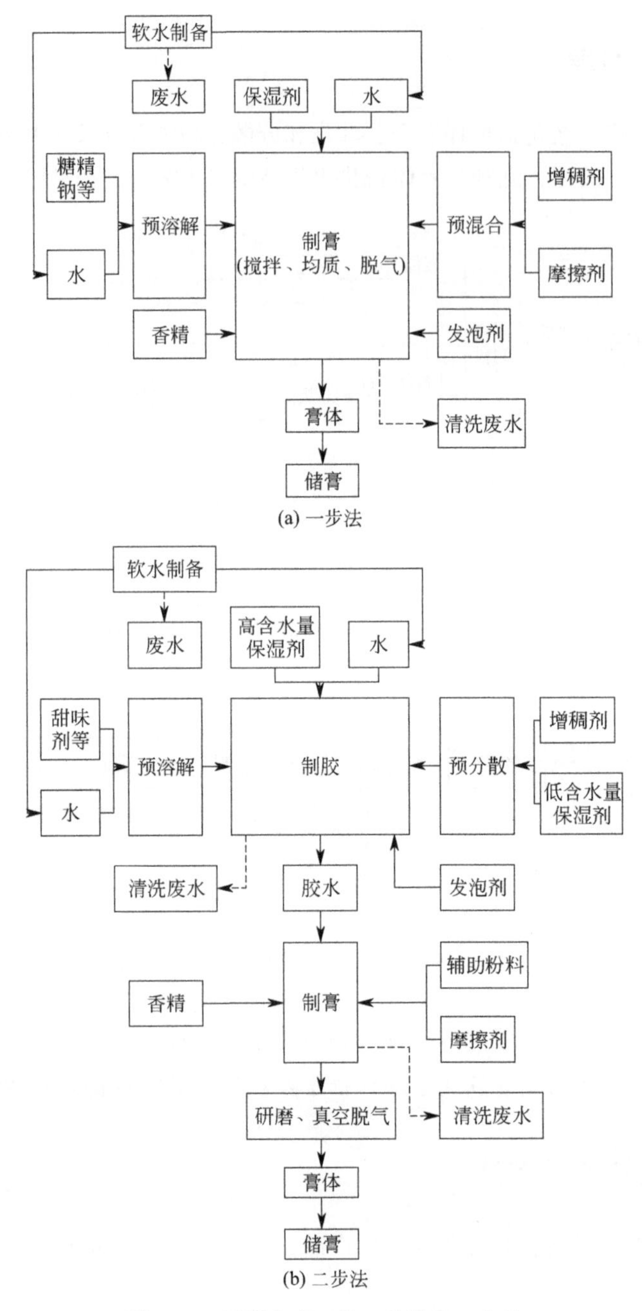

图 1-17　牙膏生产工艺一步法和二步法

1.4　污染物排放及治理现状

1.4.1　行业污染物排放

根据 2015 年环境统计，纳入环境统计范围内日用化学产品制造行业企业污染物排放情况详见表 1-1。

表 1-1　2015 年纳入环境统计日用化学产品制造行业企业污染物排放情况一览表

行业名称及代码	工业废水		化学需氧量		氨氮		工业废气		二氧化硫		氮氧化物		烟(粉)尘	
	排放量/t	行业占比/%	排放量/t	行业占比/%	排放量/t	行业占比/%	排放量/$10^4 m^3$	行业占比/%	排放量/t	行业占比/%	排放量/t	行业占比/%	排放量/t	行业占比/%
肥皂及洗涤剂制造 C2681	13508393.69	33.25	1614.47	27.89	123.73	29.55	1175922.21	38.13	3511.90	43.35	1613.97	50.91	1347.10	27.37
化妆品制造 C2682	4756197.45	11.71	482.36	8.33	24.09	5.75	257764.90	8.36	218.06	2.69	88.31	2.79	132.76	2.70
口腔清洁用品制造 C2683	1089475.70	2.68	101.23	1.75	6.59	1.57	17721.17	0.57	10.84	0.13	8.40	0.26	76.54	1.56
香料香精制造 C2684	14337933.19	35.29	2480.58	42.85	166.96	39.87	759455.95	24.63	2661.49	32.85	853.18	26.91	2142.80	43.54
其他日用化学产品制造 C2689	6933004.83	17.07	1110.89	19.19	97.37	23.25	872904.88	28.31	1699.71	20.98	606.21	19.12	1221.85	24.83
合计	40625004.86	100.00	5789.53	100.00	418.74	100.00	3083769.11	100.00	8102	100.00	3170.07	100.00	4921.05	100.00
全行业占比/%	0.21		0.20		0.19		0.08		0.005		0.03		0.04	

由表1-1可知，2015年，日用化学产品工业废水、化学需氧量、氨氮排放量分别为4062.500万吨、0.579万吨、0.042万吨，分别约占环境统计全行业的0.21%、0.20%和0.19%；工业废气、二氧化硫、氮氧化物、烟（粉）尘排放量分别为308.377亿立方米、0.810万吨、0.317万吨、0.492万吨，分别约占环境统计全行业的0.08%、0.005%、0.03%、0.04%。

另外，从日用化学产品制造行业内各小类行业污染物排放情况看，肥皂及洗涤剂制造和香料香精制造两个子行业主要污染物排放量约占行业排放量的70%以上，其中化学需氧量、氨氮排放量行业内占比分别达到70.74%和69.42%；二氧化硫、氮氧化物、烟（粉）尘排放量分别占行业内76.19%、77.82%和70.91%。

1.4.2 行业污染物治理

1.4.2.1 肥皂及洗涤剂制造

肥皂及洗涤剂制造污染源主要集中在2个方面：

① 以油脂为原料制皂过程中的废水排放，主要水污染物有化学需氧量、氨氮、动植物油等；

② 高塔喷粉工艺洗衣粉制造热风装置的废气排放，主要大气污染物有颗粒物、二氧化硫、氮氧化物等。以皂粒（基）为原料的肥皂制造、采用干混或附聚成型工艺的合成洗衣粉制造，以及液体洗涤剂制造主要为物理混合过程，污染物产生量较少。

（1）废气治理措施

肥皂制造中产生的干燥废气，以及洗衣粉车间喷粉塔处产生的二氧化硫、氮氧化物及颗粒物，一般采用袋式除尘器、袋式除尘器＋电除尘器、袋式除尘器＋旋风除尘器、喷淋系统等措施，在烘干过程中热风中的二氧化硫等酸性气体与料浆中的碱性原料（NaOH、Na_2CO_3 等）进行反应从而得到较好脱除，尾气基本能够实现达标排放。

（2）废水治理措施

企业冷却循环系统产生的废水、设备冲洗水、地面冲洗水、废气处理产生的废水和生活污水经收集后通常进入厂内污水处理站，处理达标后排入环境水体或城镇污水集中处理设施。虽然生产工艺存在差异，但是排放的废水特性相差不大，因此采用的末端治理技术基本上相似，采用的处理工艺通常有以下几种。

① 预处理：粗（细）格栅；竖流式或辐流式沉淀、混凝沉淀；气浮。

② 生化法处理：升流式厌氧污泥床（UASB）；IC反应器或水解酸化技术；厌氧滤池（AF）；活性污泥法；氧化沟及其各类改型工艺；生物接触氧化法；序批式活性污泥法（SBR）；缺氧/好氧活性污泥法（A/O法）；厌氧-缺氧-好氧活性污泥法（A^2/O法）；膜生物反应器（MBR）法。

③ 除磷处理：化学除磷（注明混凝剂）；生物除磷；生物与化学组合除磷；其他。

对于洗衣粉制造排污单位，通常废水中阴离子表面活性剂（LAS）含量相对较高，通常采取预处理（絮凝、气浮、高级氧化、吸附）＋一级生化的处理方式，基本能够实现达标排放。

1.4.2.2　香料香精制造

香料香精制造的主要生产设备为反应釜，生产废水主要来源于工艺排水、更换产品时的洗釜水和地面清洗废水等，其污水中的主要成分一般较为复杂，主要视产品原辅材料成分而定，不同生产工艺及产品产生的废水中化学需氧量、悬浮物、pH 值、色度等指标差异较大，芳香烃化合物及其衍生物一般含量较高；其废气排放主要来源于生产过程中的挥发性有机废气，特别是热反应香精的制造。

（1）废气治理措施

香料香精生产过程中主要产生挥发性有机物废气，通常采取密闭后集中收集处理，废气处理工艺通常包括 UV 光解＋活性炭吸附、等离子处理、喷淋＋热力燃烧等，尾气经处理后基本能够实现达标排放。

（2）废水治理措施

废气处理产生的废水、企业冷却循环系统产生的废水、设备冲洗水、地面冲洗水和生活污水经收集后通常进入厂内污水处理站，处理达标后排入环境水体或城镇污水集中处理设施。虽然生产工艺存在差异，但是采用的末端治理技术基本上相似，采用的处理工艺通常有以下几种。

① 预处理：粗（细）格栅；竖流式或辐流式沉淀、混凝沉淀；气浮。

② 生化法处理：升流式厌氧污泥床（UASB）；IC 反应器或水解酸化技术；厌氧滤池（AF）；活性污泥法；氧化沟及其各类改型工艺；生物接触氧化法；序批式活性污泥法（SBR）；缺氧/好氧活性污泥法（A/O 法）；厌氧-缺氧-好氧活性污泥法（A^2/O 法）；膜生物反应器（MBR）法。

③ 除磷处理：化学除磷（注明混凝剂）；生物除磷；生物与化学组合除磷；其他。

1.4.2.3　化妆品、口腔清洁用品制造

化妆品生产和牙膏、牙粉、口腔护理液、假牙清洁剂等口腔清洁用品的生产过程是一个混合复配的物理过程，没有化学反应，因此其工艺过程基本不产生废水和废气。少量工业废水主要来源于更换产品品种时对设备和容器的清洗水，清洁生产区时的地面冲洗水和制备软化水时产生的外排水。

（1）废气治理措施

配料时有少量挥发性有机物产生，由于产生量极少，大部分企业为无组织排放，部分企业配备了废气收集处理设施，经过活性炭吸附或直接排放，基本能够实现达标排放。

（2）废水治理措施

企业冷却循环系统产生的废水、设备冲洗水、地面冲洗水和生活污水经收集后通常进入厂内污水处理站，处理达标后排入环境水体或市政污水处理厂。虽然生产工艺存在差异，但是采用的末端治理技术基本相似，多采用“厌氧池＋生物接触氧化池＋沉淀池处理”等废水处理技术，少量环保管理要求较高的企业增加膜生物反应器（MBR）法，基本能够实现达标排放。

第2章

国内日化工业环境管理相关政策与制度

2.1 日化产业发展政策

为加快转变经济发展方式，推动产业结构调整和优化升级，完善和发展现代产业体系，国家发展改革委会同国务院有关部门发布实施了《产业结构调整指导目录（2011年本）（修正）》，并于2019年11月修订发布《产业结构调整指导目录（2019年本）》。根据该目录，涉及日用化学产品制造工业排污单位的包括鼓励类、限制类、淘汰类、落后产品四种，如表2-1所列。

表2-1 《产业结构调整指导目录（2019年本）》

类别	日用化学产品制造工业相关内容
鼓励类	①多效、节能、节水、环保型表面活性剂，助剂和洗涤剂的开发与生产
	②天然食品添加剂、天然香料新技术开发与生产
限制类	单层喷枪洗衣粉生产工艺及装备、1.6t/h以下规模磺化装置
淘汰类	①以四氯化碳(CTC)为清洗剂的生产工艺
	②以三氟三氯乙烷(CFC-113)和甲基氯仿(TCA)为清洗剂和溶剂的生产工艺
落后产品	①化妆品(含汞量超过百万分之一)，包括亮肤肥皂和乳霜，不包括以汞为防腐剂且无有效安全替代防腐剂的眼部化妆品(2020年12月31日)
	②含二甲苯麝香的日用香精

为加快淘汰落后生产能力，促进工业结构优化升级，工业和信息化部发布了《部分工业行业淘汰落后生产工艺装备和产品指导目录（2010年本）》，该目录的六、轻工中规定："16. 四氯化碳（CTC）为清洗剂的生产工艺（根据国家履行国际公约总体计划要求进行淘汰）；17. CFC-113为清洗剂的生产工艺；18. 甲基氯仿（TCA）为清洗剂的

生产工艺（根据国家履行国际公约总体计划要求进行淘汰）”属于淘汰落后工艺。

2.2 控制污染物排放许可制度

2.2.1 排污许可制度顶层设计

我国从 20 世纪 80 年代开始引进排污许可制度，并逐步在地方试点实施，但制度效能一直未能充分发挥。基于通行有效的国际实践经验和国内长期试点积累，我国十八大以来开始大力推进排污许可制度改革。从法律层面看，近年来制（修）订的《环境保护法》《大气污染防治法》《水污染防治法》《固体废物污染环境防治法》《土壤污染防治法》等法律，均明确提出实行排污许可制度，为将大气、水、工业固体废物和土壤污染防治要求纳入排污许可管理提供了法律支撑。从政策层面看，《关于全面深化改革若干重大问题的决定》《关于加快推进生态文明建设的意见》《生态文明体制改革总体方案》等改革系列文件，都对建立排污许可制度提出要求。

2016 年 11 月，国务院办公厅印发《控制污染物排放许可制实施方案》（国办发〔2016〕81 号，以下称《实施方案》），对实施排污许可制改革作出总体部署和系统安排，标志着我国排污许可制改革正式拉开序幕，明确要将排污许可制建设成为固定污染源环境管理的核心制度。《实施方案》提出，按行业分时序逐步实现对固定污染源排污许可管理全覆盖，并于 2020 年全国基本完成排污许可证核发，推动各项固定污染源环境管理制度有机衔接，基本建立法规体系完备、技术体系科学、管理体系高效的排污许可制，对固定污染源实施全过程管理和多污染物协同控制，实现系统化、科学化、法治化、精细化、信息化的“一证式”管理。2019 年 10 月，党的十九届四中全会审议通过《中共中央关于坚持和完善中国特色社会主义制度推进国家治理体系和治理能力现代化若干重大问题的决定》，提出“构建以排污许可制为核心的固定污染源监管制度体系”，再次明确排污许可制定位及改革方向。2020 年 10 月，党的十九届五中全会审议通过《中共中央关于制定国民经济和社会发展第十四个五年规划和二〇三五年远景目标的建议》，提出“全面实行排污许可制”，吹响了全面深化排污许可制改革的冲锋号。

2.2.2 排污许可分类管理

为明确纳入排污许可管理的行业范围和分类管理要求，环境保护部发布了《固定污染源排污许可分类管理名录（2017 年版）》（环境保护部令 第 45 号），生态环境部于 2019 年进行了修订，出台《固定污染源排污许可分类管理名录（2019 年版）》（生态环境部令 第 11 号，以下称《名录》），进一步完善纳入排污许可管理的行业范围，优化分类管理要求。《名录》根据排污单位污染物产生量、排放量和对环境的影响程度等因素，将排污许可管理类别划分为重点管理、简化管理和登记管理。其中，对污染物产生量、排放量或者对环境影响程度较大的排污单位，实行排污许可重点管理；对污染物产生量、排放量和对环境影响程度较小的排污单位，实行排污许可简化管理；对污染物产生量、排放量和对环境影响程度很小的排污单位，实行排污登记管理。

日用化学产品制造工业排污许可重点管理范围为：肥皂及洗涤剂制造 C2681（以油脂为原料的肥皂或皂粒制造），香料香精制造 C2684（香料制造），以上均不含单纯混合或者分装的；简化管理范围为：肥皂及洗涤剂制造 C2681（采用高塔喷粉工艺的合成洗衣粉制造），香料香精制造 C2684（采用热反应工艺的香精制造）。纳入重点和简化管理之外的其他日化工业排污单位实行登记管理，无需申领排污许可证，仅在全国排污许可证管理信息平台进行排污登记。另外，根据《排污许可管理条例》（国务院令　第 736 号）第四十六条规定和生态环境部 2020 年 4 月发布的《关于固定污染源排污限期整改有关事项的通知》（环环评〔2020〕19 号），涉及以下情形的日化工业排污单位，即使属于重点管理或简化管理类别也不予核发排污许可证：

① 位于饮用水水源保护区等禁止建设区域内的；

② 生产含二甲苯麝香的日用香精等国家明令淘汰落后产品或生产工艺装备的；

③ 排污单位存在“不能达标排放”“手续不全”“未按规定安装使用自动监测设备和设置排污口”等情形的，下达排污限期整改通知书。

2.2.3 排污许可规范管理

为从国家层面统一排污许可证管理要求，2016 年 12 月，环境保护部发布了《关于印发〈排污许可证管理暂行规定〉的通知》（环水体〔2016〕186 号，以下称《规定》），以规范性文件形式首次统一规定了排污许可证的申请、核发、实施、监管等行为要求。2018 年 1 月，环境保护部以部门规章形式发布《排污许可管理办法（试行）》（环境保护部令 第 48 号，以下称《办法》），延续、深化和完善了《规定》的内容，初步建立了排污许可责任体系，并对排污许可进行了定义，明确“本办法所称排污许可，是指环境保护主管部门根据排污单位的申请和承诺，通过发放排污许可证法律文书形式，依法依规规范和限制排污行为，明确环境管理要求，依据排污许可证对排污单位实施监管执法的环境管理制度”。2019 年 8 月，《生态环境部关于废止、修改部分规章的决定》对《办法》中部分条款进行了修改完善。由于《办法》效力位阶较低，且对于排污单位漏报、瞒报、虚报申请材料、未及时变更或补办排污许可证，以及不按证记录环境管理台账、提交执行报告等行为缺乏相应罚则，致使依证监管缺乏有效执法手段，亟须通过制定法规予以完善。为推动排污许可制改革的法治化建设，进一步加强排污许可管理，规范企业事业单位和其他生产经营者排污行为，控制污染物排放，生态环境部衔接《办法》启动了《排污许可管理条例》（以下称《条例》）的研究起草工作。2018 年 11 月，首先形成《条例》草案征求意见稿，并向社会广泛征求意见。2019 年，形成《条例》草案送审稿，并报送国务院。2020 年 12 月 9 日，《条例》通过国务院常务会议审议。2021 年 1 月 24 日，《条例》正式公布，自 2021 年 3 月 1 日起生效施行，从明确管理范围和类别、规范申请与审批程序、加强排污管理、严格监督检查、强化法律责任等方面，全面规范排污许可管理重点内容。

2.3.4　排污许可证申请与核发

为贯彻落实《实施方案》提出的按行业分步推进排污许可管理全覆盖的工作要求，2016 年 12 月，环境保护部通过发布《关于开展火电、造纸行业和京津冀试点城市高架源排污许可证管理工作的通知》（环水体〔2016〕189 号），率先启动了火电、造纸两个行业排污许可证申请与核发工作，并于 2017 年 6 月基本完成。在总结两个行业先行先试经验的基础上，为指导和规范各行业排污许可证申请与核发工作，截至 2020 年年底，生态环境部已发布了《排污许可证申请与核发技术规范 总则》（HJ 942—2018）和 73 个行业的排污许可证申请与核发技术规范。这些技术规范的框架结构大体相同，主要包括：适用范围、规范性引用文件、术语和定义、排污单位基本情况申报要求、产排污环节对应排放口及许可排放限值确定方法、污染防治可行技术要求、自行监测管理要求、环境管理台账记录与执行报告编制要求、实际排放量核算方法、合规判定方法，编制内容突出了各行业生产特点、产排污特征及环境管理要求。其中，《排污许可证申请与核发技术规范 日用化学产品制造工业》（HJ 1104—2020）专门用于指导和规范日用化学产品制造行业排污许可证的申请与核发。

为配合排污许可证的申请与核发工作，生态环境部还发布了《关于发布排污许可证承诺书样本、排污许可证申请表和排污许可证格式的通知》（环规财〔2018〕80 号），统一规范排污许可证及相关申请材料格式内容；环境保护部发布《污染防治可行技术指南编制导则》（HJ 2300—2018）、《火电厂污染防治可行技术指南》（HJ 2301—2017）、《制浆造纸工业污染防治可行技术指南》（HJ 2302—2018）等行业污染防治可行技术系列标准，为排污许可证核发中污染防治可行技术判定提供依据。同时，为了指导排污单位开展自行监测，环境保护部发布了《排污单位自行监测技术指南 总则》（HJ 819—2017）和火力发电及锅炉、造纸、钢铁、纺织、制药、电镀、制革及毛皮加工、农药制造等行业的自行监测技术指南。为规范排污单位环境管理台账记录和执行报告提交，发布了《排污单位环境管理台账及排污许可证执行报告技术规范 总则（试行）》（HJ 944—2018）。为统一规范排污单位及其所属的固定场所、生产设施、污染治理设施、排放口等的编码规则，在《固定污染源（水、大气）编码规则（试行）》（环水体〔2016〕189 号附件 4）基础上，修订发布了《排污单位编码规则》（HJ 608—2017）。

2.2.5　排污许可证后监管

严格落实依证监管是排污许可制有效实施的关键。我国在 2017 年 6 月率先完成火电、造纸两个先行先试行业排污许可证核发后，随即出台了《火电、造纸行业排污许可证执法检查工作方案》，开展了两个行业排污许可证执法检查。随后，又相继出台《关于在京津冀及周边地区、汾渭平原强化监督工作中加强排污许可执法监管的通知》等多个排污许可监管执法规范性文件，对证后监管作出部署，推动排污许可与行政执法相衔接，但能够实质开展的检查内容主要局限在打击无证排污、查处超标排污、督促企业落实自行监测要求等现行法律法规已明确且有相应罚则的环境管理要求。

从总体来看，排污许可制改革初期，由于法律支撑不足、管理基础薄弱、基层依证监管意识和能力欠缺、缺乏操作性指导和规制等，证后监管工作未能及时有效跟进，重发证、轻监管问题突出，降低了排污许可制实施效能。《条例》出台后，作为我国首部排污许可管理专门性法规，进一步明确了相关主体的法律责任，为推进排污许可制改革筑牢了法治保障，为落实排污单位环境治理主体责任提供了法律手段，为固定污染源依证监管执法提供了法律依据，必将全面推动依证监管规范化、常态化，建立公平规范的环境守法执法新秩序，构建以排污许可制为核心的固定污染源监管制度体系。2021 年 7 月，生态环境部发布《固定污染源排污许可证质量、执行报告审核指导工作方案》，以《条例》发布实施为制度保障，组织全国开展固定污染源排污许可证质量、执行报告审核，强化排污许可证后管理，夯实证后监督执法基础，督促排污单位落实主体责任，确保持证排污、按证排污、依证监管。

2.2.6 排污许可管理主要相关文件

2016 年正式全面推行排污许可制改革以来，我国出台与日化工业排污单位相关的排污许可管理主要法规、政策和标准规范文件，如表 2-2 所列。

表 2-2 我国排污许可制改革以来出台的主要相关法规、政策和标准规范文件

序号	发布时间	发布机构	文件名称	文号(标准号)	主要用途或意义	类型	备注（状态）
1	2016 年 11 月	国务院办公厅	《控制污染物排放许可制实施方案》	国办发〔2016〕81 号	对排污许可制改革作出总体部署和系统安排	国家政策文件	现行有效
2	2016 年 12 月	环境保护部	《排污许可证管理暂行规定》	环水体〔2016〕186 号	规范排污许可证申请、审核、发放、管理等程序	规范性文件	已废止
3	2016 年 12 月	环境保护部	《排污许可证申领信息公开情况说明表(试行)》	环水体〔2016〕189 号附件 3	统一规范排污许可证申领信息公开情况说明的内容和要求	规范性文件	现行有效
4	2016 年 12 月	环境保护部	《固定污染源(水、大气)编码规则(试行)》	环水体〔2016〕189 号附件 4	规定了固定污染源排污许可管理的排污许可证、生产设施、治理设施、排放口的编码规则	规范性文件	已废止
5	2017 年 4 月	环境保护部	《排污单位自行监测技术指南 火力发电及锅炉》	HJ 820—2017	指导和规范火力发电厂及锅炉自行监测工作	环境保护标准	现行有效
6	2017 年 7 月	环境保护部	《固定污染源排污许可分类管理名录(2017 年版)》	环境保护部令第 45 号	明确纳入排污许可管理的行业范围和分类管理要求	部门规章	已废止
7	2017 年 11 月	环境保护部	《关于做好环境影响评价制度与排污许可制衔接相关工作的通知》	环办环评〔2017〕84 号	推动建设项目环境影响评价制度与排污许可制度有机衔接	规范性文件	现行有效
8	2018 年 1 月	环境保护部	《排污许可管理办法(试行)》	环境保护部令第 48 号	规范排污许可证申请、核发、执行以及与排污许可相关的监管和处罚等	部门规章	现行有效

续表

序号	发布时间	发布机构	文件名称	文号(标准号)	主要用途或意义	类型	备注(状态)
9	2018年1月	环境保护部	《排污单位编码规则》	HJ 608—2017	规定了排污单位及其所属的固定场所、生产设施、污染治理设施、排放口等的编码规则	环境保护标准	现行有效
10	2018年2月	环境保护部	《排污许可证申请与核发技术规范 总则》	HJ 942—2018	规定了排污单位基本情况填报要求、许可排放限值确定、实际排放量核算和合规判定的一般方法,以及自行监测、环境管理台账及排污许可证执行报告等环境管理要求,提出了排污单位污染防治可行技术的原则要求	环境保护标准	现行有效
11	2018年3月	生态环境部	《排污单位环境管理台账及排污许可证执行报告技术规范 总则(试行)》	HJ 944—2018	规定了排污单位环境管理台账记录形式、记录内容、记录频次和记录保存的一般要求,以及排污许可证执行报告分类、编制流程、编制内容和报告周期等原则要求	环境保护标准	现行有效
12	2018年7月	生态环境部	《排污许可申请与核发技术规范 锅炉》	HJ 953—2018	指导和规范锅炉排污单位排污许可证申请与核发工作	环境保护标准	现行有效
13	2018年8月	生态环境部	《关于发布排污许可证承诺书样本、排污许可证申请表和排污许可证格式的通知》	环规财〔2018〕80号	规范排污许可证承诺书、申请表和证书格式	规范性文件	现行有效
14	2018年9月	生态环境部	《关于印发排污许可制全面支撑打好污染防治攻坚战工作方案的通知》	环规财〔2018〕90号	全面支撑打好污染防治攻坚战,落实7个标志性战役中关于固定污染源的管理要求,加快推动排污许可制实施	规范性文件	已废止
15	2019年3月	生态环境部	《关于在京津冀及周边地区、汾渭平原强化监督工作中加强排污许可执法监管的通知》	环办执法函〔2019〕329号	推进区域,强化监督和固定污染源排污许可清理整顿试点工作,加强排污许可行政执法有效衔接,严格排污许可执法监管	规范性文件	现行有效
16	2019年12月	生态环境部	《关于做好固定污染源排污许可清理整顿和2020年排污许可发证登记工作的通知》	环办环评函〔2019〕939号	推动"核发一个行业、清理一个行业、规范一个行业、达标一个行业"工作要求,实现固定污染源排污许可全覆盖	规范性文件	已废止

续表

序号	发布时间	发布机构	文件名称	文号(标准号)	主要用途或意义	类型	备注（状态）
17	2019年12月	生态环境部	《固定污染源排污许可分类管理名录(2019年版)》	生态环境部令第11号	明确纳入排污许可管理的行业范围和分类管理要求	部门规章	现行有效
18	2020年1月	生态环境部	《固定污染源排污登记工作指南(试行)》	环办环评函〔2020〕9号	指导和规范固定污染源排污登记管理工作	规范性文件	现行有效
19	2020年2月	生态环境部	《排污许可申请与核发技术规范 日用化学产品制造工业》	HJ 1104—2020	指导和规范日用化学产品制造工业排污许可证申请与核发工作	环境保护标准	现行有效
20	2020年4月	生态环境部	《关于固定污染源排污限期整改有关事项的通知》	环环评〔2020〕19号	明确下达排污限期整改通知书的情形和具体管理要求，推动实现固定污染源排污许可管理全覆盖任务目标	规范性文件	现行有效
21	2020年9月	生态环境部	《环评与排污许可监管行动计划(2021—2023年)》和《生态环境部2021年度环评与排污许可监管工作方案》	环办环评函〔2020〕463号	推进环评与排污许可的审查审批与行政执法衔接，形成监管合力	规范性文件	现行有效
22	2020年10月	生态环境部	《2020年固定污染源排污许可全覆盖“回头看”工作方案》	环办环评函〔2020〕84号	推动实现排污许可管理全覆盖任务目标，把控排污许可管理质量，助力污染防治攻坚战	规范性文件	已废止
23	2021年1月	国务院	《排污许可管理条例》	国务院令 第736号	加强排污许可管理，规范企业事业单位和其他生产经营者排污行为，控制污染物排放，保护和改善生态环境	行政法规	现行有效
24	2021年7月	生态环境部	《固定污染源排污许可证质量、执行报告审核指导工作方案》	环办环评函〔2021〕293号	组织全国开展固定污染源排污许可证质量、执行报告审核，强化排污许可证后管理	规范性文件	现行有效
25	2021年11月	生态环境部	《排污许可证申请与核发技术规范 工业固体废物(试行)》	HJ 1200—2021	指导和规范排污许可证中工业固体废物相关内容的申请与核发工作	生态环境标准	现行有效
26	2021年12月	生态环境部	《关于开展工业固体废物排污许可管理工作的通知》	环办环评〔2021〕26号	为贯彻落实《中华人民共和国固体废物污染环境防治法》和《排污许可管理条例》，依法实施工业固体废物排污许可制度	规范性文件	现行有效

2.3 其他主要相关环境管理制度

2.3.1 污染控制标准

日用化学产品制造行业废水、废气的排放均无统一的行业污染物排放标准。其中，化妆品制造行业在 2010 年印发《化妆品工业水污染物排放标准》（征求意见稿），但至今尚未正式发布。因此，日用化学产品制造行业水污染物排放，执行《污水综合排放标准》（GB 8978—1996），从地方来看，北京、天津、上海、辽宁、广东、山东等省市级政府发布的综合型或流域型水污染物排放标准，适用于各自辖区内的日用化学产品制造企业。对于大气污染物排放，锅炉废气排放执行《锅炉大气污染物排放标准》（GB 13271—2014），恶臭污染物排放执行《恶臭污染物排放标准》（GB 14554—1993），挥发性有机物无组织排放控制执行《挥发性有机物无组织排放控制标准》（GB 37822—2019），其他大气污染物排放执行《大气污染物综合排放标准》（GB 16297—1996）。固体废物污染控制相关标准主要有《危险废物焚烧污染控制标准》（GB 18484—2020）、《危险废物贮存污染控制标准》（GB 18597）、《危险废物填埋污染控制标准》（GB 18598—2001）和《一般工业固体废物贮存和填埋污染控制标准》（GB 18599—2020）、《环境保护图形标志　固体废物贮存（处置）场》（GB 15562.2—1995）等。

针对日化工业中合成洗衣粉制造行业大气污染物排放，中国洗涤用品工业协会于 2018 年发布了团体标准《合成洗衣粉工业大气污染物排放标准》（T/ZGXX 0002—2018），但国家至今尚未出台相关行业污染物排放标准。从行业调研情况来看，关于洗衣粉制造中高塔喷粉工艺热风装置大气污染物排放，地方在环境管理中对行业大气污染物排放适用标准执行不明，实际执行标准不尽统一，管理要求差异较大。主要存在以下几个方面的问题。

① 缺乏统一的行业排放标准。通常依据企业所属地区、地方政府及生态环境管理部门的不同要求或理解，会出现不同的标准执行要求，主要包括《大气污染物综合排放标准》（GB 16297—1996）、《工业炉窑大气污染物排放标准》（GB 9078—1996）、《锅炉大气污染物排放标准》（GB 13271—2014）或化工等行业大气污染物排放标准及其他地方性有关规定，标准执行较为混乱，对合成洗衣粉工业大气污染物管理缺乏统一的行业排放标准。

② 现有通用工序排放标准行业针对性不强，未考虑合成洗衣粉工业生产工艺特点及污染治理的实际状况。喷雾干燥塔利用热风炉产生的热风对浆料进行干燥，进入塔前需要混入大量新鲜空气将热风降至合适温度，由于混合了大量新鲜空气，因此热风的含氧量急剧升高，与通常的锅炉、工业炉窑的尾气含氧量相去甚远。此外，热空气对洗衣粉料浆实施干燥后，排放的尾气中含有大量的水汽，也造成尾气成分的较大差异，直接套用现有通用工序排放标准针对性不强。

③ 综合排放标准和工业炉窑标准制定已久，难以满足当前经济水平及环保工作新要求。随着经济的发展，行业技术水平的进步，以及环保管理要求的趋严，对分行业的精细化管理要求越发突出；同时，目前也缺乏针对重点地区的污染物特别排放限值，无法满足新形势下重点地区大气污染物排放管理需求。

2.3.2 环境影响评价

根据《中华人民共和国环境影响评价法》，环境影响评价是指对规划和建设项目实施后可能造成的环境影响进行分析、预测和评估，提出预防或者减轻不良环境影响的对策和措施，进行跟踪监测的方法与制度。环境影响评价（简称环评）是建设项目的环境准入门槛，生产企业应当具备建设项目环境影响报告书（表）批准文件或环境影响登记表备案材料，《建设项目环境影响评价分类管理名录（2021年版）》（以下称《环评名录》）未做要求，以及纳入排污许可排污登记管理的情形除外。同时，根据《排污许可管理条例》，具备以上环评手续材料也是核发排污许可证的必要前置条件。

《环评名录》依据建设项目特征和所在区域的环境敏感程度，综合考虑建设项目可能对环境产生的影响，规定了建设项目环评的分类管理类别，分为应当编制环境影响报告书、编制环境影响报告表或填报环境影响登记表三类。根据《环评名录》，以油脂为原料的肥皂或皂粒制造（采用连续皂化工艺、油脂水解工艺的除外）和香料制造，除单纯混合或分装外，编制环境影响报告书；采用连续皂化工艺、油脂水解工艺的肥皂或皂粒制造，以及采用高塔喷粉工艺的合成洗衣粉制造、采用热反应工艺的香精制造和烫发剂、染发剂制造，全部编制环境影响报告表；日化工业不涉及填报环境影响登记表情形。

2.3.3 总量控制指标

《中华人民共和国环境保护法》明确规定“国家实行重点污染物排放总量控制制度。重点污染物排放总量控制指标由国务院下达，省、自治区、直辖市人民政府分解落实。企业事业单位在执行国家和地方污染物排放标准的同时，应当遵守分解落实到本单位的重点污染物排放总量控制指标”。总量控制制度是一项通行的、实践证明行之有效的生态环境管理制度，根据环境治理进程和形势的变化，党中央、国务院作出了改革总量控制制度的决策部署，十八届三中全会、五中全会以及《国务院办公厅关于印发〈控制污染物排放许可制实施方案〉的通知》等，都对如何改革总量控制制度提出了具体要求，明确了方向。总体思路是：建立健全企事业单位污染物排放总量控制制度，改变单纯以行政区域为单元分解污染物排放总量指标的方式和总量减排核算考核办法，通过实施排污许可制，落实企事业单位污染物排放总量控制要求，控制的范围逐渐统一到固定污染源。

目前，在日化工业等各行业排污许可证申请与核发技术规范中均有明确，企业涉及的总量控制指标包括地方政府或生态环境主管部门发文确定的排污单位总量控制指标、环评批复时的总量控制指标、现有排污许可证中载明的总量控制指标、通过排污权有偿使用和交易确定的总量控制指标等，由地方政府或生态环境主管部门与排污许可证申领排污单位以一定形式确认的总量控制指标，是排污单位排污许可证中污染物许可排放量确定的重要依据。

2.3.4 环境保护税

环境保护税制度是将排污单位外部性成本的不同方面进行内部化的重要环境经济政策。2016 年 12 月 25 日，第十二届全国人民代表大会常务委员会第二十五次会议通过《中华人民共和国环境保护税法》，自 2018 年 1 月 1 日起施行，明确“在中华人民共和国领域和中华人民共和国管辖的其他海域，直接向环境排放应税污染物的企业事业单位和其他生产经营者为环境保护税的纳税人，应当依照本法规定缴纳环境保护税”。2017 年 12 月 25 日，国务院发布《中华人民共和国环境保护税法实施条例》（国务院令 第 693 号），对《中华人民共和国环境保护税法》的内容进行了细化和操作性规制，并与排污许可制度进一步有机衔接。环境保护税征管总体与排污许可管理思路统一，制定了环境保护税申报、征管所需的表征单书。建立环境保护税征管信息共享平台，以全国排污许可管理信息平台为核心开展涉税信息整合和集成工作，交换共享企事业单位实际排放数据与纳税申报数据，形成的实际排放数据作为环境保护税的数据来源，引导企事业单位按证排污并诚信纳税。

为支撑《中华人民共和国环境保护税法》实施，2017 年 12 月，环境保护部发布了《关于发布计算污染物排放量的排污系数和物料衡算方法的公告》（环境保护部公告 2017 年 第 81 号），其附件 1《纳入排污许可管理的火电等 17 个行业污染物排放量计算方法（含排污系数、物料衡算方法）（试行）》明确了已纳入排污许可管理的火电、钢铁、制革、制糖等 17 个行业污染物实际排放量的计算方法；其附件 2《未纳入排污许可管理行业适用的排污系数、物料衡算方法（试行）》，明确了未纳入排污许可管理的行业污染物排放量核算适用的排污系数、物料衡算方法。2021 年 4 月，生态环境部、财政部、国家税务总局联合发布《关于发布计算环境保护税应税污染物排放量的排污系数和物料衡算方法的公告》（公告 2021 年 第 16 号），并于 2021 年 5 月 1 日起施行。该公告进一步规范了因排放污染物种类多等原因不具备监测条件的排污单位应税污染物排放量计算方法，明确属于排污许可管理的排污单位，适用相应行业排污许可技术规范中规定的排（产）污系数、物料衡算方法计算应税污染物排放量；排污许可技术规范未规定相关排（产）污系数的，适用生态环境部发布的排放源统计调查制度规定的排（产）污系数方法计算应税污染物排放量，《关于发布计算污染物排放量的排污系数和物料衡算方法的公告》（环境保护部公告 2017 年 第 81 号）相应废止。

另外，根据《关于环境保护税有关问题的通知》（财税〔2018〕23 号）、《关于明确环境保护税应税污染物适用等有关问题的通知》（财税〔2018〕117 号）等文件规定，纳入排污许可管理行业的纳税人，其应税污染物排放量的监测、计算方法按照排污许可管理要求执行。因此，日化工业排污单位缴纳环境保护税时，其大气和水两项应税污染物的排放量应按照《排污许可证申请与核发技术规范 日用化学产品制造工业》（HJ 1104—2020）中规定的污染物实际排放量核算方法计算。

2.3.5 污染源监测

为落实排污单位环保主体责任，新修订的《中华人民共和国水污染防治法》第二十三条明确规定“实行排污许可管理的企业事业单位和其他生产经营者应当按照国家有关规定和监测规范，对所排放的水污染物自行监测，并保存原始监测记录”。对于重点排污单位，还规定“重点排污单位还应当安装水污染物排放自动监测设备，与环境保护主管部门的监控设备联网，并保证监测设备正常运行”。

新修订的《中华人民共和国大气污染防治法》第二十四条规定“企业事业单位和其他生产经营者应当按照国家有关规定和监测规范，对其排放的工业废气和本法第七十八条规定名录中所列有毒有害大气污染物进行监测，并保存原始监测记录”。对于重点排污单位，还规定“重点排污单位应当安装、使用大气污染物排放自动监测设备，与生态环境主管部门的监控设备联网，保证监测设备正常运行并依法公开排放信息”。

《排污许可管理条例》第十九条规定“排污单位应当按照排污许可证规定和有关标准规范，依法开展自行监测，并保存原始监测记录。原始监测记录保存期限不得少于5年，排污单位应当对自行监测数据的真实性、准确性负责，不得篡改、伪造”。第二十条规定“实行排污许可重点管理的排污单位，应当依法安装、使用、维护污染物排放自动监测设备，并与生态环境主管部门的监控设备联网。排污单位发现污染物排放自动监测设备传输数据异常的，应当及时报告生态环境主管部门，并进行检查、修复”。

为规范自动监控设施运行管理，环境保护部发布了《污染源自动监控设施运行管理办法》（环发〔2008〕6号）。针对废水自动监测系统的安装、验收、运行、数据有效性判别等要求，发布了HJ 353、HJ 354、HJ 355、HJ 356等系列标准。针对废气自动监测，发布了HJ 75、HJ 76等系列标准，还发布了《关于加强京津冀高架源污染物自动监控有关问题的通知》（环办环监函〔2016〕1488号）。

此外，发布了多项监测相关技术规范，包括《地表水和污水监测技术规范》（HJ/T 91—2002）、《污水监测技术规范》（HJ 91.1—2019 部分代替 HJ/T 91—2002）、《固定源废气监测技术规范》（HJ/T 397—2007）、《大气污染物无组织排放监测技术导则》（HJ/T 55—2000）等，对于排污单位开展自行监测具有重要指导与规范作用。

2.3.6 排污口规范化

为规范排污口管理，国家环境保护局于1996年即发布了《排污口规范化整治技术要求（试行）》（国家环境保护局 环监〔1996〕470号）。目前，在新修订的《污水监测技术规范》（HJ 91.1—2019）中进一步明确了污水排放口规范化设置的要求。其中，包括排放口应按照《环境保护图形标志 排放口（源）》（GB 15562.1—1995）的要求设置明显标志，并应加强日常管理和维护。

第3章

国外排污许可制度实施概况及经验启示

3.1 国外排污许可制度实施概况

排污许可制度是国外通行的一种切实有效控制污染物排放的环境管理制度，被称为污染控制法的“支柱”。排污许可制度于20世纪60年代末最早在瑞典开始实施应用。基于良好的实施效果，瑞典的排污许可制度得到了国际社会的普遍认可。目前，美国、欧盟等发达国家和地区已拥有完善的排污许可体系，有效支撑了各项环境管理制度效能的发挥，对环境污染的有效控制和环境质量的改善起到了至关重要的作用。

3.1.1 瑞典排污许可制度

瑞典在1969年颁布的《环境保护法》中最早规定了排污许可制度，具体规定了排污许可制度的适用范围、许可证的申请及审查、许可决定、对获得许可者的监督管理等。如在《环境保护法》的第二章中对核发许可证的条件做出了详细的规定：在符合地区法规和规划宗旨的前提下，所实施的排污行为不影响他人的生活，不损害自然环境和公共利益。瑞典的《环境保护法》将许可制度具体化，在很大程度上控制了排放污染物的行为，保护了生态环境。

随后，为了进一步细化排污许可制度，保证该制度的实施，瑞典政府又发布了《环境保护条例》。按照项目大小和对环境影响程度的不同，将可能影响环境的活动和行为分为A、B、C三类。除了C类项目从事者不需要申请许可证之外，只需要事先报告即可，其他类别的项目从事者都需要向不同的行政机关申请许可证。而行政机关在对排污主体核发许可证时，应当在许可证上载明排污主体实施排污行为时的许可条件和实施方式。在10年的有效期内，若出现以下情况，核发许可证的行政机关可以作出提前修改许可条件的决定：①排污企业所在地发生了重大改变；②发生了不可预料的妨害；③新的科学技术改进了排污许可的条件。

瑞典的《环境保护法》关于环境标准没有作明确规定，实践中的核发排污许可证标准是由最佳适用技术原则确定的。该原则规定在实施对环境产生不利影响的行为时，必须采取能够将这种不利影响降到最低的技术。而排污许可证上所记载的标准，是由各级行政许可管理委员会在对该排污主体所能采用的最佳技术，和该区域的环境污染状况进行综合考虑后决定的。

瑞典的《环境保护法》明确规定了环境影响评价是申请排污许可的先决条件之一。排污主体在提交的申请材料中必须包括一份环境影响评价报告书，报告书内容包含其排污行为可能对环境造成的影响，以及约束这种排污行为的方式。许可证管理委员会基于这份评价报告书作出是否准许其进行排污活动的决定。

环境监测制度也直接保障了排污许可制度的实施。瑞典的《环境保护法》除了严格规定排污许可制度的实施程序以外，对于排污许可制度的监管也作了规定。虽然该法典强调了行政机关在监管方面的作用，但是很多情况下对于排污许可的监管还是以排污主体的自我监测为主，这就需要排污主体对其实施的排污行为进行自我监督并做出记录，以便其可以及时了解自己行为产生的影响，并主动接受限制或者采取防治措施来减少对环境的负面影响。

3.1.2 美国排污许可制度

美国以《清洁水法》和《清洁空气法》为法律载体，分别具体实施水和大气许可，取得了良好的环境效益，相关经验值得借鉴。美国的许可制度最早确立于水污染防治领域。《清洁水法》是美国最全面的水污染控制联邦法律，所有水污染控制相关的政策均包含在其中，经过数十年的排污许可制度实施，污染物排放量显著降低。1972 年 11 月，美国国会正式通过《联邦水污染控制法修正案》，美国排污许可制度即国家污染物排放削减制度（National Pollutant Discharge Elimination System，NPDES）正式确立，要求任何点源排放污染物进入水体必须获得 NPDES 许可证，否则即为非法。美国从 1972 年开始在全国范围内实行污染物排放许可制度，并在技术路线和方法上不断改进和发展。1972～1976 年，美国实施了第一轮排污许可制度，并制定了实施污染物总量分配的技术指南。美国国会于 1977 年对《联邦水污染控制法修正案》进行修订，最终形成美国防治水污染和实施水污染排污许可制度的法律基础，即《清洁水法》，把水污染控制的重点从仅控制常规污染物（BOD_5、TSS、pH 值、大肠杆菌等）转移到了对有毒污染物（金属、人造有机化合物）排放的控制，目前大约有 126 种有毒污染物被列出。1987 年，国会以《水质法》对《清洁水法》进行修订，给出了达到国家水质标准目标的战略。排污许可制度在美国的水、大气等多个领域得到广泛应用，并取得了显著成果，被认为是美国环境管理最为有效的措施之一。1990 年，借鉴《清洁水法》，美国国会又修订《清洁空气法》，确立了针对大气污染物排放的许可证制度。

《清洁水法》第四章中规定建立 NPDES，主要目的在于控制点源的污染物排放。为了详细指导 NPDES 排污许可证的设计，出台了《美国 NPDES 许可证编写者指南》

和《NPDES实施监督指导手册》。其中，《美国 NPDES 许可证编写者指南》中包括NPDES许可证制度框架和范围、申请和发放许可证的程序、申请表及具体要求、基于技术的排放限值和基于水质的排放限值制定过程、监测和报告要求等；《NPDES实施监督指导手册》对如何监督许可证的实施进行指导，对监督员的资格和职责要求、记录和报告要求、现场检查要求、采样要求等各项指标的检查和监测要求等进行了说明。

水污染物排放标准体系作为NPDES的核心内容，要求任何一个工业点源都要确定特定的排放标准，即点源排污许可证中包括基于技术的排放限值（TBELs）和基于水质的排放限值（WQBELs）。排放限值导则是国家层面针对具体工业类别、子类别设施建立的基于技术的排放标准，是工业点源许可证中水污染物排放标准制定的参照基础。排放限值导则的目标是在考虑工业类别内限值实施的经济可达性以及污染削减收益对应的成本增加等因素基础上，确保不同排放位置、不同受纳水体、具有相似排放特性的工业企业或设施，适用相似的基于最佳污染控制技术的排放限值。目前，美国联邦环保局制定了几乎所有污染源和污染类别基于技术的排放限值导则，并通过州的认可后成为州法律。各州根据具体水体的水质标准，确定是否需要实施更为严格的基于水质的排放限值。美国目前没有全国统一的水环境质量标准，但美国联邦环保局制定了确定水质基准的技术指南。目前，美国联邦环保局共提供了165种污染物的基准，这些基准一般用数值或描述方法来表达，为美国各州制定水质标准提供了科学依据。

美国联邦环保局针对现有点源和新建点源这两种类型的直接点源提出了对应的污染物控制技术，包括最佳实用控制技术（best practicable control technology，BPT）、最常用污染物控制技术（best conventional pollutant control technology，BCT）、最佳可行技术（best available technology，BAT）、新污染源绩效标准（new source performance standards，NSPS）、新污染源预处理标准（pretreatment standards for new sources，PSNS）、现有污染源的预处理标准（pretreatment standards for existing sources，PSES）和最佳管理实践（best management practices，BMPs）。在特殊情况下，亦会有污染源不在这些排放限值的管制范围内。此时，许可证编写人员就可以根据自身的最佳专业评价（best professional judgment，BPJ）对案例进行分析从而确定许可证中的排放限值。

美国联邦环保局在相关法律的授权下对排污的设施和设备，按照一定的条件和要求签发联邦许可证。需要指出的是，美国联邦环保局可将全部或部分签发许可证的权力授予州或地方政府执行，但前提是州或地方政府应有相应的或更为严格的污染物排放标准，并且执行机构有权力且有能力执行这些标准。各州和地方政府可就权限下放提出申请，美国联邦环保局将于接到申请之日起90天之内，决定是否授权州或地方政府签发许可证。若申请予以准许，则将由州或地方政府在管辖范围内自行签发许可证；若申请予以驳回，则仍由美国联邦环保局负责签发在该范围内的许可证。

在很多领域内，美国联邦环保局都会将签发许可证的权力下放到州或地方政府。在水污染物排放管控领域，尽管各州所获授权的情况略有不同，但绝大部分州（46个州）已获得全部或部分授权，可自行签发水污染物排放许可证。

除联邦许可证外，一些州或地方政府还自行设置了一些排污许可证。根据规定，美国联邦环保局须确立适用于所有州或地方许可证的最基本要求，并为州或地方政府确立自己的许可证制度提供指导；州或地方政府可在确保达到美国联邦环保局最低要求的同时，根据自身的情况和需求，建立自己的许可证制度。例如，纽约州在《环境保护法》第 17 条的规定下建立了纽约针对水污染物排放的许可证制度。

美国联邦环保局对于许可证审核与签发者的能力建设给予高度重视。美国联邦环保局发布了一份详尽的工作手册，为许可证签发者提供了关于联邦许可证制度的整体框架和脉络的概括性说明，也为许可证签发者的培训提供了基本依据。同时，美国联邦环保局还为许可证签发者提供了各种线下及线上的培训课程和研讨会，以确保许可证制度的有效实施。

3.1.3 欧盟排污许可制度

欧盟工业排放许可相关政策分为两个层面的指令，即欧盟层面和成员国层面。欧盟建立的排污许可制度，为欧盟各成员国许可证管理提供了基本要求和基本框架，各成员国必须采取必要措施确保各企业的生产运营始终符合许可证的要求。欧盟基于综合污染预防与控制指令（IPPC，1996 年）开始实施排污许可制度，目的是对环境实施综合管理，其目标是预防或减少对大气、水体及土壤的污染，控制工业和农业设施的污染物产生量，确保高水平的环境保护。在此之前，欧盟已经发布 200 多条各种环境指令和规定，这些立法几乎涵盖了所有重要的领域。然而，这些立法是分散式的，即使是在单一领域，同时存在多个不同的立法，导致对同一个类型的污染问题有不同的对策和措施。为了提高执行效率，增加可操作性，欧盟出台了 IPPC 指令，对污染控制法规进行了融合。IPPC 指令的颁布，标志着欧盟开始采用综合排污许可制度，力求对各种环境要素中的污染物进行统一控制。

IPPC 指令要求，具有较高污染潜力的工业和农业活动需要获取许可证。许可证只在所要求的环保条件都得以满足的情况下发放，企业对其自身产生的污染肩负有预防和削减的责任。理论上，欧盟各成员国应当将 IPPC 指令的内容转化为本国的法规并严格加以实施。然而，经过多年的运行，指令的实施仍存在着一些问题：①许可证发放的进度落后；②许可证的质量参差不齐；③IPPC 指令所涵盖的行业不够广泛，条文欠清晰，无法确保欧盟委员会战略目标的实现。为解决以上问题，欧盟委员会开始考虑对污染物排放法规进行改进。2010 年，《工业排放指令》（industrial emission directive，IED）被正式批准通过，该指令将《大型燃烧装置大气污染物排放限制指令》《污染综合防治指令》《废物燃烧指令》《溶剂排放指令》，以及之前有关二氧化钛的处置、监测和监管等减少行业污染的指令合为一体。其中，IPPC 指令仍是核心。欧盟成员国中，大部分成员国对工业排放许可没有进行特殊规定，只是遵循欧盟指令；德国等少部分成员国对工业排放许可有额外指令。

1974 年，德国开始施行《空气污染、噪声、振动等环境有害影响预防行动》，其核心内容之一就是对颁发许可证的要求和程序等进行规定。此外，德国于 1964 年开始实施并于 1974 年、1983 年、1988 年和 2002 年多次修订的《空气质量控制技术指导》，也规定了不同生产设施排放空气污染物的限值和措施要求，且重申了许可证颁发要求。欧盟综合污染预防与控制指令（IPPC）实施后，德国将其对排污许可证的要求引入国内环保法律体系中，使得 IPPC 指令得到了良好贯彻。德国的排污许可制度是对 IPPC 指令的进一步加强。在德国，有 192 种不同类型的设施需要获取综合预防和控制许可证，这远远超过了 IPPC 指令的原本要求（33 种）。此外，IPPC 指令要求的是综合许可证，而德国发放的许可证是综合且集中的许可证。

3.2 国外典型排污许可实施程序

3.2.1 NPDES 许可证的类型及申请条件

美国实行单项许可证，即对不同环境要素的排污许可进行单项管理，根据介质主要分为水、大气和固体废物三种污染物排放许可证。

大气污染物排放许可证分为建设许可证、运营许可证，两者并行存在，目的不同。原则上说，所有向大气排放受法律约束的污染物的行为在发生之前必须获得大气建设许可证，持证单位在运营过程中必须执行大气建设许可证里的所有要求。只有重大排放源或少数法律规定的非重大排放源需要申请大气运营许可证。

大气建设许可证是针对固定污染源在进行正常活动行为时所可能排放到大气环境中的污染物进行有效的控制和管理，以达到保护和改善大气环境质量的目标。大气建设许可证规定了企业在正常生产运营时的生产及大气污染物排放情况（每种污染物排放限值、工艺过程及设备操作要求），但不包括项目建设期的排污情况。此证必须在企业开工建设前取得，故被称为建设许可证。企业每次改扩建都需要申请新的或修改已有的建设许可证。因此，每家企业通常都有多张大气建设许可证。该证有效期最长为 10 年，到期后需要更新。

大气运营许可证就是把固定污染源需要遵守的所有法律法规要求及建设许可证条款，归纳汇编到一个具有法律约束力的文件里，目的是更容易地遵守和执行所有相关的大气污染法律法规和大气建设许可证条款要求，这些要求包括操作、流程、适用的法律法规、污染物排放标准、污染物控制技术、许可排放限值、许可排放条件、监控记录和报告。该证通常在重大排放源建设完成并开始正常运营后提出申请，在申请期间，企业可以照常运行，一般每 5 年更新一次，将企业所有新的或修订的建设许可证的内容都包括进去。

针对水污染物，《清洁水法》按照许可对象规定了两类 NPDES 许可证：通用许可证和个体许可证。

通用许可证是针对某一类或某一区域的企业污水排放而制定的许可，不单独颁发给任何排放者，通用许可证颁发后，只要其符合许可条件和授权规定多个排放者即可同时获得覆盖。因此，通用许可证所覆盖的排放者在获得覆盖之前就会知道其适用要求。对于行政机构来说，通用许可证可能是更具成本效益的选择，因为它可以将大量的设施或活动纳入单一许可证之下，并且可以更及时、更高效地进行管理。通用许可证通常用于控制雨水排放。此外，获取通用许可证覆盖往往比获取个体许可证覆盖更加快捷。

个体许可证针对的是某个单一设施或活动，反映了单一排放者的排放情况，是根据单一排放者在许可证申请材料中提交的信息决定的，为该排放者所特有。个体许可证直接颁发给个体排放者，获取个体许可证可能需要 6 个月，甚至更久。如果排放者无意获得通用许可证覆盖，则必须提交个体许可证覆盖申请。

水污染物许可证还可以分为污水许可证和雨水许可证。两种许可证一般是分开申请，但有的州也将两者合并在一张许可证上。雨水许可证需要对建设期和运营期分别申请，而污水许可证只需在企业排放污水之前获得即可。其他环境要素如固体废物、油污泄漏、化学品风险等主要通过向当地环保部门或联邦环保局报备或登记等方式进行管理。

NPEDS 许可证申请文件主要为一系列的申请表格，美国联邦环保局针对各种情况的污水许可申请制定了不同的表格。有授权的州可以制定自己专有的表格，但是其内容不得少于美国联邦环保局制定的表格。企业根据其自身情况，选择当地管理部门制定的表格进行填写后提交。“基本信息申请表”是所有申请者都必须填写的表格。一经申请，“基本信息申请表”中所要求填写的所有信息将对公众开放，以供其监督和效仿，表中的任何信息均不得要求保密。

3.2.2 NPDES 许可证的许可程序

当主管部门决定颁发许可证，并将管辖地理区域内具有相似特征（如工艺流程或所用材料相似）的一组排放者纳入许可范围时，就会启动许可程序。许可证的许可程序分为 4 个阶段：a. 起草许可证；b. 公布许可证草案并征求公众意见；c. 颁发最终许可证和发布草案意见回复文件；d. 就许可结果向法院提起申诉，或申请个体许可证。

申请人一旦提交个体许可证申请，许可机构就会指派一名许可证编写者。许可证编写者负责审查许可证申请材料的完整性，并评估申请人背景资料的准确性。如申请材料完备，许可证编写者将利用申请材料及其他信息编写许可证草案和行政记录，为许可提供依据。许可证草案必须至少包含许可证封面、排放限值、监测与报告要求、特殊条款和标准条款 5 个主要部分。行政记录通常包括申请资料和支持性资料，许可证草案，声明或声明中提及的其他文件、事项，支持许可证编制的其他事项以及环境影响报告书（EIS，针对新源许可证草案而言）。声明一般包含设施或活动描述、地理位置草图或文字说明、排放废物/污染物的种类和数量、适用的法律法规、参考文献、排放限值及条件的解释说明和计算过程、许可程序等信息。一份完备的行政记录是对许可证依据的永久性记录，可以为今后的许可证编写和修改工作提供良好的依据。此外，行政记录还可以使许可证编写者在整个编写过程中保持条理性和逻辑性。

在州许可项目的每次许可证申请中，任何可能受影响的公众和水体所在的其他州都会收到公告，并且在对此类申请作出决定前都有举行公开听证会的机会。如果联邦政府正在颁发适用于一个或多个州的许可证，会通知排放源所在的一个或多个州，征求其对许可证草案的意见。此外，每个适用州必须证明该许可证能够确保本州水质得到保护。颁发证书的州必须就所有证书申请制定公告程序，在适当的情况下，还要制定公开听证会程序。根据《清洁水法》的规定，所有公告均应至少包含以下信息：a. 许可受理办公室的名称和地址；b. 申请人的姓名和地址；c. 许可证申请材料中对设施内业务内容的简介；d. 负责为利害关系人提供更多信息（包括许可证草案复本）的联系人姓名和联系方式；e. 公开征求意见的程序以及听证会的举行时间和地点，包括有关请求举行听证会的程序以及公众可参与最终许可决定的其他程序说明；f. 现有或拟议排放点所处位置的描述；g. 受纳水体名称；h. 对于由美国联邦环保局颁发的 NPDES 许可证，如果排放来自新源，还要说明是否将编制或已经编制了环境影响报告书。公告必须在受设施或活动影响的地区内某个日报或周报上发布，对于由美国联邦环保局颁发的 NPDES 通用许可证，则要在《联邦公报》(*Federal Register*) 上发布。许可机构还应向申请人以及提交书面申请加入邮寄名单的人员邮寄一份公告，之后通过新闻媒体及其他媒体的定期出版物向公众发布邮寄人员名单通知。

在许可证颁发流程的不同时间点，公众都有许多机会参与其中。公众可对通用许可证发表意见，在有些通用许可证的审查过程中，还会给公众提供机会，让其对个别意向通知书发表意见。对于个体许可证，编写者一旦完成了许可证编制工作，许可机构就会发布公告，公开征求意见至少 30d。在此期间，公众可提交其对许可证草案及附带事实说明的书面意见，并有权要求举行公开听证会。公开征求意见期间，是公众参与 NPDES 许可程序最为重要的时机。

在发布公告、公开征求意见期结束后，许可机构会对公开征求的意见或公开听证会期间提交的技术文件进行审查，并对有关许可证草案的所有重要意见进行评估。在这些文件和意见的基础上，许可机构可决定对许可证草案中的许可条款、条件和要求进行修改。在美国宾夕法尼亚州，如果草案修改幅度较大，许可机构会发布新的许可证草案，以保证被许可人和利害关系方有机会对修改内容发表意见。最终许可证的行政记录必须包含许可证草案的行政记录、听取的所有意见、意见回复结果、听证会录音或文字记录、新源的最终环境影响报告书及最终许可证。在发布最终许可证时，许可机构会同时发布一份“意见回复”文件并向公众公开。该回复文件将明确说明对许可证草案所做的修改和修改原因，简述公开征求的意见或听证会期间提出的有关许可证草案的所有重大意见。如果许可机构是美国联邦环保局，则其必须在拒绝颁发、修改、撤回、重新颁发或终止许可证决定的最终许可证发布之时发布“意见回复”文件。

3.2.3 证后监管与惩罚机制

政府在排污许可的监管中起到监督和检查的职责：

① 环保局通过大气建设许可证、大气运营许可证、污水许可证和雨水许可证的审核和发放，确保企业明确知晓实现合规需要遵守的所有要求；

② 环保局工作人员通过参与企业初始许可证核发和合规证明的过程，监督企业的

合规情况；

③ 环保局工作人员通过对企业各项监测、采样记录、生产数据、设备运营时间等足以证明企业合规的信息和数据抽查，监督企业的合规操作；

④ 环保局通过审查企业提交的合规报告和排污申报材料，来核查企业的合规情况。

企业是排污许可证合规的承担者和责任主体，通过监测（Monitoring）、记录（Recording）、报告（Reporting）制度进行自我管制。企业对监测必须做全程记录，同时还必须如实记录各种投诉，以及针对投诉所采取的措施。企业必须定期向环保局进行报告，内容主要是监测信息的记录，包括抽样或测量的日期、地点和时间，进行分析的时间、公司或机构，使用的分析技术或方法，分析结果以及抽样或测量时的操作条件等。

公众可以获取许可证相关的所有信息，包括许可证申请材料、许可证文本、运营许可内容、守法报告（包括各类污染源排放量和监测数据，需要保护的商业秘密除外），但这些公开信息不一定可以在网上或通过电子文本获取，有知情权的个人或组织可以向有关政府机构提出书面请求，政府机构会在合理的时间内给出回应，多数情况是到相应机构的接待部门浏览或复印材料。

美国排污许可制度的惩罚手段主要包括行政命令、民事处罚、刑事处罚。例如，企业如果低报了污染物排放量，导致实际排放量高于许可限值，就属于违法，将面临巨额的罚款和其他处罚。

3.3 国外排污许可制度特征及经验

3.3.1 典型国家排污许可制度特征

美国排污许可制度的特征可以概括为以下几点：a. 排污许可证是排污单位环境管理的依据；b. 通过排污许可证实现对新源和现有源的“一证式”管理，对于新建、改建、扩建项目，在开工前需申请建设许可证，在正式运行后需申请运营许可证；c. 排污许可证为污染源监管提供简捷有效的刚性约束；d. 通过排污许可证来建立环境质量与污染源、环保部门与被监管企业之间的纽带和桥梁；e. 排污许可制度提供了关联整合其他相关环境管理制度的抓手和平台；f. 公众参与贯穿始终。

德国的排污许可制度主要具有许可证发放对象为排污设施而非排污单位、综合且集中的许可证、不同许可类别对应流程不同、地方行政部门组织开展和公众广泛参与等特征。德国采用综合许可管理方式，与美国的单向许可相比，更有利于对企业实行“一证式”管理，提高环境管理人员对企业环境行为的整体认识。在管理时段上，同样覆盖了企业生产周期的各个阶段，将生产活动结束之后的场地恢复也纳入其管理范围，实现从企业的开工建设到最终消亡的全过程监管；在管理对象上，综合了多种环境要素的污染行为规范，排污许可证对大气、水体、土壤的污染同时进行管理，将多种环境要素中的污染行为在排污许可证中进行统一管理；在管理内容上，结合了排污申报、排污许可证发放、许可技术标准、许可排放量确定及排放监测、排放报告等各类要求，并将各类排放管理要求集成为统一的管理平台，便于企业守法、政府监管和公众监督；在排污许可制度实施方面，具有法律依据充分详尽、排放标准以技术标准为基础、许可形式因污染源类型而异、以环境经济政策为补充、注重各地区自身发展、用严厉的惩罚措施提供保障、强化信息公开和公众参与等特点。

3.3.2 国外排污许可制度经验启示

为充分发挥排污许可证的职能，实现其对固定污染源排污行为的监管效果，各个国家和地区在排污许可制度的实施上采取了多种手段，其中一些共同点和典型实践经验值得学习和借鉴。

① 排污许可制度的法律依据充分，规定详尽。各个国家或地区都有国家层面或者州层面的法律对排污许可制度作出专门规定，为排污许可制度的实施提供了有力的法律保障。

② 排污许可相关排放标准以技术为基础，细致且具有针对性。美国在制定排放标准方面投入了巨大的精力，在大气方面就有新建污染源排放标准（NSPS）、有毒空气污染物国家排放标准（NESHAP）、最大可达控制技术（MACT）和一般可行控制技术（GACT）、合理可达控制技术（RACT）、最佳可用控制技术（BACT）、最低可达排放速率（LAER）；水体方面有最佳实用控制技术（BPT）、最常用污染物控制技术（BCT）、最佳可行技术（BAT）、最佳可行示范控制技术（BADT）。这些全都是基于技术的标准，每套标准对各个行业都有分别规定，甚至 RACT、BACT、LAER 采用个案分析的原则逐个制定，由此可见其对于控制污染物排放的重视。

③ 排污许可的形式因污染源类型而异，增加制度灵活性的同时降低排污许可成本。对于新源，美国依照其排污量进行分类，排放量少的污染源只需获得小源许可，许可要求大幅简化。

④ 制定各种环境经济政策以促进排污许可制度的完善。美国的酸雨计划将酸雨许可证与排污权交易相结合，利用市场机制配置各个企业的二氧化硫排放限额，成功地以较小的成本实现了二氧化硫的排放控制。

⑤ 注重各个地区在发展自身排污许可制度方面的作用。如美国先从联邦层面在最顶层制定了排污许可制度的基本要求，然后允许各个州根据自身情况制定本州的排污许可制度。

⑥ 严厉的惩罚措施为排污许可制度顺利实施提供有力保障。美国《清洁空气法》规定排污企业负责人对许可证要求的申请材料、监测记录、报告等相关材料的真实性、准确性和完整性负责，一旦发现作假，负责人将面临刑事责任；《德国刑法典》明确规定，违法的罚金按天计算，根据违法程度和违法者的经济收入处以每天 2 万～10 万德国马克的罚金。

⑦ 综合运用多种证后监管方式，建立规范高效的依证监管模式。面对数量庞大的固定污染源，排污许可证后监管需要足够的人员和技术力量支撑，更需要建立规范高效的监管模式。美国等国家证后监管通常采用现场检查和非现场检查相结合的监管方式，充分利用企业台账记录、执行报告和污染物排放监测数据等自证守法材料开展非现场检

查，对企业按证排污合规情况进行评估，并对重点源重点管控，非重点源采用抽查方式管理。非现场检查的合规评估结果，作为开展现场检查的重要参考，两者结合对固定污染源实施多手段差异化管控，提高监管效能。

⑧ 建立畅通的公众监督渠道及信息响应机制，强化信息公开和公众参与，充分利用公众和司法监督作用，弥补政府监管资源的局限性，降低行政风险。美国《清洁空气法》规定，排污单位在许可证申请、实施阶段的所有信息必须公之于众。

第4章

日化工业排污许可技术规范主要内容

4.1 总体框架

《排污许可证申请与核发技术规范 日用化学产品制造工业》（HJ 1104—2020），简称《技术规范》，主要包括前言、10节技术内容和3项资料性附录。其中，技术内容紧密围绕指导和规范日用化学产品制造工业排污许可证申请与核发工作目标，对应排污许可证应当记载的基本信息、登记事项、许可事项等主要内容，包括适用范围、规范性引用文件、术语和定义、排污单位基本情况填报要求、产排污环节对应排放口及许可排放限值确定方法、污染防治可行技术要求、自行监测管理要求、环境管理台账记录与排污许可证执行报告编制要求、实际排放量核算方法、合规判定方法。资料性附录包括附录A污染防治可行技术参考表、附录B环境管理台账记录参考表和附录C排污许可证执行报告编制参考表。

4.2 适用范围

4.2.1 国民经济行业分类

根据《国民经济行业分类》（GB/T 4754—2017），日用化学产品制造工业列于“C制造业”（门类）的“26化学原料和化学制品制造业”（大类）中，行业代码268（中类），分为以下小类：2681肥皂及洗涤剂制造、2682化妆品制造、2683口腔清洁用品制造、2684香料香精制造、2689其他日用化学产品制造。

4.2.2 适用范围

根据《固定污染源排污许可分类管理名录（2019年版）》有关规定，“以油脂为原料的肥皂或者皂粒制造、香料制造（以上均不含单纯混合或者分装的）实施排污许可重点管理；采用热反应工艺的香精制造、采用高塔喷粉工艺的合成洗衣粉制造实施排污许可简化管理；其他实施排污许可登记管理”，同时结合相关标准、行业生产及产排污特征等，HJ 1104—2020 明确了标准适用范围。

HJ 1104—2020 规定了日用化学产品制造工业排污单位排污许可证申请与核发的基本情况填报要求、许可排放限值确定、实际排放量核算和合规判定的方法，以及自行监测、环境管理台账、排污许可证执行报告等环境管理要求，提出了日用化学产品制造工业污染防治可行技术要求。

HJ 1104—2020 适用于指导日用化学产品制造工业排污单位在全国排污许可证管理信息平台填报相关申请信息，适用于指导核发机关审核确定日用化学产品制造工业排污单位排污许可证许可要求。

HJ 1104—2020 适用于日用化学产品制造工业排污单位排放的水污染物、大气污染物的排污许可管理，具体包括《国民经济行业分类》（GB/T 4754—2017）中的肥皂及洗涤剂制造（C2681）和香料、香精制造（C2684）。日用化学产品制造工业排污单位中，除以油脂为原料的肥皂（含香皂、皂粒、皂粉）制造中含有的脂肪酸、甘油生产适用 HJ 1104—2020 外，涉及工业用脂肪醇、工业用脂肪酸、工业用脂肪胺、表面活性剂，以及松节油类、松香类、林产油脂等专用化学产品生产的产污设施和排放口，适用《排污许可证申请与核发技术规范 专用化学产品制造工业》（HJ 1103—2020）；执行《锅炉大气污染物排放标准》（GB 13271—2014）的产污设施或排放口，适用《排污许可证申请与核发技术规范 锅炉》（HJ 953—2018）。

HJ 1104—2020 未做规定，但排放工业废水、废气或者国家规定的有毒有害污染物的日用化学产品制造工业排污单位其他产污设施和排放口，参照《排污许可证申请与核发技术规范 总则》（HJ 942—2018）执行。

4.3 规范性引用文件

HJ 1104—2020 给出了引用的有关文件名称及文号，凡是不注日期的引用文件，适用其最新版本。引用文件主要包括相关污染物排放或控制标准、采样监测相关技术规范或方法标准、排污许可管理相关文件或标准等。

标准中主要列出了四类标准或文件作为规范性引用文件，支撑 HJ 1104—2020 实施。

① 日用化学产品制造工业涉及的污染物排放或控制标准，主要包括《污水综合排放标准》（GB 8978—1996）、《锅炉大气污染物排放标准》（GB 13271—2014）、《恶臭污染物排放标准》（GB 14554—1993）、《大气污染物综合排放标准》（GB 16297—1996）、《危险废物贮存污染控制标准》（GB 18597—2001）、《一般工业固废贮存、处置场污染控制标准》（GB 18599—2020）、《挥发性有机物无组织排放控制标准》（GB 37822—2019）等。

② 采样监测相关技术规范或方法标准，主要包括《固定污染源排气中颗粒物测定与气态污染物采样方法》（GB/T 16157—1996）、《固定污染源废气 总烃、甲烷和非甲烷总烃的测定 气相色谱法》（HJ 38—2017）、《环境空气 总烃、甲烷和非甲烷总烃的测定

直接进样-气相色谱法》（HJ 604—2017）、《大气污染物无组织排放监测技术导则》（HJ/T 55—2000）、《污水监测技术规范》（HJ 91.1—2019）、《水污染源在线监测系统（COD_{Cr}、NH_3-N 等）安装技术规范（试行）》（HJ/T 353—2019）、《水污染源在线监测系统（COD_{Cr}、NH_3-N 等）验收技术规范（试行）》（HJ/T 354—2019）、《水污染源在线监测系统（COD_{Cr}、NH_3-N 等）运行技术规范》（HJ/T 355—2019）、《水污染源在线监测系统（COD_{Cr}、NH_3-N 等）数据有效性判别技术规范》（HJ/T 356—2019）、《固定污染源监测质量保证与质量控制技术规范（试行）》（HJ/T 373—2007）、《固定源废气监测技术规范》（HJ/T 397—2007）、《水质　采样技术指导》（HJ 494—2009）、《水质采样方案设计技术规定》（HJ 495—2009）等。

③ 与排污许可制实施相关的规范类标准以及管理文件，主要包括《废水排放规律代码（试行）》（HJ 521—2009）、《排污单位编码规则》（HJ 608—2017）、《排污许可证申请与核发技术规范 总则》（HJ 942—2018）、《排污单位环境管理台账及排污许可证执行报告技术规范 总则（试行）》（HJ 944—2018）、《排污许可证申请与核发技术规范 锅炉》（HJ 953—2018）、《固定污染源排污许可分类管理名录》、《排污许可管理办法（试行）》（环境保护部令第 48 号）等。

④ 与确定许可排放限值和环境管理要求有关的重要管理文件，主要包括《国务院关于印发打赢蓝天保卫战三年行动计划的通知》（国发〔2018〕22 号）、《国家危险废物名录》、《排污口规范化整治技术要求（试行）》（国家环境保护局　环监〔1996〕470 号）、《关于执行大气污染物特别排放限值的公告》（环境保护部公告 2013 年第 14 号）、《关于执行大气污染物特别排放限值有关问题的复函》（环办大气函〔2016〕1087 号）、《关于京津冀大气污染传输通道城市执行大气污染物特别排放限值的公告》（环境保护部公告 2018 年第 9 号）等。

4.4　术语和定义

HJ 1104—2020 对日用化学产品制造工业排污单位、天然香料、合成香料、热反应香精、非甲烷总烃、许可排放限值、特殊时段和生产期等 8 个术语进行了定义。

日用化学产品制造工业排污单位根据《国民经济行业分类》（GB/T 4754—2017）进行定义，包括肥皂及洗涤剂制造（行业代码 2681）和香料香精制造（行业代码 2684），与《固定污染源排污许可分类管理名录（2019 年版）》规定纳入排污许可证管理范围一致。为更加准确地界定术语，还参照了《日用香精》（GB/T 22731—2017）、《食品安全国家标准 食品用香精》等标准。

日用化学产品制造工业排污单位指从事肥皂及洗涤剂、香料、香精等产品制造的排污单位。肥皂及洗涤剂制造是指以喷洒、涂抹、浸泡等方式施用于肌肤、器皿、织物、硬表面，即冲即洗，起到清洁、去污、渗透、乳化、分散、护理、消毒除菌等功能，广泛用于家居、个人清洁卫生、织物清洁护理、工业清洗、公共设施及环境卫生清洗等领域的产品（固、液、粉、膏、片、胶囊状等）的制造。香料制造是指生产具有香气和

（或）香味的材料，包括天然香料和合成香料，用于调配香精等。香精制造是指以多种天然香料和（或）合成香料为主要原料，并与其他辅料一起按合理的配方和工艺调配制得的具有一定香型的复杂混合物，主要用于日用、食用等加香产品中的生产活动。

天然香料和合成香料主要依据《香料香精术语》（GB/T 21171—2018）进行定义，即天然香料为以植物、动物、微生物或其加工所得中间体为原料，经物理方法、酶法、微生物法或经传统的食品工艺法加工所得的香料；合成香料为通过化学合成方式形成的化学结构明确的具有香气和（或）香味特性的物质。

热反应香精参考《香料香精术语》（GB/T 21171—2018）、《食品安全国家标准 食品用香精》等进行定义，热反应香精是以法规允许使用的蛋白氮源、糖类源、脂肪或脂肪酸源等物质为主要原料，在一定条件（特定的温度和时间）下反应所得的产物，添加或不添加法规允许使用的香料和（或）辅料，进行合理调配制备的具有特定香气和（或）香味的复杂混合物。

非甲烷总烃依据《挥发性有机物无组织排放控制标准》（GB 37822—2019）进行定义，指采用规定的监测方法，对氢火焰离子化检测器有响应的除甲烷外的气态有机化合物总和，以碳的质量浓度计。

许可排放限值和特殊时段的定义与《排污许可证申请与核发技术规范　总则》（HJ 942—2018）以及其他已发布的排污许可技术规范中相关规定保持一致。许可排放限值是指排污许可证中规定的允许排污单位排放的污染物最大排放浓度（或排放速率）和排放量。特殊时段是指根据地方人民政府依法制定的环境质量限期达标规划或其他相关环境管理文件，对排污单位的污染物排放情况有特殊要求的时段，包括重污染天气应对期间等。

生产期的定义主要借鉴了涉及“生产期”概念的相关行业排污许可证申请与核发技术规范，如 HJ 860.1～HJ 860.3 和 HJ 1030.1、HJ 1030.2 中的相关定义表述，指日用化学产品制造工业排污单位每个生产季自启动生产开始至结束的时间段，按日计。

4.5 排污单位基本情况填报要求

HJ 1104—2020 依据《关于发布排污许可证承诺书样本、排污许可证申请表和排污许可证格式的通知》（环规财〔2018〕80 号）中《排污许可证申请表》相关要求，结合日用化学产品制造工业特点，明确了日用化学产品制造工业排污单位基本信息的填报要求。主要包括基本原则、排污单位基本信息、主要产品及产能、主要原辅材料及燃料、产排污节点、污染物及污染治理设施、图件要求和其他要求等。

4.5.1 基本信息

日用化学产品制造工业排污单位需要填报的基本信息包括单位名称、是否需改正、排污许可证管理类别、邮政编码、行业类别、是否投产、投产日期、生产经营场所中心经纬度、所在地是否属于环境敏感区（如大气重点控制区域、总磷总氮控制区等）、是否位于工业园区、所属工业园区名称、建设项目环境影响评价文件审批（审核）意见文号（备案编号）、地方人民政府对违规项目的认定或备案文件文号、主要污染物总量分配计划文件文号、颗粒物总量指标（t/a）、二氧化硫总量指标（t/a）、氮氧化物总量指标（t/a）、化学需氧量总量指标（t/a）、氨氮总量指标（t/a）、涉及的其他污染物总量指标等。

其中，地方人民政府对违规项目的认定或备案文件指按照《国务院办公厅关于加强环境监管执法的通知》（国办发〔2014〕56 号）要求，地方人民政府对违规项目依法处理、整顿规范，出具符合要求的证明文件。2021 年 3 月 1 日，《排污许可管理条例》正式施行，相对于《排污许可管理办法（试行）》，删除了排污许可证颁发条件中“或者按照有关规定经地方人民政府依法处理、整顿规范并符合要求的相关证明材料”的内容，把环评手续作为核发排污许可证的前置和必要条件，意味着排污单位通过“证明材料”申请排污许可证的“窗口期”已经结束，排污许可与环境影响评价进一步实现无缝衔接。

污染物总量指标包括地方人民政府或生态环境主管部门发文确定的排污单位总量控制指标、环评文件及其批复中确定的总量控制指标、现有排污许可证中载明的总量控制指标、通过排污权有偿使用和交易确定的总量控制指标等由地方人民政府或生态环境主管部门与排污许可证申领企业以一定形式确认的总量控制指标。

根据《国民经济行业分类》（GB/T 4754—2017）和平台设置规则，明确在全国排污许可证管理信息平台上填报基本信息中行业类别时，日用化学产品制造工业排污单位根据实际情况填报“C26 化学原料和化学制品制造业”“日用化学产品制造业（C268）”中“肥皂及洗涤剂制造（C2681）”“香料、香精制造（C2684）”行业类别。

4.5.2　主要产品及产能

主要产品及产能信息主要包括日用化学产品制造工业排污单位在实际生产运行过程中涉及的主要工艺、设施、产品等信息，应填报主要生产单元名称、主要工艺名称、生产设施名称、生产设施编号、设施参数、产品名称、生产能力、计量单位、设计年生产时间及其他。

其中，肥皂及洗涤剂制造排污单位的产品主要包括肥皂、香皂、皂粉、皂粒、合成洗衣粉及液体洗涤剂、其他。香料、香精制造排污单位的产品主要包括天然香料、合成香料、热反应香精及非热反应香精、其他。

关于设施参数，因排污单位生产设施较多，HJ 1104—2020 要求重点填写能够反映日化工业排污单位产品产能、生产工艺、排污状况等相关设施的参数，填报主要生产工艺中与污染物产生和排放有关的主要生产设施。为方便申报单位理解，指导排污单位更好的填报，HJ 1104—2020 对主要生产单元、生产工艺、生产设施、设施参数进行了表格化梳理。

生产能力为主要产品设计产能，不包括国家或地方人民政府予以淘汰或取缔的产能。生产能力计量单位为 t/a。

设计年生产时间按环境影响评价文件及其审批、审核意见，或按照有关国家规定经地方人民政府依法处理、整顿规范并符合要求的相关证明材料中的年生产时间填写。若无相关文件或文件中未明确生产时间则按实际生产时间填写。

4.5.3 主要原辅材料及燃料

原辅材料及燃料填报主要针对排污单位与产排污相关的用于产品生产的主要原辅材料和生产用燃料，具体填报内容包括：原辅材料及燃料种类、设计年使用量及计量单位；燃料成分包括灰分、硫分、挥发分、热值等。根据行业特征，标准中列出了与产品直接相关或与产排污直接相关且产生的污染物占比相对较大的原辅材料及燃料，其他未列出的可由企业根据需要自行填报。

肥皂及洗涤剂制造原料种类包括油脂、脂肪酸、碱、表面活性剂、软水剂、其他。辅料种类包括水、氯化钠、盐酸、填充剂、pH 调节剂、缓冲剂、酶制剂、增稠剂、脱色剂、着色剂、香精、荧光增白剂、抗氧剂、杀菌剂、螯合剂、钙皂分散剂、抗污垢再沉积剂、抗静电剂、柔软剂、抑泡剂、漂白剂、溶剂、助溶剂、防腐剂、其他。

天然香料制造原料种类包括植物提取物、动物提取物、微生物提取物、其他。合成香料制造原料种类包括有机化合物、无机化合物、其他。

香精制造原料种类包括天然香料、合成香料、其他。辅料种类包括乳化剂、增稠剂、着色剂、抗氧剂、防腐剂、稳定剂、溶剂、抗结剂、其他。

燃料种类包括煤、重油、柴油、天然气、液化石油气、生物质燃料、其他。

4.5.4 产排污节点、污染物及污染治理设施

对于主要产排污设施，排污单位应填报相关产污、治污、排污信息。其中，废水应填报废水类别、污染控制项目、排放去向、排放规律、污染治理设施、是否为可行技术、排放口编号、排放口设置是否符合要求、排放口类型等；废气应填报对应产污环节名称、污染控制项目、排放形式（有组织、无组织）、污染治理设施、是否为可行技术、有组织排放口编号、排放口设置是否符合要求、排放口类型等。

4.5.4.1 废水

(1) 废水产排污环节及对应的污染物种类

肥皂及洗涤剂制造工业的废水主要集中在皂类产品由油脂原料制皂的阶段，包括肥皂、香皂、皂粉、皂粒等产品的制造，主要污染物为化学需氧量（COD_{Cr}）、氨氮和动植物油。另外，通用废水产污环节包括企业冷却循环系统产生的废水、设备冲洗水、地面冲洗水、废气处理产生的废水和生活污水等。其中洗衣粉制造排污单位排放废水中含特征污染物阴离子表面活性剂（LAS）。

香料、香精制造排污单位的主要生产设备为反应釜，主要的产排污环节是生产过程中更换产品品种时对设备和容器的清洗水，其污水中的主要成分是产品原辅材料，主要污染因子为化学需氧量（COD_{Cr}）、悬浮物；其次，还包括清洁生产区时的冲洗水，生产区地面散落的原料、中间产物、成品等在地面清洗过程中进入污水，地面冲洗废水主要污染因子为化学需氧量（COD_{Cr}）、悬浮物；另外，还有制备软化水时产生的外排废水，废水中的盐度和硬度较新鲜水会有所增加，但污染物含量相对较低。

（2）废水类别、污染控制项目及污染治理设施

HJ 1104—2020 明确了废水类别、污染控制项目及污染治理设施信息，并按许可排放浓度和许可排放量，分别明确了相关污染控制项目，便于企业填报和实施。

从废水类别看，日用化学产品制造工业废水可以归纳为两类废水排放：一类是单独排放的生活污水；另一类是排入厂内综合污水处理站的综合污水，包括生产废水、生活污水、冷却污水等。如果生活污水不是单独排放，也排入厂内综合污水处理站，则只存在综合污水一种类别。

根据执行的《污水综合排放标准》（GB 8978—1996），结合典型工艺环境影响评价要求，确定日用化学产品制造工业排污单位水污染物控制项目，主要包括 pH 值、悬浮物、五日生化需氧量（BOD_5）、化学需氧量（COD_{Cr}）、氨氮、总磷（以 P 计），对于含洗衣粉制造的排污单位还包括阴离子表面活性剂（LAS），对于肥皂（含香皂、皂粒、皂粉）制造排污单位还包括动植物油。

日用化学产品制造工业子行业类别多，产排污特征差异大，企业通常会根据实际生产特征、水污染物控制项目和污水排放方式等，采用不同的污水治理设施，主要涉及的废水污染治理措施详见表 4-1。

表 4-1　废水污染主要治理措施

废水类别	排放方式	主要污染治理措施
生活污水	直接排放①	（1）预处理：粗（细）格栅；沉淀、混凝沉淀；气浮。 （2）生化法处理。 （3）除磷处理
生产废水、生活污水等综合污水	直接排放①	（1）预处理：粗（细）格栅；沉淀、混凝沉淀；气浮。 （2）生化法处理：升流式厌氧污泥床（UASB）；IC 反应器或水解酸化技术；厌氧滤池（AF）；活性污泥法；氧化沟及其各类改型工艺；生物接触氧化法；序批式活性污泥法（SBR）；缺氧/好氧活性污泥法（A/O 法）；厌氧-缺氧-好氧活性污泥法（A^2/O 法）；膜生物反应器（MBR）法。 （3）除磷处理：化学除磷（注明混凝剂）；生物除磷；生物与化学组合除磷。 （4）表面活性剂处理：预处理（絮凝、气浮、高级氧化、吸附）＋一级生化
	间接排放②	（1）预处理：粗（细）格栅；沉淀、混凝沉淀；气浮。 （2）生化法处理：升流式厌氧污泥床（UASB）；IC 反应器或水解酸化技术；厌氧滤池（AF）；活性污泥法；氧化沟及其各类改型工艺。 （3）除磷处理：化学除磷（注明混凝剂）；生物除磷；生物与化学组合除磷。 （4）表面活性剂处理：预处理（絮凝、气浮、高级氧化、吸附）＋一级生化

① 直接排放指直接进入江河、湖、库等水环境，直接进入海域，进入城市下水道（再入江河、湖、库），进入城市下水道（再入沿海海域），以及其他直接进入环境水体的排放方式。

② 间接排放指进入城镇污水集中处理设施、进入工业废水集中处理设施，以及其他间接进入环境水体的排放方式。

（3）废水排放去向及排放规律

日用化学产品制造工业排污单位应明确废水排放去向及排放规律。排放去向分为不外排；直接进入江河、湖、库等水环境；直接进入海域；进入城市下水道（再入江河、湖、库）；进入城市下水道（再入沿海海域）；进入城镇污水集中处理设施；进入其他单位废水处理设施；进入工业废水集中处理设施；及其他去向。当废水直接或间接进入环境水体时要填写排放规律，不外排时不用填写。排放规律类别具体内容参照《废水排放

规律代码(试行)》(HJ 521—2009)。

(4) 污染治理设施、排放口编号

污染治理设施编号可填写日用化学产品制造工业排污单位内部编号，或根据《排污单位编码规则》(HJ 608—2017) 进行编号并填报。废水排放口编号填写地方生态环境主管部门现有编号。若无，可填写排污单位内部编号或根据 HJ 608 进行编号并填报。雨水排放口编号可填写排污单位内部编号，或采用"YS＋三位流水号数字"(如 YS001) 进行编号并填报。

(5) 排放口设置要求

根据《排污口规范化整治技术要求（试行)》、地方相关管理要求，以及日用化学产品制造工业排污单位执行的排放标准中有关排放口规范化设置的规定，填报废水排放口设置是否符合规范化要求。

4.5.4.2 废气

(1) 废气产排污环节及对应污染物种类

日用化学产品制造工业排污单位废气产生量较小，产排污环节主要包括：肥皂制造中干燥室干燥废气及皂粒风送废气，主要大气污染物种类为颗粒物；高塔喷粉洗衣粉制造中的热风装置干燥废气，主要大气污染物种类为颗粒物、二氧化硫、氮氧化物，以及包装过程中产生的废气，主要大气污染物种类为颗粒物、非甲烷总烃；合成香料制造中反应器合成反应产生的废气、天然香料制造蒸馏设备产生的蒸馏废气、热反应香精制造配料灌和混合设备产生的废气，主要大气污染物种类均为非甲烷总烃。此外，还包括公用单元中以氨为制冷剂的制冷废气，主要大气污染物种类均为氨；厂内综合污水处理站污水处理、污泥堆放和处理废气，主要大气污染物种类均为臭气浓度。

(2) 废气产污环节、污染控制项目及排放形式

HJ 1104—2020 给出了废气产污环节、污染物种类、排放形式及污染治理设施填报内容，并按许可排放浓度和许可排放量，分别明确了相关污染控制项目，详见表 4-2。

表 4-2 纳入排污许可管理的废气污染源主要污染控制项目、排放形式及排放口类型❶

<table>
<tr><th colspan="2">生产单元</th><th>生产设施</th><th>污染控制项目</th><th>废气产污环节</th><th>排放形式①</th><th>排放口类型</th></tr>
<tr><td rowspan="2">肥皂制造</td><td>皂粒干燥</td><td>干燥室</td><td>颗粒物</td><td>真空干燥</td><td>无组织</td><td>/</td></tr>
<tr><td>皂粒输送</td><td>输送风机</td><td>颗粒物</td><td>风送</td><td>有组织</td><td>一般排放口</td></tr>
<tr><td rowspan="5">高塔喷粉洗衣粉制造</td><td>浆料制备</td><td>配料罐</td><td>颗粒物</td><td>配料</td><td>有组织</td><td>一般排放口</td></tr>
<tr><td rowspan="3">喷粉工段</td><td>喷粉塔</td><td>颗粒物、氮氧化物、二氧化硫</td><td>浆料干燥</td><td>有组织</td><td>一般排放口</td></tr>
<tr><td>气提装置</td><td>颗粒物</td><td>气提</td><td>有组织</td><td>一般排放口</td></tr>
<tr><td>振动筛</td><td>颗粒物</td><td>筛分</td><td>无组织</td><td>/</td></tr>
<tr><td>包装</td><td>包装机</td><td>颗粒物</td><td>成品包装</td><td>无组织</td><td>/</td></tr>
</table>

❶ 鉴于本书引用标准原文表格中均用"/"表示缺省，因此本书统一采用该符号，后同。

续表

生产单元		生产设施	污染控制项目	废气产污环节	排放形式①	排放口类型
合成香料制造		反应器	非甲烷总烃	合成反应	有组织	一般排放口
天然香料制造		蒸馏设备	非甲烷总烃	蒸馏	有组织	一般排放口
热反应香精制造	浆膏状香精制造	配料罐	非甲烷总烃	配料	有组织	一般排放口
		反应器	非甲烷总烃	热加工	有组织	一般排放口
	胶囊型粉末香精制造	配料罐	非甲烷总烃	配料	有组织	一般排放口
		反应器	非甲烷总烃	热加工	有组织	一般排放口
		喷雾干燥塔	颗粒物、非甲烷总烃	干燥	有组织	一般排放口
		混合设备	非甲烷总烃	混合	有组织	一般排放口
公用单元		制冷系统②、液氨储罐	氨	制冷	无组织	/
		厂内综合污水处理站	臭气浓度	污水处理、污泥堆放和处理	无组织	/

① 表中所列排放方式为最低要求，如排污单位将表中列为无组织排放方式的废气处理后有组织排放，则执行标准中有组织排放控制要求。

② 适用于以氨为制冷剂的日用化学产品制造工业排污单位。

日用化学产品制造工业涉及的大气污染物排放标准包括 GB 16297—1996、GB 14554—1993。根据执行的排放标准，结合行业大气污染物产生和排放特征，HJ 1104—2020 确定了日用化学产品制造工业排污单位大气污染物控制项目，主要包括颗粒物、二氧化硫、氮氧化物、非甲烷总烃、氨、臭气浓度，并对相关子行业主要产排污环节进行了具体明确。

(3) 废气污染治理设施

日用化学产品制造工业排污单位采用的废气污染治理设施详见表 4-3。

表 4-3　废气污染主要治理措施

污染治理设施	污染治理环节	污染治理措施
除尘设施	肥皂制造皂粒风送环节颗粒物的治理	旋风除尘；静电除尘；袋式除尘；多管除尘；滤筒除尘；湿式除尘；水浴除尘；电袋复合除尘等
	高塔喷粉洗衣粉制造配料、气提环节颗粒物的治理	
	高塔喷粉洗衣粉制造浆料干燥环节颗粒物的治理	袋式除尘；旋风除尘；多管除尘；滤筒除尘；湿式电除尘；湿式除尘；水浴除尘；电袋复合除尘等
	热反应香精制造喷雾干燥环节颗粒物的治理	
	原辅材料、中间产品及成品贮存场或设施，以及投料系统、筛分系统、包装系统颗粒物的治理	加强密闭；收集回用到生产前端；收集后经废气处理装置(旋风除尘、静电除尘、袋式除尘、多管除尘、滤筒除尘、湿式除尘、水浴除尘、电袋复合除尘等)处理后排放
脱硝设施	高塔喷粉洗衣粉制浆料干燥环节氮氧化物的治理	低氮燃烧技术；SNCR 脱硝技术；SCR 脱硝技术等

续表

污染治理设施	污染治理环节	污染治理措施
脱硫设施	高塔喷粉洗衣粉制浆料干燥环节二氧化硫的治理	主要通过高塔喷粉工艺本身(碱吸收)对干燥废气中二氧化硫的排放进行控制
挥发性有机物治理设施	合成香料制造合成反应环节挥发性有机物的治理	冷凝(以氢气为原料或辅料时必备)；吸附；吸收；燃烧(直接燃烧、热力燃烧、催化燃烧)；膜分离等
	天然香料制造蒸馏环节挥发性有机物的治理	
	热反应香精制配料、热加工、喷雾干燥、混合等环节挥发性有机物的治理	
除臭设施	厂内综合污水处理站产生的臭气治理	在产臭区域加罩或加盖密封；集中收集恶臭气体处理(喷淋塔除臭、活性炭吸附、生物除臭、低温等离子、光催化、光氧化等)后经排气筒排放等

注：SNCR—选择性非催化还原；SCR—选择性催化还原。

（4）污染治理设施、排放口编号

污染治理设施编号可填写排污单位内部编号，或根据 HJ 608—2017 进行编号并填报。有组织排放口编号填写地方生态环境主管部门现有编号。若无，可填写排污单位内部编号或根据 HJ 608—2017 进行编号并填报。

4.5.5 排放口类型及基本信息

4.5.5.1 废水排放口

日用化学产品制造工业排污单位的生活污水排放量较少，主要为生产废水排放。因此，废水排放口分为废水总排放口（综合污水处理站排放口）、生活污水直接排放口以及单独排向城镇污水集中处理设施的生活污水排放口。HJ 1104—2020 按照“重点突出、分类管控、差异管理”的原则，根据行业产排污特征及环境管理要求，对日用化学产品制造工业排污单位废水排放口进行了分级分类，并实施差异化管理，明确实行重点管理的日用化学产品制造工业排污单位废水总排放口（综合污水处理站排放口）为主要排放口，其他废水排放口均为一般排放口。实行简化管理的日用化学产品制造工业排污单位废水排放口均为一般排放口。单独排向公共污水处理系统的生活污水仅需说明排放去向。

废水直接排放口应填报排放口地理坐标、对应入河排污口名称及编号、受纳自然水体信息、汇入受纳自然水体处的地理坐标及执行的国家或地方污染物排放标准。

废水间接排放口应填报排放口地理坐标、受纳污水处理厂信息及执行的国家或地方污染物排放标准。废水间歇式排放的，应当载明排放污染物的时段。废水向海洋排放的，还应说明岸边排放或深海排放。深海排放的，还应说明排污口的深度、与海岸线直线距离。

4.5.5.2 废气排放口

日用化学产品制造工业排污单位除了锅炉外，有组织排放废气主要为热反应、干燥、筛分和包装废气等，大气污染物主要为颗粒物、氮氧化物（NO_x）、二氧化硫（SO_2）、非甲烷总烃（NMHC）等，废气及大气污染物排放量相对较小。HJ 1104—2020内容不包含锅炉设施，因此日用化学产品制造工业排污单位废气有组织排放口均为一般排放口，对排污单位废气一般排放口和厂界无组织排放仅许可排放浓度（速率）。

废气排放口应填报排放口地理坐标、排气筒高度、排气筒出口内径、国家或地方污染物排放标准，环境影响评价文件审批、审核意见要求及承诺更加严格的排放限值。

4.6 许可排放限值确定方法

4.6.1 总体思路与确定原则

日用化学产品制造工业排污单位污染物许可排放限值包括许可排放浓度（速率）和许可排放量。许可排放量包括年许可排放量和特殊时段许可排放量。年许可排放量是指允许排污单位连续12个月排放的污染物最大排放量。年许可排放量同时适用于考核自然年的实际排放量。有核发权的地方生态环境主管部门根据环境管理要求（如采暖季、枯水期等），可将年许可排放量按季度、月度进行细化。

对于水污染物，实行重点管理的日用化学产品制造工业排污单位废水主要排放口许可排放浓度和排放量；一般排放口仅许可排放浓度，不许可排放量。实行简化管理的排污单位排放水污染物仅许可排放浓度，不许可排放量。单独排入公共污水处理系统的生活污水排放口不许可排放浓度和排放量。

对于大气污染物，排污单位废气一般排放口和厂界无组织排放许可排放浓度（速率），不许可排放量。

根据国家或地方污染物排放标准，按照从严原则确定许可排放浓度（速率）。依据HJ 1104中5.2.3规定的允许排放量核算方法，和依法分解落实到排污单位的重点污染物排放总量控制指标，从严确定许可排放量。2015年1月1日及以后取得环境影响评价文件审批、审核意见的排污单位，许可排放量还应同时满足环境影响评价文件和审批、审核意见确定的排放量要求。

总量控制指标包括地方人民政府或生态环境主管部门发文确定的排污单位总量控制指标，环境影响评价文件审批、审核意见中确定的总量控制指标，现有排污许可证中载明的总量控制指标，通过排污权有偿使用和交易确定的总量控制指标等地方人民政府或生态环境主管部门与排污许可证申领排污单位以一定形式确认的总量控制指标。

排污单位在填报申请的排污许可排放限值时，应在全国排污许可证管理信息平台申报系统中写明申请的许可排放限值计算过程。排污单位承诺的排放浓度严于HJ 1104要求的，应在排污许可证中规定。

4.6.2 许可排放浓度（速率）确定

依据《排污许可管理办法（试行）》，结合国家或地方污染物排放标准及特别排放限值要求，按照从严原则确定许可排放浓度限值。

（1）废水

日用化学产品制造工业排污单位水污染主要包括pH值、悬浮物、五日生化需氧量（BOD_5）、化学需氧量（COD_{Cr}）、氨氮、总磷（以P计），洗涤剂（含洗衣粉）制造的排污单位还包括阴离子表面活性剂（LAS），肥皂（含香皂、皂粒、皂粉）制造排污单位还包括动植物油等。对于日用化学产品制造工业排污单位废水直接排向环境水体的情况，依据GB 8978—1996中的直接排放限值确定排污单位废水总排放口和生活污水直接排放口的水污染物许可排放浓度。地方有更严格排放标准要求的，从其规定。对于排污单位废水间接排向环境水体的情况，当废水排入城镇污水集中处理设施时，依据GB 8978—1996的间接排放限值确定排污单位废水总排放口的水污染物许可排放浓度；当废水排入其他污水集中处理设施时，按照排污单位与污水集中处理设施责任单位的协商值确定。地方有更严格排放标准要求的，从其规定。

排污单位在同一个废水排放口排放两种或两种以上工业废水，且每种废水中同一污染物执行的排放控制要求或排放标准不同时，若有废水适用行业水污染物排放标准的，则执行相应水污染物排放标准中关于混合废水排放的规定；行业水污染物排放标准未作规定，或各种废水均适用GB 8978—1996的，则按GB 8978—1996附录A的规定确定许可排放浓度；若无法按GB 8978—1996附录A规定执行的，则按从严原则确定许可排放浓度。

（2）废气

日用化学产品制造工业排污单位大气污染物主要包括颗粒物、二氧化硫、氮氧化物、非甲烷总烃等。应依据GB 16297—1996和GB 14554—1993确定日用化学产品制造工业排污单位大气污染物许可排放浓度（速率）限值。地方有更严格排放标准要求的，从其规定。

大气污染防治重点控制区按照《关于执行大气污染物特别排放限值的公告》《关于执行大气污染物特别排放限值有关问题的复函》和《关于京津冀大气污染传输通道城市执行大气污染物特别排放限值的公告》等要求执行。其他执行大气污染物特别排放限值的地域范围、时间，由国务院生态环境主管部门或省级人民政府规定。

若执行不同许可排放浓度（速率）的多台生产设施或排放口采用混合方式排放废气，且选择的监控位置只能监测混合废气中的大气污染物浓度（速率），则应执行各许可排放限值要求中最严格限值。

4.6.3 许可排放量核算

（1）废水

1）关于许可排放量的污染因子

纳入排污许可重点管理的日化工业排污单位，其排放以水污染为主。根据重点水污染物排放总量控制指标要求，HJ 1104—2020规定实行重点管理的排污单位应明确化学需氧量、氨氮的年许可排放量。同时，考虑不同区域水环境质量改善需求和环境管理水平的差异，提出可以明确受纳水体环境质量年均值超标且列入执行排放标准GB 8978—1996中的，其他相关排放因子的年许可排放量，旨在为地方根据水环境质量改善需求增加许可排放量管控因子提供依据。地方生态环境主管部门有更严格规定的，从其规定。

2）HJ 1104—2020规定的计算允许排放量方法

GB 8978—1996未明确基准排水量和NH_3-N的间接排放浓度限值，HJ 1104—2020提出依据单位产品基准排水量、许可排放浓度限值和年产品产能核定年允许排放量的方法，并明确了水污染物执行排放标准GB 8978—1996中缺失参数的取值方法。其中，单位产品基准排水量按照“有协商依协商、无协商按实际，但均不得超过设计值”的总体原则取值；NH_3-N间接排放浓度限值采用排污单位与污水集中处理设施责任单位的协商值。

单独排放时，排污单位水污染物年许可排放量是指排污单位废水总排放口水污染物年排放量的最高允许值，依据水污染物许可排放浓度限值、单位产品基准排水量和产品产能核定，同时明确相关参数取值原则。关于单位产品基准排水量，向公共污水处理系统排放废水的排污单位，如有协商废水排放量的，可按照协商排水量（折算为单位产品排水量）计算。向公共污水处理系统排放废水但无协商排放水量或直接向环境水体排放废水的，按照排污单位近三年单位产品的实际排水量平均值计算；投运满一年但不足三年的按周期内单位产品的实际排水量平均值计算；未投运或投运不满一年的按照设计单位产品排水量计算。当实际排水量平均值超过设计单位产品排水量时，按设计单位产品排水量计算。地方有更严格排放标准要求的，从其规定。对于许可排放浓度限值，氨氮的间接排放浓度可采用排污单位与污水集中处理设施责任单位的协商值进行计算；地方有更严格排放标准要求的，按照地方排放标准确定。

混合排放时水污染物许可排放量核算方法的主要思路是用排放浓度乘以水量的方式确定许可排放量，其中排放浓度为许可排放浓度，即废水混合前应各自执行的排放标准取最严值，排放水量按产能加权的方式确定，即废水混合前应各自执行的排放标准中规定的基准排水量乘以相应的产品产能，相关参数取值同上。

3）许可排放量核算案例

以某肥皂制造企业A为例，该企业以油脂为原料生产肥皂和皂粒两种产品，产能分别为10×10^4t/a和3×10^4t/a，2015年5月正式投产运营。原有地方核发的排污许可证中载明的COD_{Cr}、NH_3-N排放量限值分别为30.32t/a、5.12t/a，环评文件及其审批意见确定的COD_{Cr}、NH_3-N排放量限值分别为28.60t/a、4.25t/a。肥皂、皂粒生产线2018～2020年的单位产品实际排水量平均值分别为1.92m^3/t、1.85m^3/t，均不超过设计值。企业生产废水统一收集进入自建综合污水处理站处理后排入周边河流B河。B河水环境质量执行Ⅴ类水质标准，企业废水排放执行GB 8978—1996表4中二级标准。该企业属于排污许可重点管理范围，管控综合污水处理站排放口COD_{Cr}、NH_3-N许可排放量，具体核定过程如下：

① 重点水污染物许可排放浓度限值取值　该企业废水排放执行GB 8978—1996表4中二级标准，可知COD_{Cr}、NH_3-N的许可排放浓度限值取值分别为150mg/L、25mg/L。

② 单位产品基准排水量取值　该企业2015年5月正式投产运营，投运已超过三年，其肥皂、皂粒生产线单位产品基准排水量取值为近3年（2018～2020年）单位产品实际排水量平均值，分别为$1.92m^3/t$和$1.85m^3/t$。

③ 基于排放标准的允许排放量核算　基于排放标准的污染物允许排放量按HJ 1104—2020中公式（1）核算，代入相关参数取值，可知该企业COD_{Cr}、NH_3-N的年允许排放量分别如下：$D_{COD_{Cr}}=(100000t/a\times1.92m^3/t\times150mg/L+30000t/a\times1.85m^3/t\times150mg/L)\times10^{-6}=37.1250t/a$；$D_{NH_3\text{-}N}=(100000t/a\times1.92m^3/t\times25mg/L+30000t/a\times1.85m^3/t\times25mg/L)\times10^{-6}=6.1875t/a$。

④ 许可排放量确定　该企业属于2015年1月1日后取得环评文件审批意见的排污单位，应依据基于排放标准的允许排放量核算结果、总量控制指标要求（原有排污许可证中允许排放量）和环评文件及其审批意见，从严确定重点水污染物许可排放量。对比三者取值可知，该企业COD_{Cr}年许可排放量为28.60t/a，NH_3-N年许可排放量为4.25t/a。

（2）废气

日用化学产品制造工业排污单位的有组织废气排放口均为一般排放口，不许可排放量。无组织排放也不许可排放量。

4.7 污染防治可行技术

4.7.1 一般原则

目前，日用化学产品制造工业相关污染防治可行技术指南尚未制定。HJ 1104—2020所列污染防治可行技术及运行管理要求可作为生态环境主管部门对排污许可证申请材料审核的参考。对于日用化学产品制造工业排污单位，采用HJ 1104—2020所列污染防治可行技术的，原则上认为具备符合规定的防治污染设施或污染物处理能力。未采用HJ 1104—2020所列污染防治可行技术的，排污单位应当在申请时提供相关证明材料（如已有监测数据，对于国内外首次采用的污染治理技术，还应当提供中试数据等说明材料），证明可达到与污染防治可行技术相当的处理能力。对不属于污染防治可行技术的，排污单位应当加强自行监测、台账记录，评估达标可行性。待日用化学产品制造工业相关污染防治可行技术指南发布后，从其规定。

4.7.2 废水、废气污染防治可行技术

HJ 1104—2020根据GB 16297—1996、GB 8978—1996、GB 38722—2020等相关标准，参考《清洁生产标准 日用化学工业（肥皂及合成洗涤剂）》（征求意见稿）、团体标准《合成洗衣粉工业大气污染物排放标准》（T/ZGXX 0002—2018）中涉及日用化学产品制造工业的水污染物和大气污染物排放控制要求，基于企业实际调研，明

确日用化学产品制造工业废水、废气污染防治可行技术以及运行管理要求。废水、废气污染防治可行技术详见 HJ 1104—2020 附录表 A.1～表 A.2。运行管理要求包括废水排放、有组织废气排放、无组织废气排放。

4.8　排污许可环境管理要求

4.8.1　自行监测管理要求

目前，日用化学产品制造工业排污单位自行监测技术指南尚未制定。根据《控制污染物排放许可制实施方案》《排污许可管理办法（试行）》等要求，排污单位应通过自行监测证明排污许可证许可的产排污节点、排放口、污染治理设施及许可限值落实情况。HJ 1104—2020 根据 GB 16297—1996、GB 8978—1996、GB 38722—2020 等相关标准，《排污单位自行监测技术指南　总则》（HJ 819—2017）及相关废水、废气污染源监测技术规范和方法，结合日用化学产品制造工业排污单位的污染源管控重点，按照重点管理排污单位监测频次高于简化管理排污单位，主要污染物监测频次高于一般污染物的总体原则，规定日用化学产品制造工业排污单位自行监测要求。主要规定了自行监测的一般原则、自行监测方案、自行监测要求、监测技术手段、监测频次、采样和测定方法、数据记录要求、监测质量保证与质量控制等内容。

① 日用化学产品制造工业排污单位在申请排污许可证时，应当按照 HJ 1104—2020 确定的产排污节点、排放口、污染物项目及许可限值等要求，制定自行监测方案，并在全国排污许可证管理信息平台申报。HJ 1104—2020 未规定的其他监测指标按照 HJ 819—2017 等标准规范执行。日用化学产品制造工业排污单位自行监测技术指南发布后，自行监测方案的制定从其要求。

② 有核发权的地方生态环境主管部门可根据环境质量改善需求，增加排污单位自行监测管理要求。对于 2015 年 1 月 1 日（含）后取得环境影响评价文件审批、审核意见的排污单位，其环境影响评价文件及审批、审核意见中有其他自行监测管理要求的，应当同步完善排污单位自行监测管理要求。

③ 关于监测污染物项目和监测频次。自行监测污染源和污染物应包括排放标准中涉及的各项废气、废水污染源和污染物。日用化学产品制造工业排污单位应当开展自行监测的污染源包括产生有组织废气、无组织废气、废水等污染源。废水污染物主要包括 GB 8978 中规定且涉及行业污染物排放的相应因子，主要包括流量、pH 值、化学需氧量（COD_{Cr}）、氨氮、悬浮物、五日生化需氧量（BOD_5）、总磷（以 P 计）、阴离子表面活性剂（LAS）、动植物油等，其中阴离子表面活性剂（LAS）仅适用于洗涤剂（含洗衣粉）制造排污单位；动植物油仅适用于肥皂（含香皂、皂粒、皂粉）制造排污单位。根据国家环境保护总局发布的《关于〈污水综合排放标准〉（GB 8978—1996）中磷酸盐及其监测方法的通知》（环函〔1998〕28 号），其中污染物项目磷酸盐指总磷。废气污染物包括颗粒物、二氧化硫、氮氧化物、非甲烷总烃、臭气、氨等。

重点管理排污单位应对废水总排放口（综合污水处理站排放口）流量、pH值、化学需氧量和氨氮开展自行监测。其他污染物按月进行直接排放的监测，按季度进行间接排放的监测。对于单独排放的生活污水，仅对直接排放口按月进行监测。简化管理排污单位应对废水总排放口（综合污水处理站排放口）按季度进行直接排放的监测，按半年进行间接排放的监测。对于单独排放的生活污水，仅对直接排放口按季度进行监测。排污单位对废气有组织排放和无组织排放的最低监测频次不区分重点管理和简化管理，均为半年一次。

④ 关于雨水监测。根据环境管理要求，明确重点管理排污单位对雨水排放口化学需氧量、总磷开展监测，选取全厂雨水排放口开展监测。有多个雨水排放口的排污单位，对全部排放口开展监测。雨水监测点位设在厂内雨水排放口后、排污单位用地红线边界位置。有流动水排放时按月监测。如监测一年无异常情况，可放宽至每季度有流动水排放时开展一次监测。

4.8.2 环境管理台账记录与执行报告编制要求

按照排污许可管理要求，日用化学产品制造工业排污单位应通过记录环境管理台账、编制执行报告证明排污单位按证排污情况。HJ 1104—2020主要依据《排污单位环境管理台账及排污许可证执行报告技术规范 总则（试行）》（HJ 944—2018）、《排污许可证申请与核发技术规范 总则》（HJ 942—2018），结合环境管理要求，并考虑企业实际环境管理台账记录情况，制定环境管理台账与排污许可证执行报告编制要求。在“规范、真实、全面、细致”的原则下，区分排污许可重点管理排污单位和简化管理排污单位，明确日用化学产品制造工业排污单位环境管理台账记录的内容、频次、储存及保存要求等，以及执行报告编制流程及内容、报告周期等。

日用化学产品制造工业排污单位环境管理台账记录要求，详见表4-4。

表4-4 日用化学产品制造工业排污单位环境管理台账记录要求

序号	环境管理台账记录内容				记录频次	
	信息类别	时段工况	信息内容		重点管理	简化管理
1	排污单位基本信息	全时段	单位名称、生产经营场所地址、行业类别、法定代表人、统一社会信用代码、产品名称、年产品产能、环境影响评价文件审批（审核）意见文号、排污权交易文件文号、排污许可证编号等		未变化，1次/a 有变化，变化时记录1次	
2	生产运行管理信息	正常工况	主要产品：名称及产量		连续生产，1次/d 非连续生产，1次/周期	连续生产，1次/周 非连续生产，1次/周期快
			主要原辅材料：名称及产量			
			燃料	用量		
				名称、灰分、硫分、挥发分、含水率、热值等	1次/批	
		非正常工况	非正常工况生产设施名称及编码、起止时间、产品产量、原辅材料及燃料用量、事件原因、应对措施、是否报告等		1次/非正常工况期	

续表

<table>
<tr><th rowspan="2">序号</th><th colspan="4">环境管理台账记录内容</th><th colspan="2">记录频次</th></tr>
<tr><th>信息类别</th><th>时段工况</th><th colspan="2">信息内容</th><th>重点管理</th><th>简化管理</th></tr>
<tr><td rowspan="5">3</td><td rowspan="5">污染防治设施运行管理信息</td><td rowspan="4">正常情况</td><td rowspan="3">有组织废气、废水污染防治设施运行管理信息</td><td>污染防治设施基本信息、废水处理方式、处理废水类别</td><td colspan="2">未变化，1次/a
有变化，变化时记录1次</td></tr>
<tr><td>运行状态、污染物排放情况、污泥产生量、用电量</td><td>1次/d</td><td>1次/周</td></tr>
<tr><td>主要药剂(吸附剂)添加情况</td><td>1次/d或1次/批</td><td>1次/周或1次/批</td></tr>
<tr><td colspan="2">废气无组织排放污染控制措施管理维护信息</td><td>1次/d</td><td>1次/月</td></tr>
<tr><td>异常情况</td><td colspan="2">异常情况污染防治设施名称及编码、起止时间、污染物排放浓度、异常原因、应对措施、是否报告等</td><td colspan="2">1次/异常情况期</td></tr>
<tr><td>4</td><td>监测记录信息</td><td colspan="5">按照HJ 1104—2020中自行监测管理相关要求</td></tr>
<tr><td>5</td><td>其他环境管理信息</td><td colspan="5">依据有关法律法规、标准规范或实际生产运行规律等确定</td></tr>
</table>

实行重点管理的排污单位应提交年度执行报告和季度执行报告，实行简化管理的排污单位应提交年度执行报告。年度执行报告应于次年一月底前提交至排污许可证核发部门。对于持证时间超过三个月的年度，报告周期为当年全年（自然年）；对于持证时间不足三个月的年度，当年可不提交年度执行报告，排污许可证执行情况纳入下一年度执行报告。季度执行报告应于本季度结束后十五日内提交至排污许可证核发部门。对于持证时间超过一个月的季度，报告周期为当季全季（自然季度）；对于持证时间不足一个月的季度，该报告周期内可不提交季度执行报告，排污许可证执行情况纳入下一季度执行报告；对于有年度执行报告的，可不提交当年第四季度执行报告。

实行重点管理的排污单位年度执行报告内容应包括：a. 排污单位基本情况；b. 污染防治设施运行情况；c. 自行监测执行情况；d. 环境管理台账记录执行情况；e. 实际排放情况及合规判定分析；f. 信息公开情况；g. 排污单位内部环境管理体系建设与运行情况；h. 其他排污许可证规定的内容执行情况；i. 其他需要说明的问题；j. 结论；k. 附图附件要求。具体内容要求参见HJ 944的5.3.1内容。季度执行报告内容应包括污染物实际排放浓度和排放量、合规判定分析、超标排放或污染防治设施异常情况说明等内容，以及各月度生产小时数、主要产品及其产量、主要原料及其用量、新鲜水用量及废水排放量、主要污染物排放量等信息。

实行简化管理的排污单位年度执行报告内容主要反映排污单位基本情况和污染物排放情况，仅为重点管理排污单位11项报告内容中的6项，包括排污单位基本情况、污染防治设施运行情况、自行监测执行情况、环境管理台账记录执行情况、实际排放情况及合规判定分析、结论等。具体内容要求参见HJ 944—2018中5.3.3。

4.9 实际排放量核算方法

2017 年 12 月 27 日，环境保护部发布《关于发布计算污染物排放量的排污系数和物料衡算方法的公告》（环境保护部公告 2017 年 第 81 号）。日用化学产品制造工业污染物实际排放量核算方法，总体上与其中附件 1《纳入排污许可管理的火电等 17 个行业污染物排放量计算方法（含排污系数、物料衡算方法）（试行）》及已发布的各行业排污许可证申请与核发技术规范要求保持一致。本部分具体规定了实际排放量核算的一般原则、废水和废气污染物实际排放量的具体核算方法，主要依据以下原则进行核算。

日用化学产品制造工业排污单位的水、大气污染物在核算时段内的实际排放量等于正常情况与非正常情况实际排放量之和。核算时段根据管理需求，可以是季度、年或特殊时段等。排污单位的水污染物在核算时段内的实际排放量等于主要排放口即排污单位废水总排放口（综合污水处理站排放口）的实际排放量。排污单位的废气有组织排放口均为一般排放口，不核算一般排放口和无组织排放的实际排放量。

排污单位的水污染物在核算时段内正常情况下的实际排放量首先采用实测法核算，分为自动监测实测法和手工监测实测法。对于排污许可证中载明的要求采用自动监测的污染物项目，应采用符合监测规范的有效自动监测数据核算污染物实际排放量。对于未要求采用自动监测的污染物项目，可采用自动监测数据或手工监测数据核算污染物实际排放量。采用自动监测的污染物项目，若同一时段的手工监测数据与自动监测数据不一致，手工监测数据符合法定的监测标准和监测方法的，以手工监测数据为准。要求采用自动监测而未采用的排放口或污染物项目，采用产污系数法核算污染物排放量，且按直接排放进行核算。未按照相关规范文件等要求进行手工监测（无有效监测数据）的排放口或污染物，有有效治理设施的按排污系数法核算，无有效治理设施的按产污系数法核算。并与全国污染源普查工作衔接，明确产污系数取值，参见《全国污染源普查工业污染源产排污系数手册》，目前最新发布成果为《排放源统计调查产排污核算方法和系数手册》（生态环境部公告 2021 年 第 24 号）。

排污单位的水污染物在核算时段内非正常情况下的实际排放量采用产污系数法核算污染物排放量，且按直接排放进行核算。排污单位如含有适用其他行业排污许可技术规范的生产设施，水、大气污染物的实际排放量为涉及的各行业生产设施实际排放量之和。大气污染物实际排放量按相应行业排污许可技术规范中实际排放量核算方法核算。水污染物的实际排放量采用实测法核算时，按 HJ 1104—2020 规定的核算方法核算，采用产、排污系数法核算时，按相应行业排污许可技术规范中实际排放量核算方法核算。

4.10 合规判定方法

合规是指日用化学产品制造工业排污单位许可事项符合排污许可证规定。排污单位排污口位置和数量、排放方式、排放去向、排放污染物种类、排放限值、环境管理要求应符合排污许可证规定。其中，排放限值合规是指排污单位污染物实际排放浓度（速率）和排放量满足许可排放限值要求。环境管理要求合规是指排污单位应按排污许可证规定落实自行监测、台账记录、执行报告、信息公开等环境管理要求。

排污单位可通过台账记录、按时提交执行报告和开展自行监测、信息公开，自证其依证排污，满足排污许可证要求。生态环境主管部门可依据排污单位环境管理台账、执行报告、自行监测记录中的内容，判断其污染物排放浓度和排放量是否满足许可排放限值要求，污染物排放及环境管理是否满足许可要求，也可通过执法监测判断其污染物排放浓度是否满足许可排放限值要求。

本部分具体给出了合规判定的一般原则，产排污环节、污染治理设施及排放口、废水排放、废气排放以及环境管理要求合规的具体判定方法。与其他行业排污许可技术规范相似，但无关于非正常工况的废气排放浓度豁免时段的规定。

第5章 日化工业排污单位排污许可申请流程

根据《固定污染源排污许可分类管理名录（2019年版）》，日化工业排污单位排污许可管理类别划分为重点管理、简化管理和排污登记管理三类。纳入重点管理和简化管理的日化工业排污单位应在全国排污许可证管理信息平台企业端“许可证申请”业务模块申请排污许可证，并根据不同情形按要求及时办理排污许可证变更、延续、重新申请和补办等；纳入排污登记管理的日化工业排污单位，无需申领排污许可证，应在全国排污许可证管理信息平台企业端“排污登记”业务模块进行排污登记。对纳入重点管理和简化管理的日化工业排污单位，存在“不能达标排放”“手续不全”“未按规定安装使用自动监测设备和设置排污口”等情形的下达排污限期整改通知书，按要求整改完成后申请取得排污许可证。

5.1 信息平台企业端注册

5.1.1 注册网址及注意事项

排污单位在全国排污许可证管理信息平台企业端（以下简称“企业端”）申请排污许可证或进行排污登记，网址 http://permit.mee.gov.cn/cas/login。当地政务服务平台已完成与全国政务服务平台一体化的，可以通过当地政务服务平台直接登录全国排污许可证管理信息平台企业端，实现“一次登录、全网通办”“跨省通办”。也可通过全国排污许可证管理信息平台公开端（以下简称“公开端”），网址 http://permit.mee.gov.cn，点击公开端页面右上方“网上申报”进入。还可通过生态环境部官网（网址 http://www.mee.gov.cn）首页左上角“业务工作”模块中“排污许可”页面右上角“全国排污许可证管理信息”链接进入全国排污许可证管理信息平台公开端，再通过上述步骤由公开端进入企业端。

对于首次申请排污许可证或进行排污登记的排污单位，应首先在企业端首页进行注册，见图 5-1。

图 5-1　全国排污许可证管理信息平台企业端首页

注意事项：

① 浏览器建议优先采用 IE9 及以上版本 IE 浏览器，如采用 360 等浏览器需设为兼容模式。若发现仍无法正常使用，建议尝试其他浏览器。

② 若登录不正常，如出现点击无反应的情况可咨询公开端在线客服。

5.1.2　注册流程及注意事项

（1）注册信息需要填报内容

申报单位名称、总公司单位名称、注册地址、生产经营场所地址、邮编、省份、城市、区县、流域、行业类别、其他行业类别、是否有统一社会信用代码、总公司统一社会信用代码、用户名、密码、手机号、统一社会信用代码或组织机构代码证或营业执照注册号复印件，见图 5-2。

（2）注意事项

① 企业填报时应对注册说明进行审阅，确保填报信息准确。

② 本系统所有“*”皆为必填项，有信息的按照要求填报，无信息的填报“/”，不能为空。

③ 日化行业行业类别应选择编码为“C268 日用化学产品制造”。

④ 一定要妥善保存用户名和密码，用户名建议使用公司名称的缩写，防止遗忘及人员调动造成的不便。

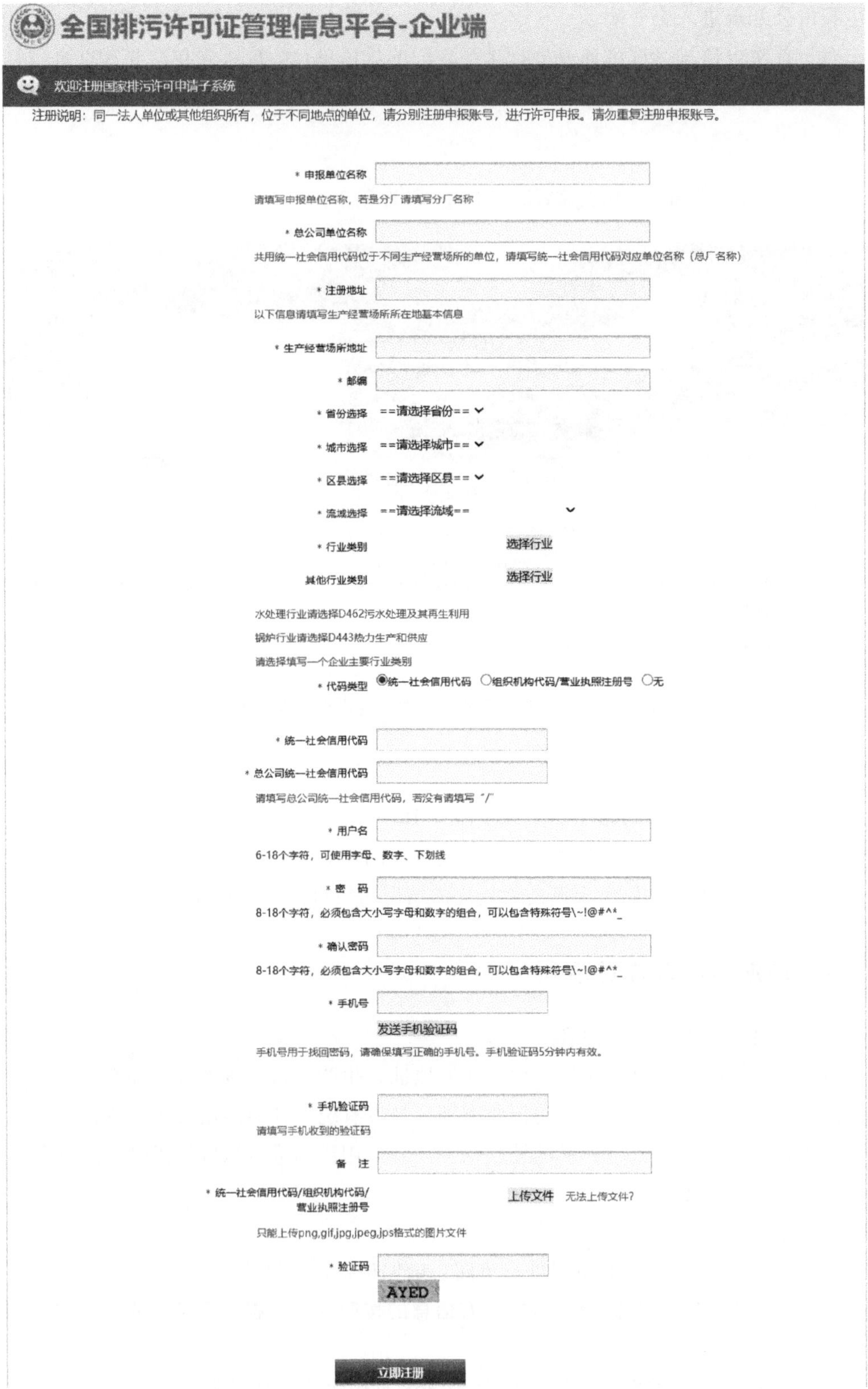

全国排污许可证管理信息平台-企业端

欢迎注册国家排污许可申请子系统

注册说明：同一法人单位或其他组织所有，位于不同地点的单位，请分别注册申报账号，进行许可申报。请勿重复注册申报账号。

* 申报单位名称

请填写申报单位名称，若是分厂请填写分厂名称

* 总公司单位名称

共用统一社会信用代码位于不同生产经营场所的单位，请填写统一社会信用代码对应单位名称（总厂名称）

* 注册地址

以下信息请填写生产经营场所所在地基本信息

* 生产经营场所地址

* 邮编

* 省份选择 ==请选择省份==

* 城市选择 ==请选择城市==

* 区县选择 ==请选择区县==

* 流域选择 ==请选择流域==

* 行业类别 选择行业

其他行业类别 选择行业

水处理行业请选择D462污水处理及其再生利用

锅炉行业请选择D443热力生产和供应

请选择填写一个企业主要行业类别

* 代码类型 ◉统一社会信用代码 ○组织机构代码/营业执照注册号 ○无

* 统一社会信用代码

* 总公司统一社会信用代码

请填写总公司统一社会信用代码，若没有请填写“/”

* 用户名

6-18个字符，可使用字母、数字、下划线

* 密　码

8-18个字符，必须包含大小写字母和数字的组合，可以包含特殊符号\~!@#^*_

* 确认密码

8-18个字符，必须包含大小写字母和数字的组合，可以包含特殊符号\~!@#^*_

* 手机号

发送手机验证码

手机号用于找回密码，请确保填写正确的手机号。手机验证码5分钟内有效。

* 手机验证码

请填写手机收到的验证码

备　注

* 统一社会信用代码/组织机构代码/营业执照注册号 上传文件 无法上传文件?

只能上传png,gif,jpg,jpeg,jps格式的图片文件

* 验证码

AYED

立即注册

图 5-2　全国排污许可证管理信息平台企业端注册界面

⑤“注册地址”应与企业营业执照上信息相同，“生产经营场所地址”为企业实际的生产经营场所地址。

⑥“总公司单位名称”需与总公司统一社会信用代码对应单位名称一致，如无总公司，可填报“/”。

⑦“申报单位名称”应与企业营业执照上单位名称信息保持一致。

⑧ 同一法人单位或者其他组织所属、位于不同生产经营场所的排污单位，应当以其所属的法人单位或者其他组织的名义，分别注册账号，填写排污许可证申报信息，向生产经营场所所在地有核发权的生态环境主管部门申请排污许可证。此时可在“申报单位名称”外增加地址标识，如××公司××分厂。

5.2　排污许可证首次申请流程

5.2.1　申请材料准备

5.2.1.1　申请材料收集的必要性

根据目前排污许可的管理要求，为落实“自证守法”，企业要确保填报内容的全面、合理、真实、有效。日化企业在排污许可证申报过程中主要存在以下难点：

① 申报时需要从设计文件、环评文件、总量指标控制文件、执行标准文件、行业相关技术规范、生产统计报表、各类证件等材料中获取资料，而这些材料分别存放在办公室、生产处等部门。

② 日化工业生产工艺流程多，环保管理信息按照工艺流程责任到不同的部门、工段、班组，较为分散。

③ 日化企业在填报排污许可证时，填报的信息涵盖专业较多。

因此，为了满足排污许可申报的要求，排污单位在申报前应做好申报信息的收集、整理并要求各相关部门配合。

5.2.1.2　排污许可证申请表填报内容简介

排污许可证申请表填报包括 16 张主表，分别如下。

① 排污单位基本信息（表 1）。

② 排污单位登记信息：主要产品及产能（表 2）。

③ 排污单位登记信息：主要产品及产能补充（表 3）。

④ 排污单位登记信息：主要原辅材料及燃料（表 4）。

⑤ 排污单位登记信息：排污节点及污染治理设施（表 5）。

⑥ 大气污染物排放信息：排放口（表 6）。

⑦ 大气污染物排放信息：有组织排放信息（表 7）。

⑧ 大气污染物排放信息：无组织排放信息（表 8）。

⑨ 大气污染物排放信息：企业大气排放总许可量（表 9）。

⑩ 水污染物排放信息：排放口（表 10）。

⑪ 水污染物排放信息：申请排放信息（表 11）。

⑫ 固体废物管理信息（表 12）。

⑬ 环境管理要求：自行监测要求（表 13）。

⑭ 环境管理要求：环境管理台账记录要求（表 14）。

⑮ 地方生态环境主管部门依法增加的内容（表 15）。

⑯ 相关附件（表 16）。

企业应按照表 1～表 16 的顺序进行填写。由于各填报信息的表格之间有逻辑性和关联性，企业在填报时应确保每一步填报信息的准确性和完整性。

5.2.1.3 排污许可证申请表填报所需资料

排污许可证申请表所需参考材料见表 5-1。

表 5-1 排污许可证申请表所需资料/数据清单

表序号	申报表名称	需要资料/数据名称
1	排污单位基本信息	公司经营许可证;全部项目环评报告书及其批复文件;地方政府对违规项目的认定或备案文件(若有);主要污染物总量分配计划文件
2	排污单位登记信息:主要产品及产能	各生产设施设计文件;项目环评报告书、产能确定文件、生产线编码表
3	排污单位登记信息:主要产品及产能补充	各生产设施设计文件;项目环评报告书、内部设备编码表(优先使用)、HJ 608—2017;各环保设备、主机设备的说明书等
4	排污单位登记信息:主要原辅材料及燃料	设计文件;生产统计报表;生产工艺流程图;生产厂区总平面布置图;原辅材料购买合同
5	排污单位登记信息:排污节点及污染治理设施	GB 8978—1996、GB 14554—1993、GB 16297—1996、GB/T 16157—1996 等国家及地方排放标准;环评文件、设计文件、内部设备编码表(优先使用)、HJ 608—2017、有组织排放口编号(优先使用生态环境部门已核定的编号)、滤袋采购合同、环境管理台账、HJ 1104—2020
6	大气污染物排放信息:排放口	环境管理台账;GB 14554—1993、GB 16297—1996 等国家及地方排放标准;环评文件
7	大气污染物排放信息:有组织排放信息	GB 14554—1993、GB 16297—1996 等国家及地方排放标准
8	大气污染物排放信息:无组织排放信息	GB 14554—1993、GB 16297—1996 等国家及地方排放标准;现场无组织源管控的措施梳理登记表
9	大气污染物排放信息:企业大气排放总许可量	/
10	水污染物排放信息:排放口	GB 8978—1996 等国家及地方排放标准;排放口信息、受纳自然水体、污水处理厂信息及其水污染物排放限值(排入下游污水处理厂的)等
11	水污染物排放信息:申请排放信息	GB 8978—1996 等国家及地方排放标准;环评文件、总量控制指标文件、申请年许可排放量计算过程
12	固体废物管理信息	固体废物自行贮存和利用/处置设施设计文件,固体废物委托贮存/利用/处置的委托协议,固体废物鉴定结果文件等
13	环境管理要求:自行监测要求	采样监测相关技术规范、HJ 819、HJ 1104—2020 等;GB 8978—1996、GB 14554—1993、GB 16297—1996、GB/T 16157—1996 等国家及地方排放标准
14	环境管理要求:环境管理台账记录要求	HJ 1104—2020、环境管理台账等
15	地方生态环境主管部门依法增加的内容	/

续表

表序号	申报表名称	需要资料/数据名称
16	相关附件	守法承诺书(法人签字);排污许可证信息公开情况说明表;符合建设项目环境影响评价程序的相关文件或证明材料;通过排污权交易获取排污权指标的证明材料;城镇污水集中处理设施应提供纳污范围、管网布置、排污去向等材料;地方规定排污许可证申请表文件(如有)
如有	补充登记信息	设计文件;生产统计报表;生产工艺流程图;原辅材料购买合同;环评文件、内部设备编码表(优先使用)、HJ 608—2017、有组织排放口编号(优先使用生态环境主管部门已核定的编号)、滤袋采购合同、环境管理台账、技术规范;《危险废物鉴别标准》等

5.2.2 申报系统信息填报

5.2.2.1 系统登录流程及注意事项

(1) 系统登录流程

信息申报系统的登录流程见图5-3。

(2) 注意事项

① 首次填报申请排污许可证，应选择“首次申请”。

② 已取得排污许可证的其他行业配套“日用化学产品制造”行业的，应根据具体情形，按《排污许可管理条例》规定选择“变更”或“重新申请”。

5.2.2.2 信息申报流程及注意事项

(1) 排污单位基本信息

1) 填报内容

是否需改正、排污许可证管理类别、单位名称、注册地址、生产经营场所地址、邮政编码、行业类别（填报时选择日用化学产品制造工业)、是否投产、投产日期、生产场所经纬度、组织机构代码/统一社会信用代码、法定代表人、技术负责人、联系方式、所在地是否属于环境敏感区（如总磷、总氮控制区等)、是否位于工业园区、是否有环评审批意见及相关文号（备案编号)、是否有地方政府对违规项目的认定或备案文件、是否有主要污染物总量分配计划文件，以及废气废水污染物控制指标（除二氧化硫、氮氧化物、颗粒物、挥发性有机物、化学需氧量和氨氮外)。

现以填报“环评文件”为例介绍具体文件文号添加步骤（图5-4)，其他信息填报方法类似。

2) 注意事项

① 是否需要改正应根据《排污许可管理办法（试行)》第二十九条规定确定。对于需要改正的，核发部门应提出限期整改要求，整改期限为3～6个月，最长不超过一年。

② 排污许可证管理类别应根据企业类型选填，针对日化行业，肥皂及洗涤剂制造C2681（以油脂为原料的肥皂或皂粒制造）和香料香精制造C2684（香料制造）为重点

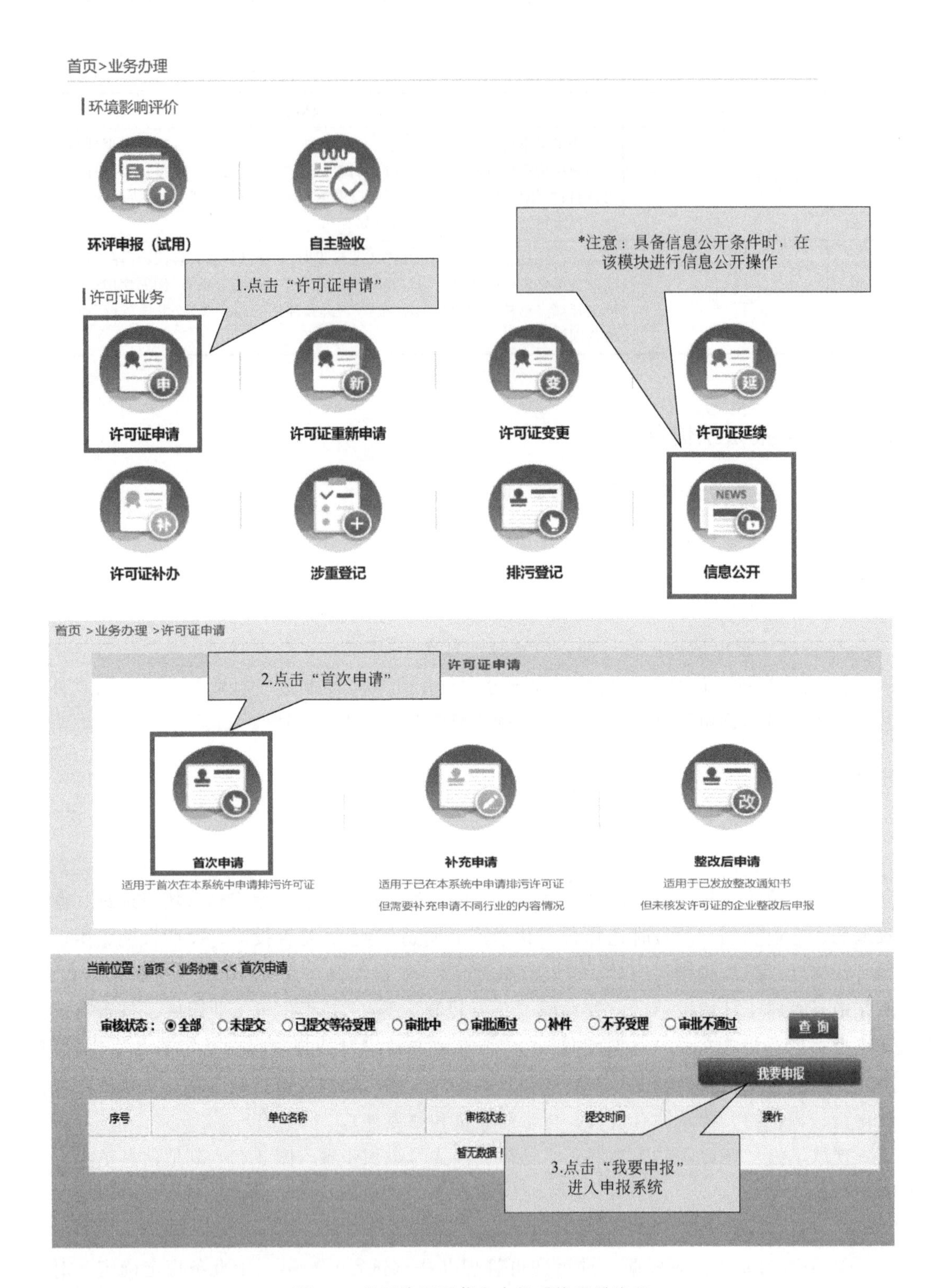

图 5-3　排污许可证信息申报系统登录流程

管理；肥皂及洗涤剂制造 C2681（采用高塔喷粉工艺的合成洗衣粉制造）和香料香精制造 C2684（采用热反应工艺的香精制造）为简化管理。

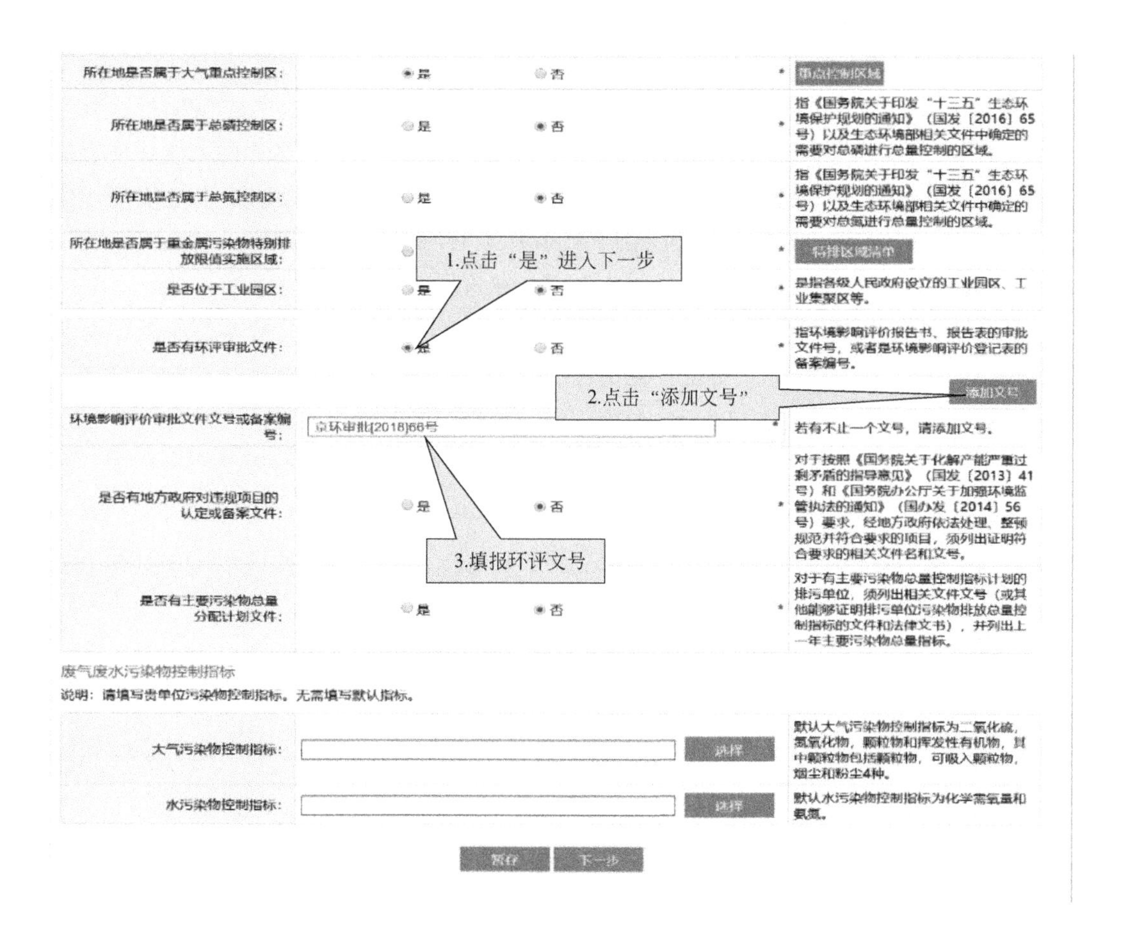

图 5-4　环境影响评价审批文件文号添加

③ 关于是否投产，以公司第一条生产线的实际投产情况为准。

④ 关于生产经营场所中心经纬度，必须通过系统地图定位与拾取，以免不同定位系统存在偏差，不利于环保执法。

⑤ 针对新建项目在地图上无法显示的问题，可以利用附近参照物进行位置定位。

⑥ 组织机构代码和统一社会信用代码可通过查公司营业执照等证件填报，两者应仅填一个。

⑦ 法定代表人、技术负责人、联系方式为必填，需要特别说明的是法定代表人需与守法承诺书上的签字人保持一致，技术责任人为“了解公司排污许可内容、精通公司环保管理工作”的管理人员，联系方式应为技术负责人的电话。

⑧ 所在地是否属于大气重点控制区，企业可以通过点击“重点控制区域”进行查看并确定。

⑨ 所在地是否属于总磷总氮控制区应根据《国务院关于印发“十三五”生态环境保护规划的通知》（国发〔2016〕65 号）以及生态环境部相关文件中确定的需要对总磷、总氮进行总量控制的文件确定。

⑩ 是否属于工业园区应根据地方园区规划文件进行确定，工业园区名称根据《中国开发区审核公告目录》在系统中选填，不包含在目录内的，可选择“其他”，然后手动填写。

⑪ 环评审批意见文件或地方政府对违规项目的认定或备案文件至少应填报一个（1998年11月29日《建设项目环境保护管理条例》发布实施之前的建设项目除外）。环评或备案批文应填报全面，针对环评批文无文号的、甚至无项目名称的，企业应言简意赅地将项目名称、批文时间填报上去，如“1999年2500t/d肥皂制造生产线环评批文”；特别注意，若项目环评批文为2015年1月1日（含）后取得的，在填报污染因子、许可排放量以及自行监测方案时，应考虑环评审批意见文件要求。

⑫ 主要污染物总量分配计划文件信息填报时，针对一个公司含有多个有效的总量分配计划文件的，应在“总量分配计划文件文号”栏中一一填报，在填报指标时应结合总量分配计划文件从严确定，烟尘和粉尘应统一填报为颗粒物。

⑬ 特别注意，针对“废气废水污染物控制指标”，系统已默认的污染物指标为“颗粒物、二氧化硫、氮氧化物、挥发性有机物、氨氮、COD”6项，若国家或当地核发部门有其他污染物控制指标，应选填，否则不填。

3）经纬度定位方法（系统地图定位法）

见图5-5。

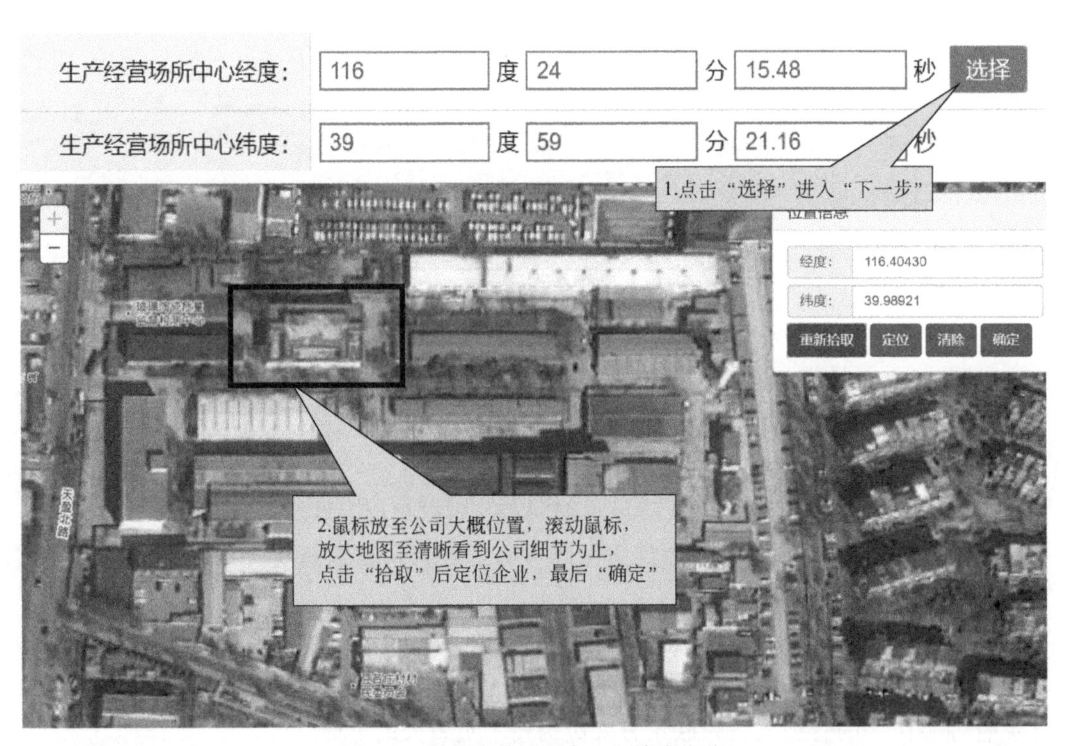

图5-5 生产经营场所中心经纬度定位

（2）排污单位登记信息：主要产品及产能

1）填报内容

行业类别、生产线名称及编号、主要生产单元名称、产品名称、是否涉及商业秘密、生产能力、计量单位、设计年生产时间以及其他产品信息。

现以肥皂制造生产线为例进行填报（按照图5-6中步骤1～9完成生产单元的信息填报）。

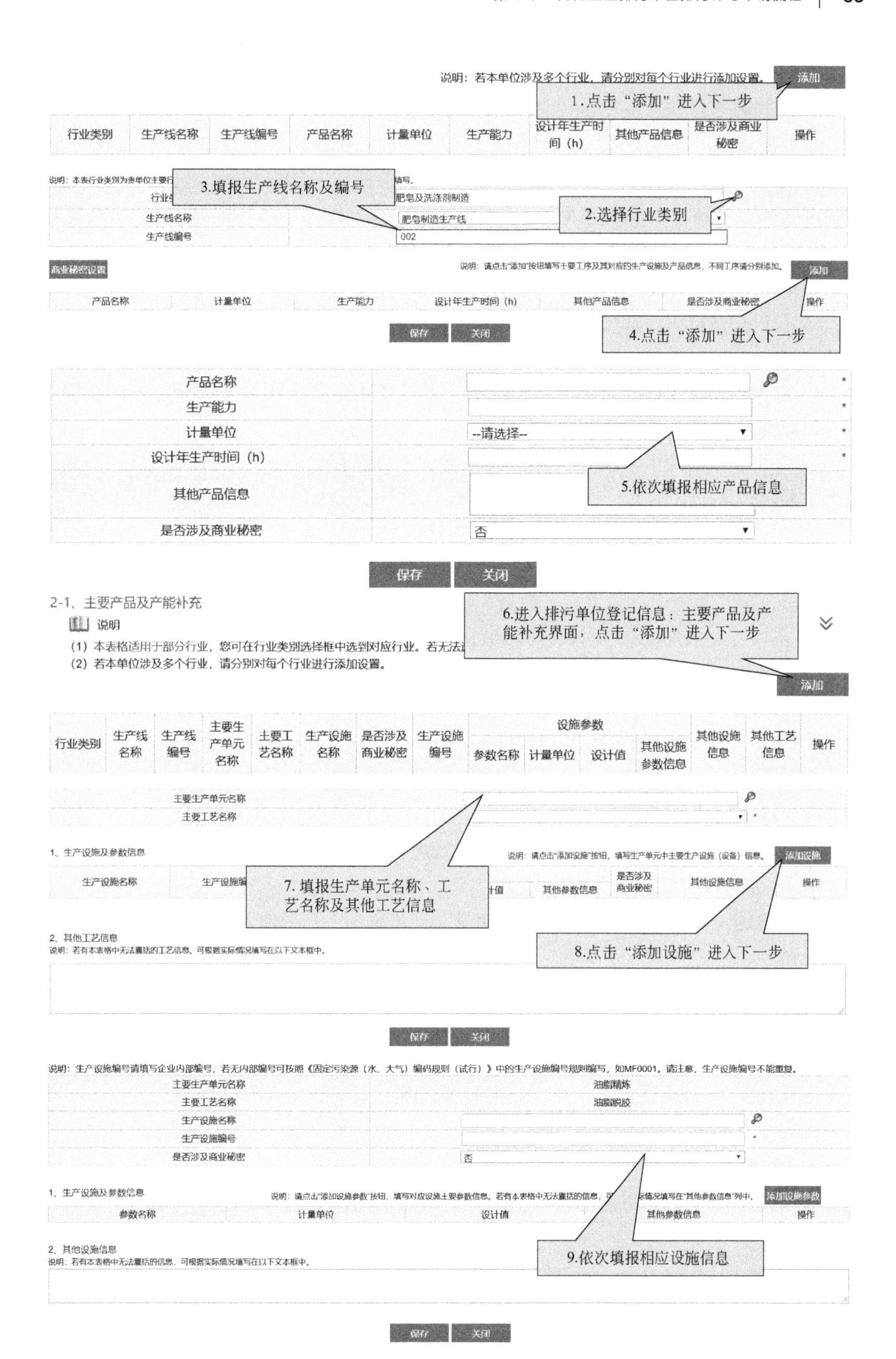

图 5-6　主要产品及产能信息填报

2）注意事项

① 应按照生产线、主要生产单元、生产工艺、生产设施的先后顺序填报，防止漏填，也方便复核。

② 填报“行业类别”时，日化工业排污单位根据实际情况填报“化学原料和化学制品制造业（C26）”“日用化学产品制造业（C268）”中“肥皂及洗涤剂制造（C2681）”“香料、香精制造（C2684）”行业类别。针对非日用化学产品制造业，填报时应根据最新的《国民经济行业分类》（GB/T 4754—2017）进行确认和选填。

③ 在填报过程中，针对多条生产线，一定要对各生产线进行编号识别并分别填报，以便审核。

④ 对存在多条生产线的企业，一定预先做好各生产线共用设备的分配，防止漏填或重复，并备注相应信息。

⑤ 每个填报层次中的所有信息填报完全后方可保存、退出，进入上一级，否则可能导致漏填。

⑥ 生产能力为主要产品设计产能，不包括国家或地方政府予以淘汰或取缔的产能。

⑦ 设计年生产时间按环评及其审批（审核）意见或地方政府依法处理、整顿规范并符合要求的相关证明材料填报。如无，按实际填报。

⑧ 根据《技术规范》，应将设备参数填报齐全。企业在按照《技术规范》要求填报所要求填报的参数后，也可自行添加其他参数。

⑨ 针对下拉菜单未包含的设备名称或参数，可选择“其他”并修改成所需填报的信息。

⑩ 填报时应结合公司的生产设施配置情况，以确保“排污节点、污染物及污染治理设施”等表的填报全面。

（3）排污单位登记信息：主要原辅材料及燃料

1）原辅材料的填报内容

行业类别、种类、名称、设计年使用量、计量单位、是否涉及商业秘密以及其他信息，见图 5-7。

2）燃料的填报内容

行业类别、燃料名称、灰分、硫分、挥发分、热值、年最大使用量、是否涉及商业秘密以及其他信息，见图 5-8。

3）生产工艺流程图、生产厂区总平面布置图上传

如图 5-9 所示。

4）注意事项

① 原辅料的选填，不仅要选填生产日化用品所用的原辅料，还应选填污水处理添加剂等辅料。

② 年最大使用量为全厂同类原辅料的总计（注意计量单位）。

③ 有毒有害成分及占比仅要求协同处置危险废物的日用化学产品制造排污单位根据危险废物的特性填报，其他不做要求。

④ 燃煤应填报灰分、硫分、挥发分、热值等内容；燃油应填报硫分、热值等内容，

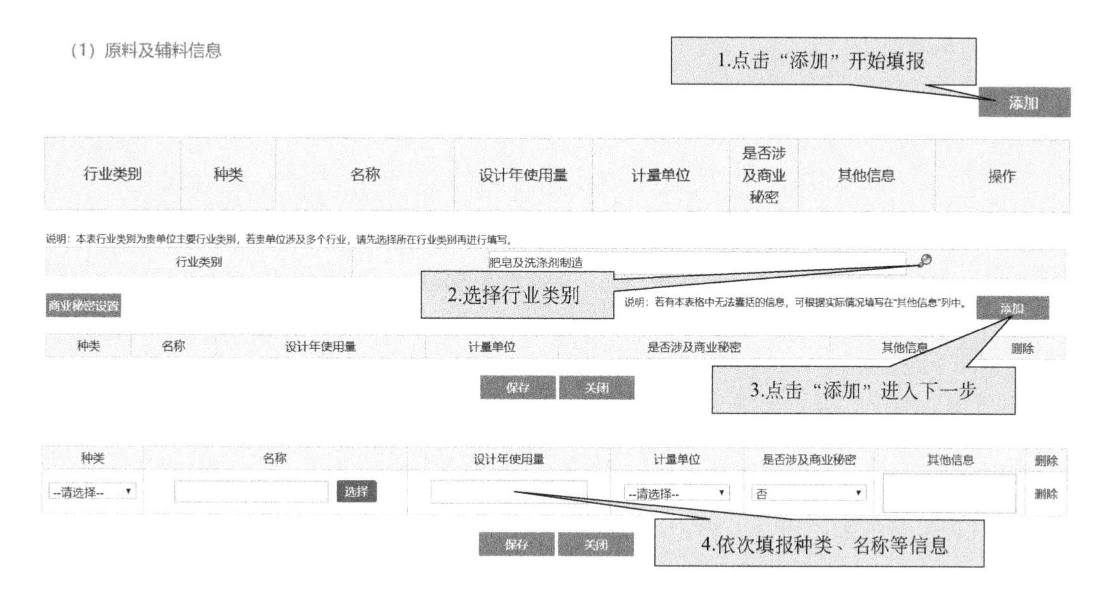

图 5-7　原料及辅料信息填报

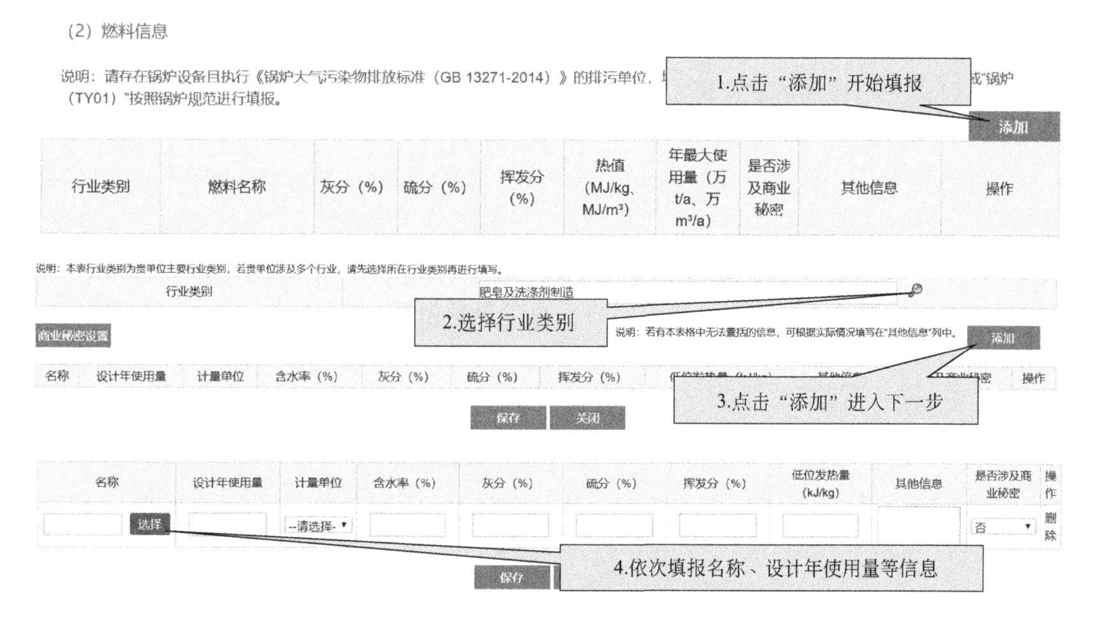

图 5-8　燃料信息填报

灰分和挥发分处填“/”。

⑤ 存在锅炉设备且执行《锅炉大气污染物排放标准》(GB 13271—2014) 的排污单位，填燃料表时应选择行业“热力生产和供应（D443）”或“锅炉（TY01）”，按照锅炉技术规范进行填报。

⑥ 特别注意“热值单位”为 MJ/kg 或 MJ/m^3，“年最大使用量”的单位为 t/a 或万 m^3/a。

⑦ 生产工艺流程图应包括主要生产设施（设备）、主要原辅燃料的流向、生产工艺

图1-1 生产工艺流程图

说明

（1）应包括主要生产设施（设备）、主要原燃料的流向、生产工艺流程等内容。

（2）可上传文件格式应为图片格式，包括jpg/jpeg/gif/bmp/png，附件大小不能超过5M，图片分辨率不能低于72dpi，可上传多张图片。

上传文件

点击“上传文件”即可

图1-2 生产厂区总平面布置图

说明

（1）应包括主要工序、厂房、设备位置关系，注明厂区雨水、污水收集和运输走向等内容。

（2）可上传文件格式应为图片格式，包括jpg/jpeg/gif/bmp/png，附件大小不能超过5M，图片分辨率不能低于72dpi，可上传多张图片。

上传文件

图 5-9 生产工艺流程图、生产厂区总平面布置图上传

流程等内容。厂区总平面布置图应包括主要工序、厂房、设备位置关系，注明厂区雨水、污水收集和运输走向等内容。

⑧ 针对存在多个生产工艺且一张图难以涵盖全的，可以上传多张工艺流程图。

⑨ 总平面布置图应能够真实、清晰地反映公司的现状，图例明确，且不存在上下左右颠倒的情况。针对未建的项目，不应在总平面布置图上体现（或增加备注）。

⑩ 上传文件应清晰，分辨率精度在 72dpi 以上。

（4）排污单位登记信息：排污节点及污染治理设施

1）废气排污节点及污染治理设施填报内容

产污设施编号（自“排污单位登记信息：主要产品及产能补充”表带入）、产污设施名称（自“排污单位登记信息：主要产品及产能补充”表带入）、对应产污环节名称、污染物种类、排放形式、污染治理设施编号、污染治理设施名称、污染治理设施工艺、是否为可行技术、有组织排放口编号、排放口设置是否符合要求、排放口类型、其他信息等内容。

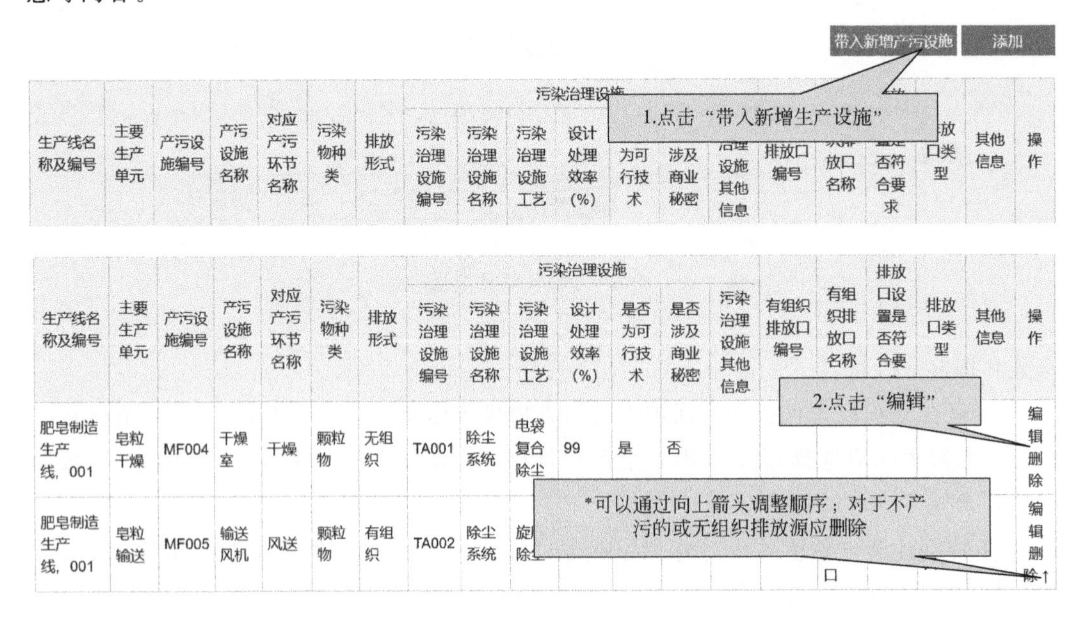

生产线名称及编号	主要生产单元	产污设施编号	产污设施名称	对应产污环节名称	污染物种类	排放形式	污染治理设施							有组织排放口编号	有组织排放口名称	排放口设置是否符合要求	排放口类型	其他信息	操作
							污染治理设施编号	污染治理设施名称	污染治理设施工艺	设计处理效率（%）	是否为可行技术	是否涉及商业秘密	污染治理设施其他信息						
肥皂制造生产线，001	皂粒干燥	MF004	干燥室	干燥	颗粒物	无组织	TA001	除尘系统	电袋复合除尘	99	是	否							编辑删除
肥皂制造生产线，001	皂粒输送	MF005	输送风机	风送	颗粒物	有组织	TA002	除尘系统	旋[illegible]除尘						口				编辑删除↑

图 5-10 “带入新增生产设施”法填报废气排污节点及污染治理设施

填报过程有两种方法，一种是选择“带入新增生产设施”（推荐方法），将“表 2 排污单位登记信息：主要产品及产能”填报的生产设施信息全部带入，根据要求，对于部分不产污的设备进行删除；另一种是自行添加，这种方法可以选择产污设备进行填报。企业可以根据自身的情况选择合适的填报方法。

①“带入新增生产设施”法，见图 5-10。

②“添加”法，见图 5-11。

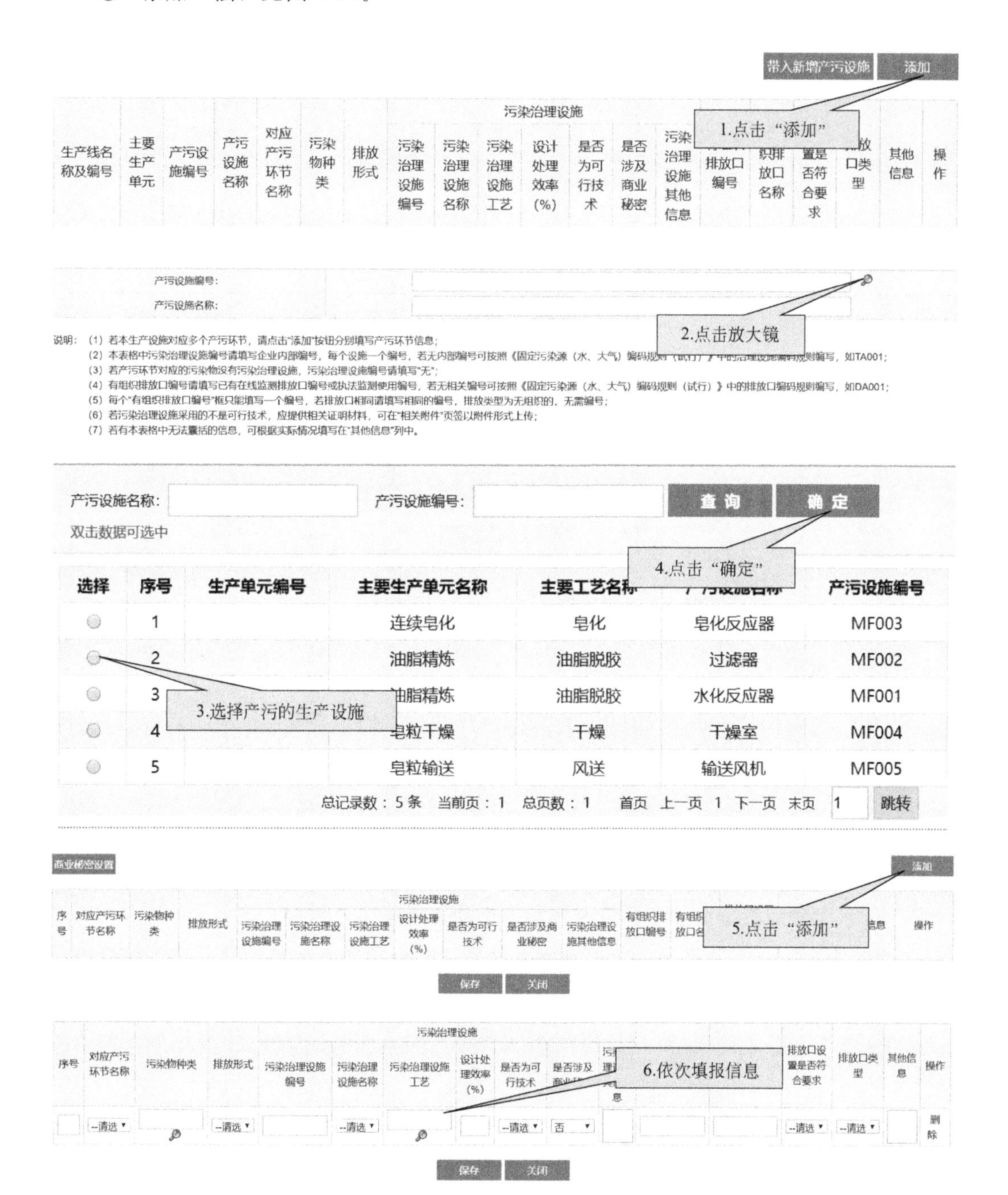

图 5-11　“添加”法填报废气排污节点及污染治理设施

2）废水排污节点及污染治理设施填报内容

行业类别、废水类别、污染物种类、污染治理设施编号、污染治理设施名称、污染治理设施工艺、设计处理水量、是否为可行技术、排放去向、排放方式、排放规律、排放口名称及类型、排放口设置是否符合要求以及其他信息等内容，见图 5-12。

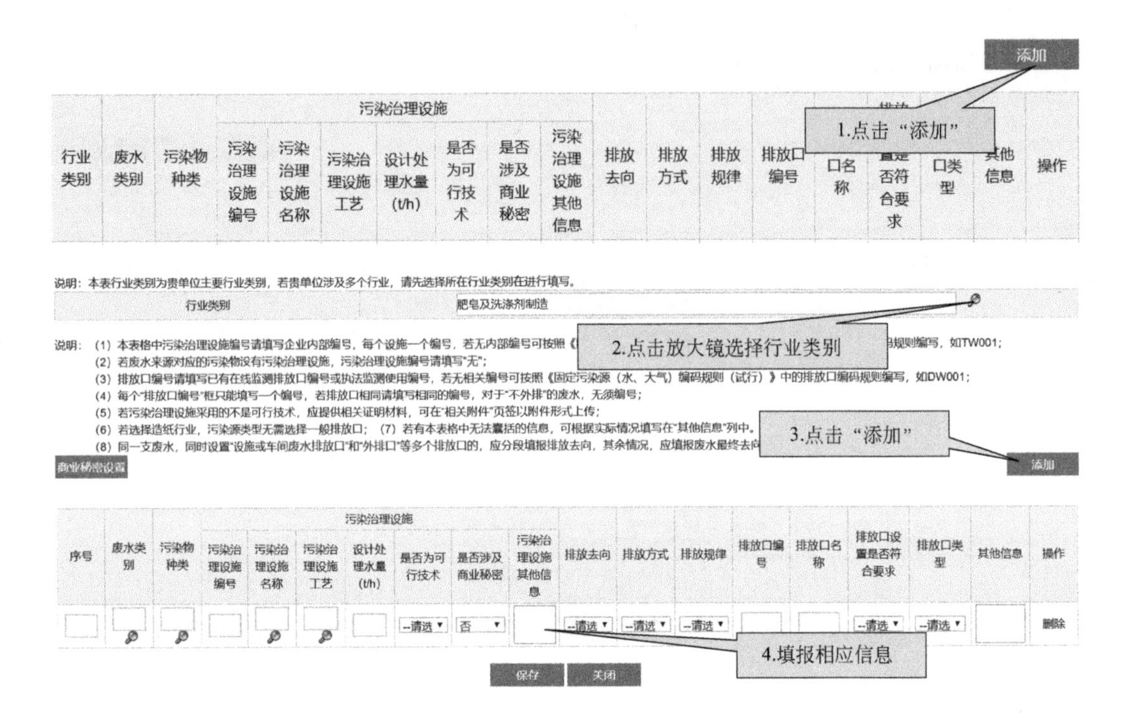

图 5-12　废水排污节点及污染治理设施填报

3）注意事项

① 针对带入的不涉及有组织废气产污环节的生产设施应删除。

② 排放口污染物种类多的，应按照 HJ 1104—2020 要求一一选填全。

③ 针对排放方式，所有配置污染治理设施的污染源，皆选择“有组织”。

④ 针对低矮甚至无固定排气筒的污染治理设施应进行整改，确保排气筒高度满足排放标准要求。

⑤ 废水类别应根据实际产污情况选填，即使不外排也应填报。

⑥ 针对排放去向，“排至厂内综合污水处理站”指工序废水经处理后排至综合处理站。对于综合污水处理站，“不外排”指全厂废水经处理后全部回用不排放；废水直接排放至海域等外排的是指“经过厂内污水处理站处理达标后外排”，需填报相应的排放口编号。

⑦ 针对协同处置产生的渗滤液或其他生产废水间接排放或直接排放的，首先应填报车间排放口并选填一类污染物，然后再填报外排口并选填二类污染物。2015 年 1 月 1 日（含）后取得环评批复的协同处置项目还应根据环评文件确定其他污染物。

⑧ 针对多个污染源共用一个污染治理设施的情况，应在“污染治理设施其他信息”

中备注清楚。

⑨ 针对一个污染源配多个污染治理设施的情况，应逐一填报。

⑩ 污染治理设施工艺可以多选，企业应根据实际配置情况选填，并与《技术规范》作对比，确定是否为可行技术。特别说明的是，对于未采用本标准所列污染防治可行技术的，排污单位应当在申请时提供相关证明材料（如已有监测数据，对于国内外首次采用的污染治理技术，还应当提供中试数据等说明材料），证明具备同等污染防治能力。

⑪ 污染治理设施编号优先使用企业内部编号，也可按照《排污单位编码规则》编号。

⑫ 排放口编号优先使用生态环境管理部门已核发的编号，若无，应使用内部编号，也可按照《排污单位编码规则》编号。

（5）大气污染物排放信息：排放口

1）大气排放口填报内容

排放口编号（自动带入）、排放口名称（自动带入）、污染物种类（自动带入）、排放口地理坐标、排气筒高度、排气筒出口内径、排气温度以及其他信息，见图 5-13。

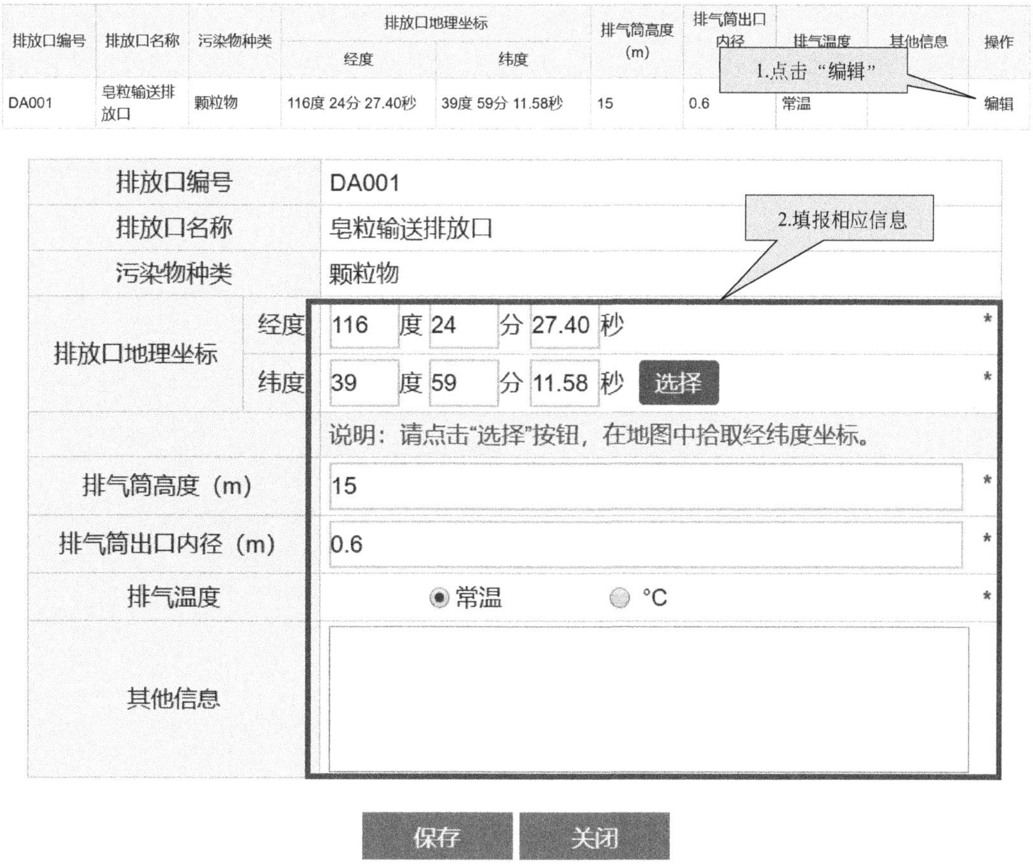

排放口编号	排放口名称	污染物种类	排放口地理坐标		排气筒高度(m)	排气筒出口内径	排气温度	其他信息	操作
			经度	纬度					
DA001	皂粒输送排放口	颗粒物	116度 24分 27.40秒	39度 59分 11.58秒	15	0.6	常温		编辑

1.点击“编辑”

排放口编号	DA001
排放口名称	皂粒输送排放口
污染物种类	颗粒物
排放口地理坐标 经度	116 度 24 分 27.40 秒 *
排放口地理坐标 纬度	39 度 59 分 11.58 秒 选择 *
	说明：请点击“选择”按钮，在地图中拾取经纬度坐标。
排气筒高度（m）	15 *
排气筒出口内径（m）	0.6 *
排气温度	◉ 常温　○ °C *
其他信息	

2.填报相应信息

保存　关闭

图 5-13　大气排放口信息填报

2）废气污染物排放执行标准填报内容

国家或地方污染物排放标准、环境影响评价批复要求、承诺更加严格排放限值及其他信息，见图5-14。

图5-14 废气污染物排放执行标准信息填报

3）注意事项

① 排气筒高度为排气筒顶端距离地面的高度。

② 排气筒出口内径为监测点位的内径。

③ 排气筒高度应满足排放标准要求。

④ 排放口地理坐标必须在系统上拾取。在排放口的经纬度拾取过程中，地图分辨率无法满足要求的，仅在可显示的分辨率下拾取大概位置即可（无法在地图上显示的新建项目可通过周边参照物拾取）。

⑤ 选择执行标准时，应先确定所在地有无地方标准，并根据“排放浓度限值从严确定原则”选择执行标准名称。

⑥ 执行的标准中有速率限值的应填报，否则填“/”。

⑦ 企业可根据自身的管理需求决定是否填报“承诺更加严格排放限值”。若填报，

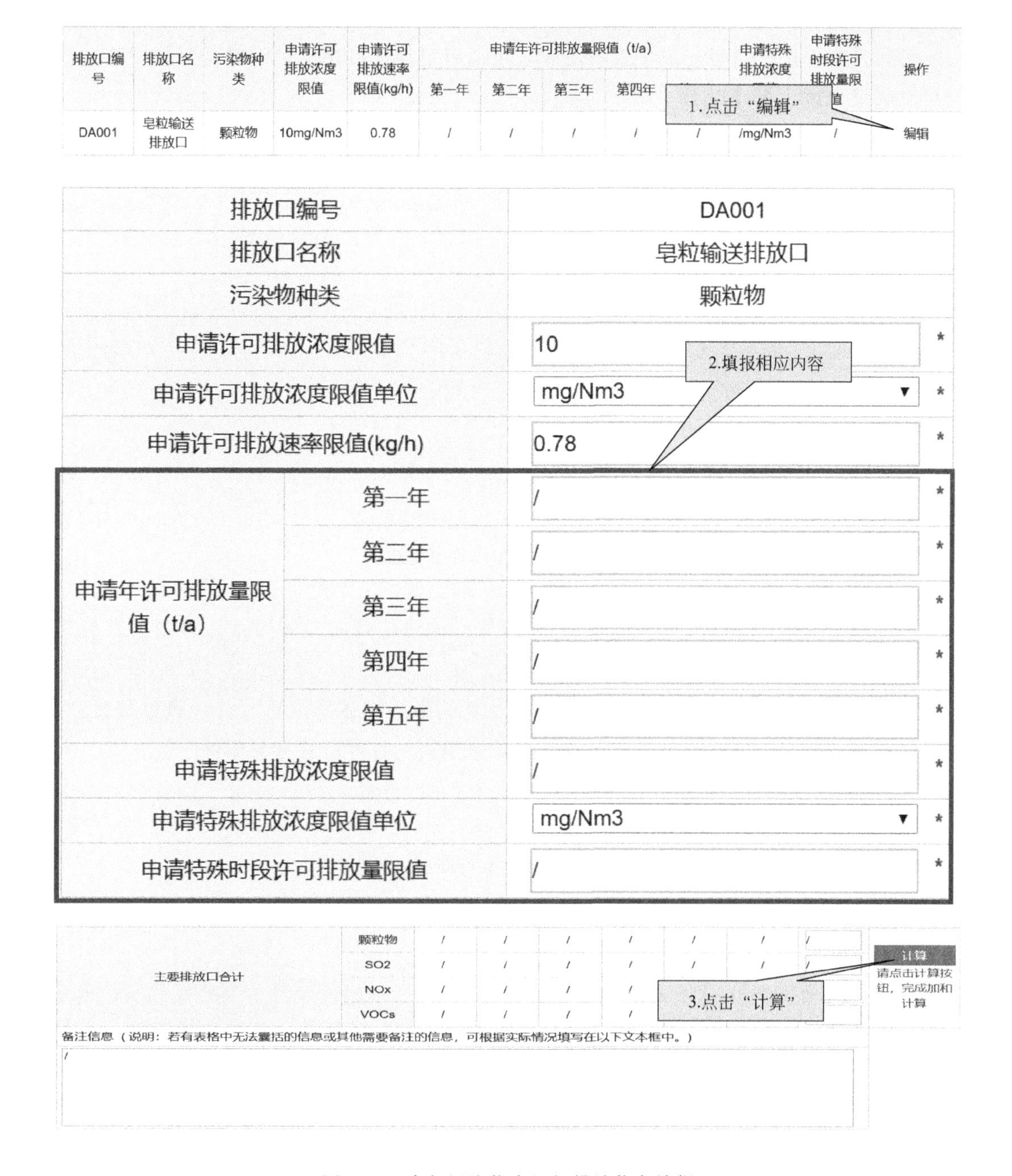

图 5-15　大气污染物有组织排放信息填报

该限值不作为达标判定的依据。

⑧ 若有地方标准而选填时缺少该标准，应与地方生态环境管理部门联系添加。

(6) 大气污染物排放信息：有组织排放信息

1) 主要排放口填报内容（一般排放口填报参考主要排放口）

排放口编号（自动带入）、排放口名称（自动带入）、污染物种类（自动带入）、申请许可排放浓度限值（自动带入）、申请许可排放速率限值（自动带入）、申请年许可排放量限值、申请特殊排放浓度限值以及申请特殊时段许可排放量限值，见图 5-15。

2) 全厂有组织排放总计

指的是主要排放口与一般排放口之和，包括申请年许可排放量限值和申请特殊时段许可排放量限值，直接点击“计算”即可，见图 5-16。

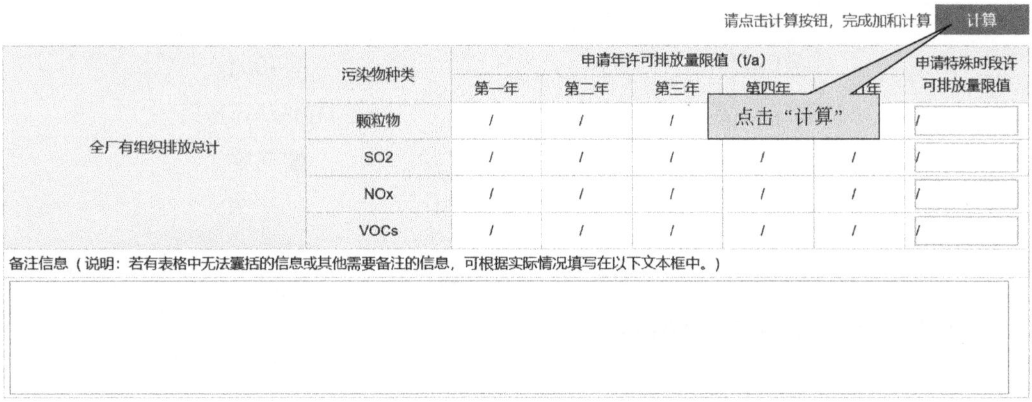

请点击计算按钮，完成加和计算 计算

	污染物种类	申请年许可排放量限值（t/a）					申请特殊时段许可排放量限值
		第一年	第二年	第三年	第四年	年	
全厂有组织排放总计	颗粒物	/	/	/			/
	SO2	/	/	/	/	/	/
	NOx	/	/	/	/	/	/
	VOCs	/	/	/	/	/	/

备注信息（说明：若有表格中无法囊括的信息或其他需要备注的信息，可根据实际情况填写在以下文本框中。）

点击“计算”

图 5-16　全厂有组织申请许可排放量总计

3)“申请年许可排放量限值计算过程”与“申请特殊时段许可排放量限值计算过程”的填报

包括方法、公式、参数选取过程，以及计算结果的描述等内容。若计算过程复杂，可在“相关附件”页签以附件形式上传，此处可填写“计算过程详见附件”等。

4) 注意事项

① 申请许可排放浓度限值为自动带入。

② 本表的特殊时段许可排放浓度限值和排放量限值暂填“/”。

(7) 大气污染物排放信息：无组织排放信息

1) 填报内容

行业（自动带入）、生产设施编号/无组织排放编号、产污环节、污染物种类、主要污染防治措施、国家或地方污染物排放标准、年许可排放量限值、申请特殊时段许可排放量限值以及其他信息，见图 5-17。

2) 全厂无组织排放总计

系统根据产污环节填写内容加和计算得出，可按照单位实际情况进行核对与修改，直接点击“计算”即可，见图 5-18。

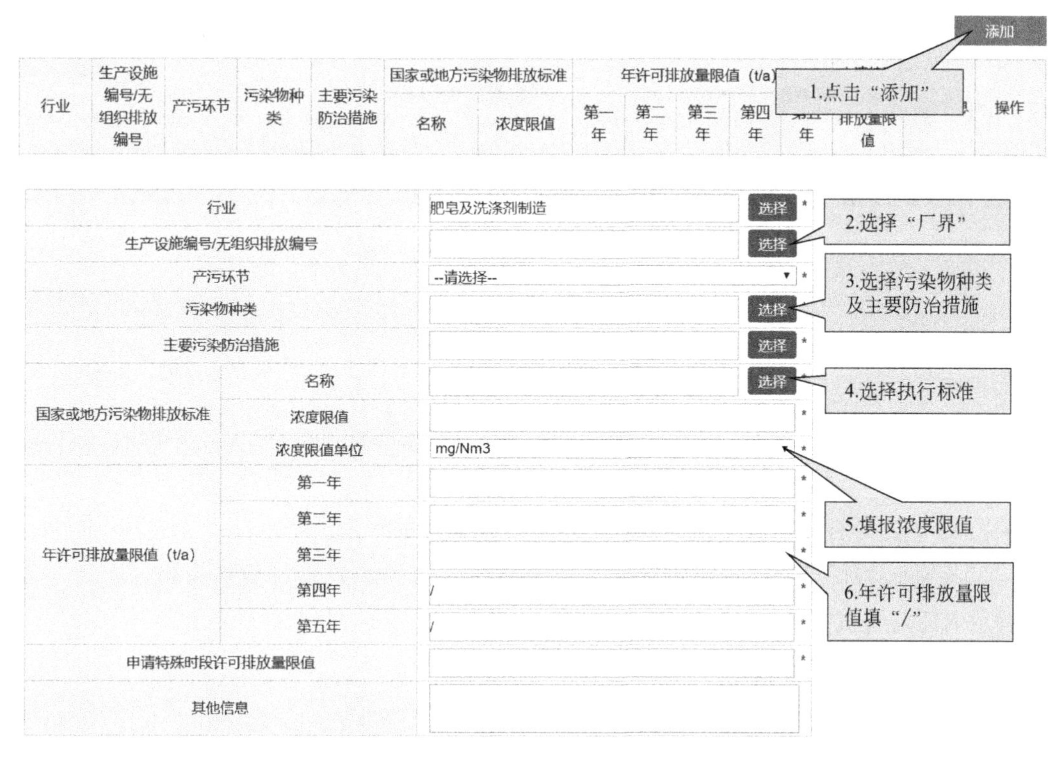

图 5-17　大气污染物无组织排放信息填报

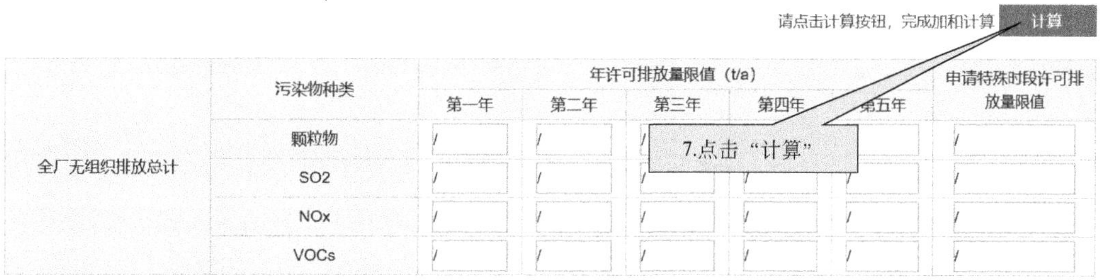

请点击计算按钮，完成加和计算　计算

7.点击“计算”

	污染物种类	年许可排放量限值（t/a）					申请特殊时段许可排放量限值
		第一年	第二年	第三年	第四年	第五年	
全厂无组织排放总计	颗粒物	/	/	/	/	/	/
	SO2	/	/	/	/	/	/
	NOx	/	/	/	/	/	/
	VOCs	/	/	/	/	/	/

图 5-18　全厂无组织申请许可排放量总计

3）注意事项

① 厂界无组织污染物种类的选填应根据企业的类型确定。

② 执行标准的选填及限值的填报应从严确定。

③ 针对日化工业排污单位，无组织排放不设置许可排放量要求，“年许可排放量限值”“申请特殊时段许可排放量限值”处填“/”。

（8）大气污染物排放信息：企业大气排放总许可量

1）填报内容

全厂合计，为“全厂有组织排放总计”与“全厂无组织排放总计”之和、全厂总量控制指标数据两者从严取，见图 5-19。

2）注意事项

① 该表的全场合计值为按照技术规范从严取值原则核算出来的最终许可量。

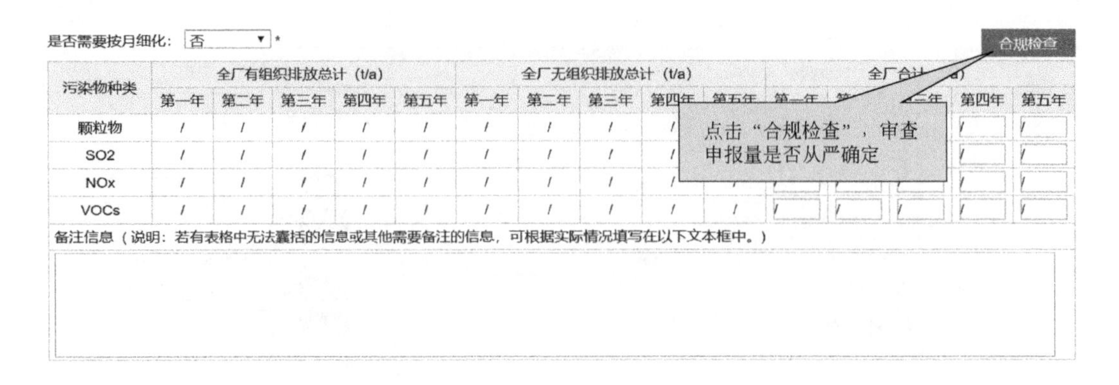

图 5-19　企业大气排放总许可量填报

② 结合公司的实际情况确定是否进行返算及返算的年份。

③ 企业应将许可排放量（包括月许可排放量）的详细核算过程作为附件上传，以便后期依证监管执法。

（9）水污染物排放信息：排放口

1）废水直接排放口填报内容

排放口编号（自动带入）、排放口名称（自动带入）、排放口地理位置、排水去向（自动带入）、排放规律（自动带入）、间歇式排放时段、受纳自然水体信息、汇入受纳自然水体处地理坐标以及其他信息，见图 5-20。

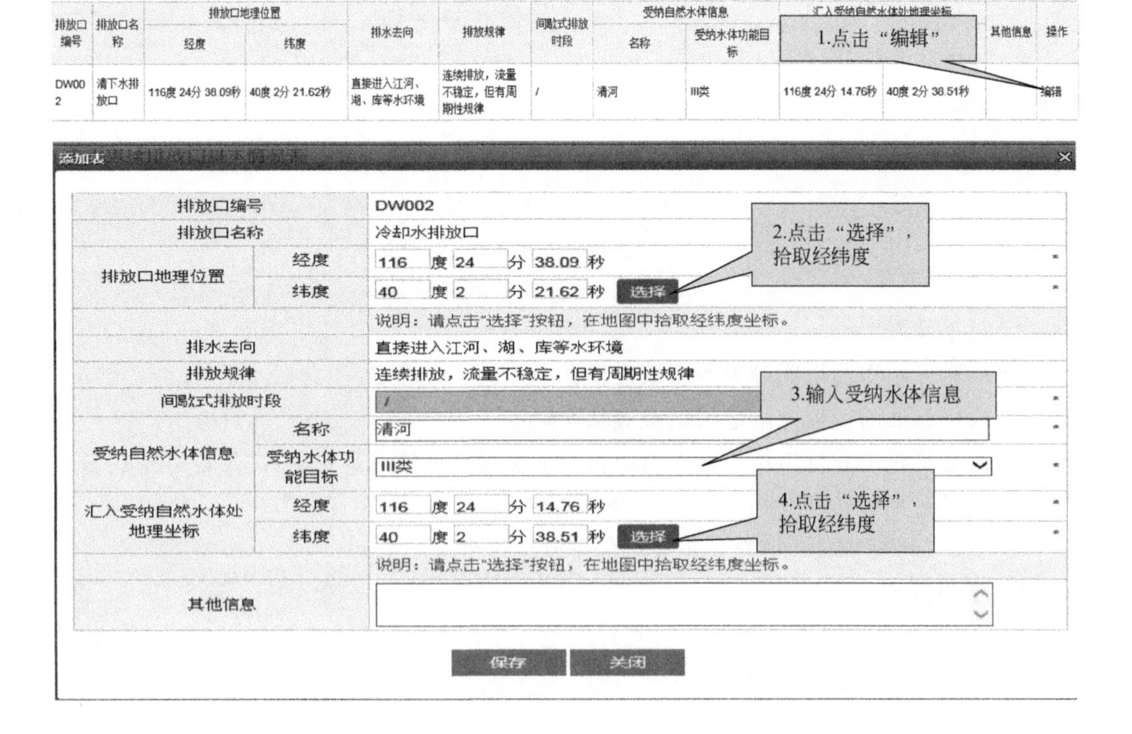

图 5-20　废水直接排放口基本情况填报

2）入河排污口填报内容

排放口编号（自动带入），排放口名称（自动带入），入河排污口名称、编号及批复文号以及其他信息，见图 5-21。

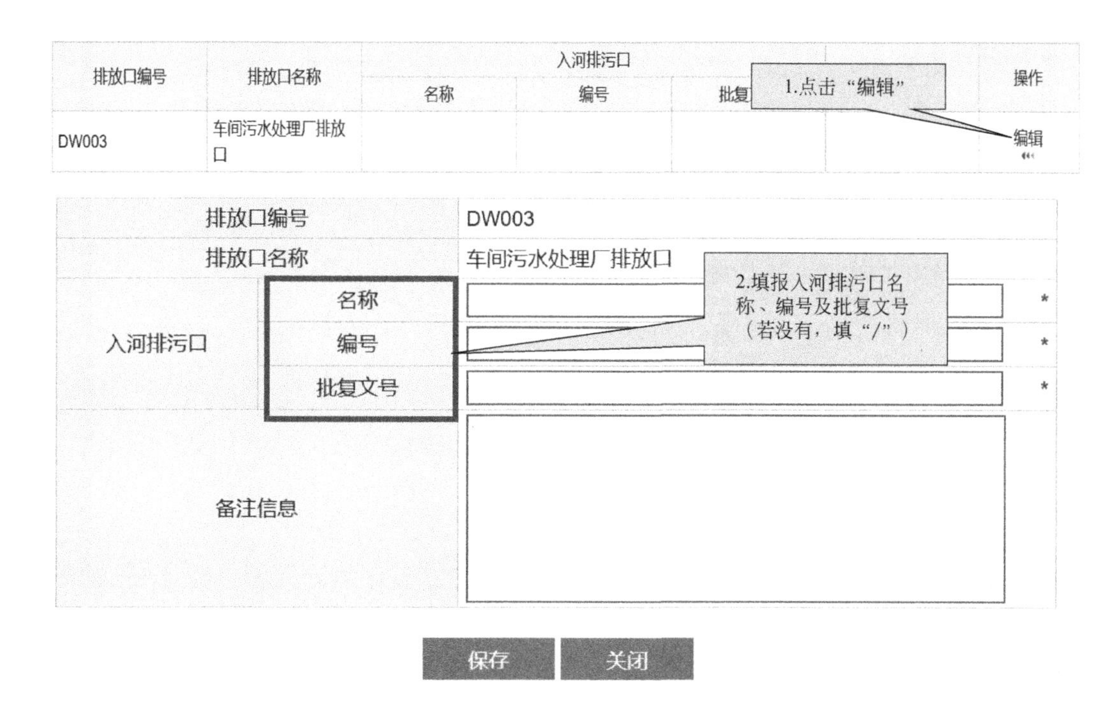

图 5-21　入河排污口信息填报

3）雨水排放口填报内容

同废水直接排放口，见图 5-22。

4）废水间接排放口填报内容

排放口编号（自动带入）、排放口名称（自动带入）、排放口地理坐标、排放去向（自动带入）、排放规律（自动带入）、间歇排放时段以及受纳污水处理厂信息，见图 5-23。

5）废水污染物排放执行标准填报内容

排放口编号（自动带入）、排放口名称（自动带入）、污染物种类（自动带入）、国家或地方污染物排放标准、排水协议规定的浓度限值、环境影响评价审批意见要求、承诺更加严格排放限值以及其他信息，见图 5-24。

6）注意事项

① 受纳水体功能目标应根据各地的水功能区划进行确定。

② 经纬度的拾取参考“排污单位基本信息”填报时的定位方法。

③ 间接排放口填报选择“污染物种类”时应选填排入污水处理厂的所有污染因子；选填“国家或地方污染物排放标准浓度限值”时应填报污水处理厂外排浓度限值。

④ 针对执行标准名称的选择，填报时应先确定有无地方标准，然后再根据 GB 8978—1996 从严确定。

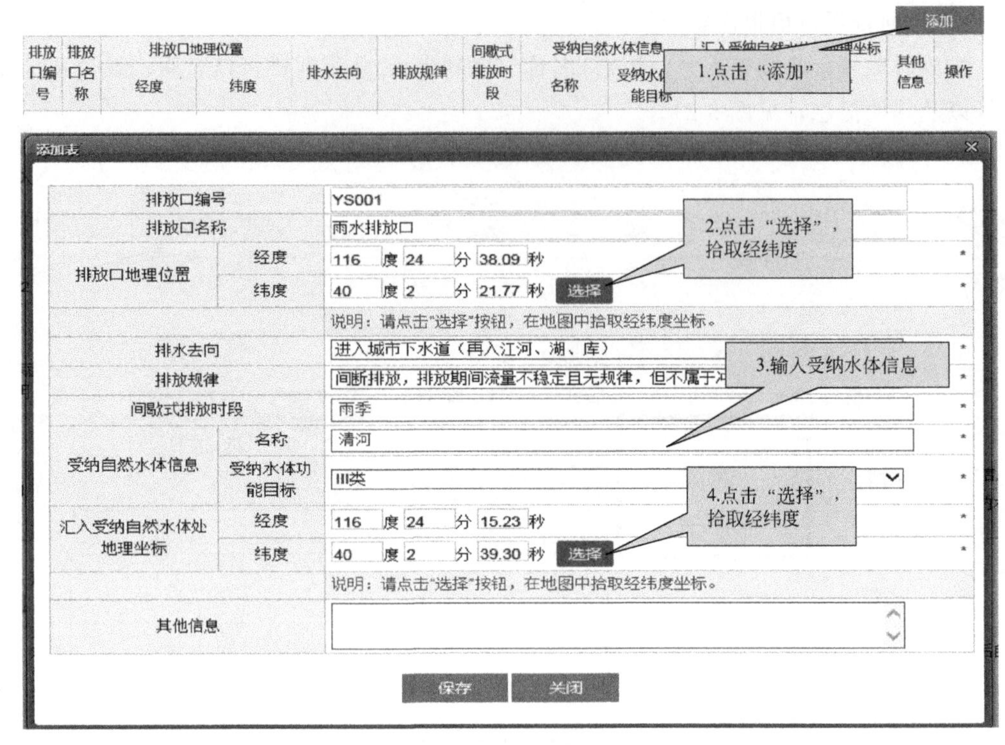

图 5-22　雨水排放口基本情况填报

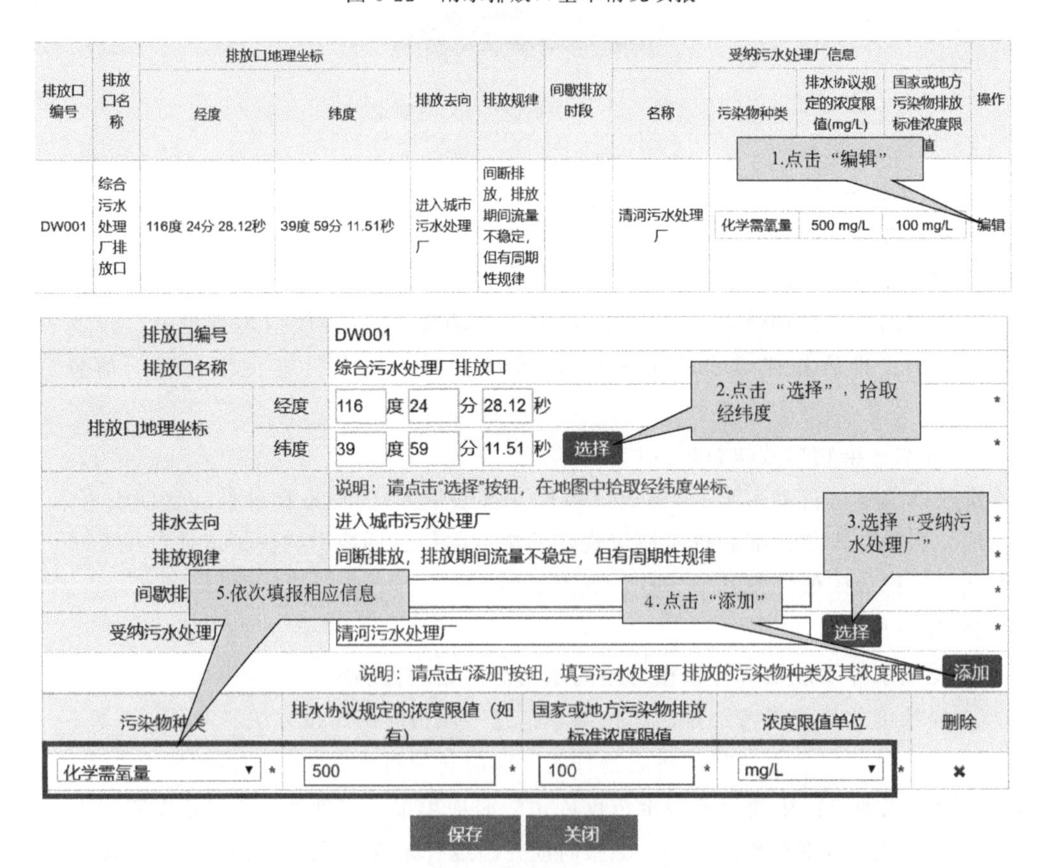

图 5-23　废水间接排放口信息填报

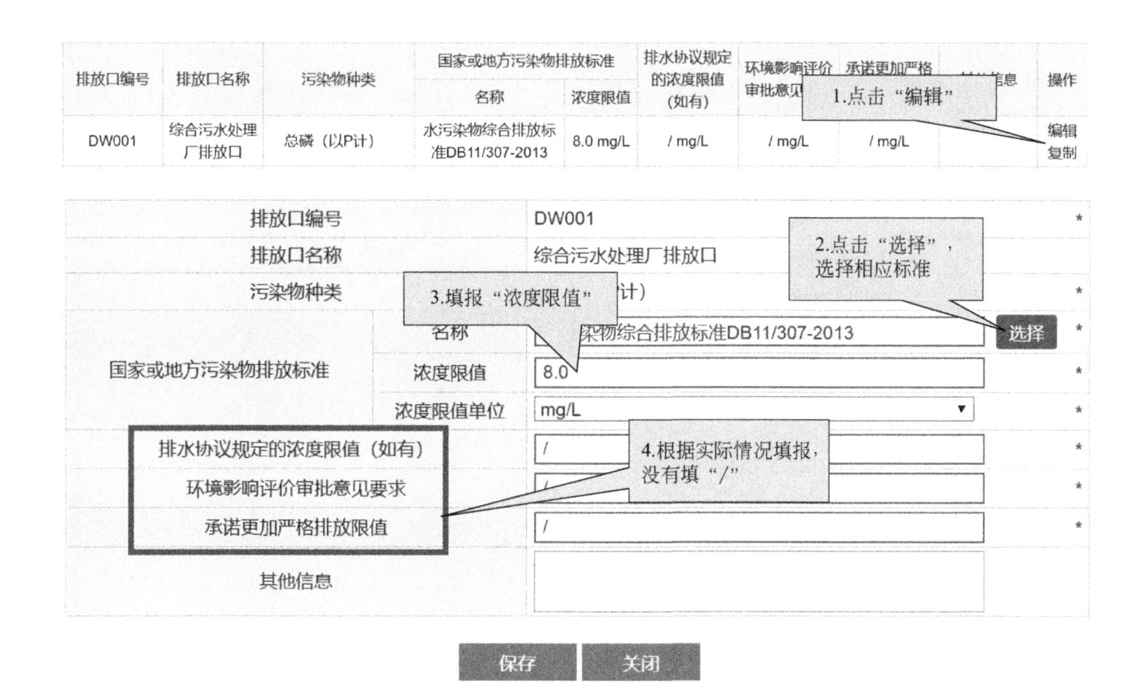

图5-24 废水污染物排放执行标准填报

⑤ 根据选填的执行标准确定“浓度限值”。

⑥ 若有地方标准而选填时缺少该标准，应与地方生态环境管理部门联系添加。

（10）水污染物排放信息：申请排放信息

1）废水主要排放口填报内容

排放口编号（自动带入）、排放口名称（自动带入）、污染物种类、申请排放浓度限值、申请年排放量限值以及申请特殊时段排放量限值，见图5-25。

2）废水一般排放口填报内容及流程

可参考主要排放口，不设置许可排放量要求，仅许可排放浓度限值。

3）全厂排放口总计填报内容

为申请年排放量限值、申请特殊时段排放量限值，见图5-26。

4）“申请年排放量限值计算过程”与“申请特殊时段排放量限值计算过程”的填报

包括方法、公式、参数选取过程，以及计算结果的描述等内容。若计算过程复杂，可在“相关附件”页签以附件形式上传，此处可填写“计算过程详见附件”等。

5）注意事项

① 主要排放口信息表中总许可量自动生成，注意检查数据是否正确。

② 申请年排放量限值在地方生态环境主管部门有更严格要求的，从其规定。

（11）固体废物管理信息

根据《排污许可证申请与核发技术规范 工业固体废物（试行）》（HJ 1200—2021）要求，填报“固体废物基础信息表”“委托贮存/利用/处置环节污染防控技术要求”和“自行贮存和自行利用/处置设施信息表”。

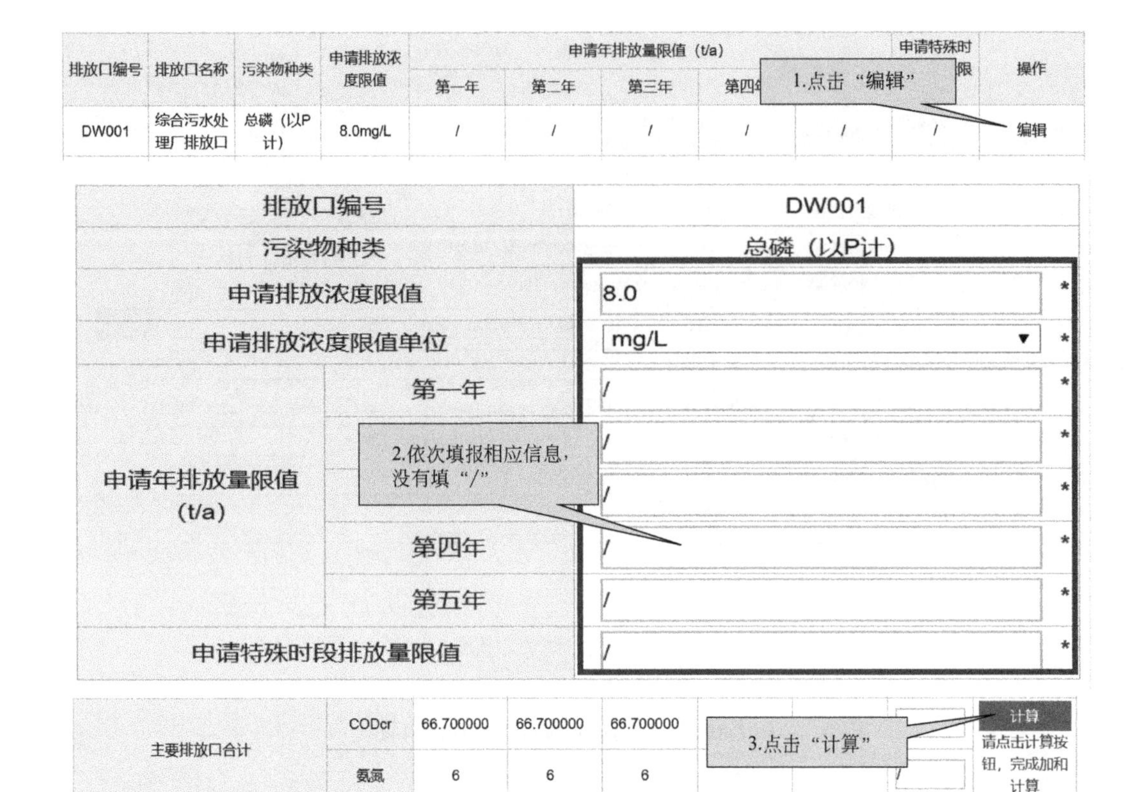

图 5-25　废水主要排放口申请排放信息填报

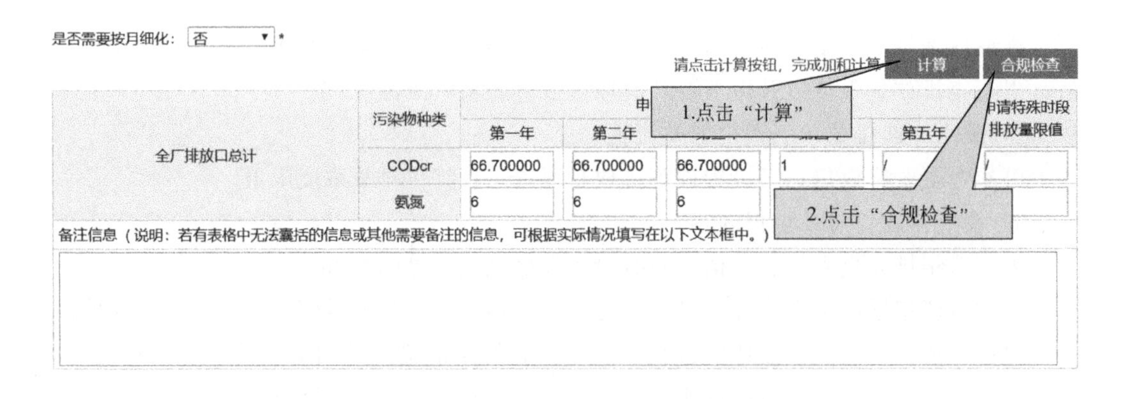

图 5-26　废水一般排放口申请排放信息填报

1）固体废物基础信息填报内容

固体废物类别、名称、代码、危险特性、类别、物理性状、产生环节、去向及备注等信息，见图 5-27。

2）委托贮存/利用/处置环节污染防控技术要求填报内容

按照 HJ 1200—2021 相关要求，并结合实际填报见图 5-28。

图 5-27 固体废物基础信息填报

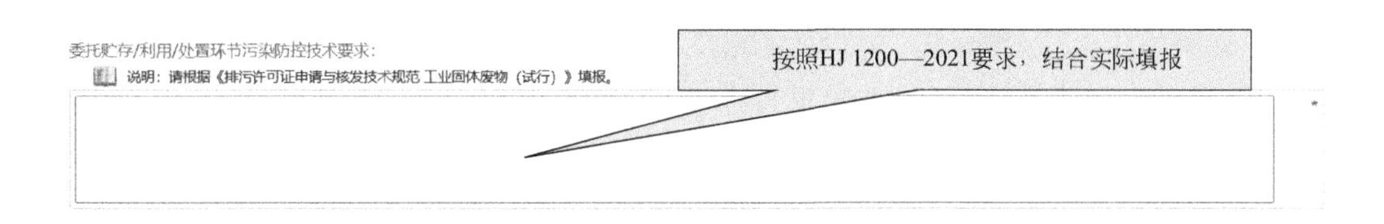

图 5-28 委托贮存/利用/处置环节污染防控技术要求填报

3）自行贮存和自行利用/处置设施信息填报内容

固体废物类别、设施名称、设施编号、设施类型、位置（经纬度）、污染防控技术要求等，见图 5-29。

图 5-29　自行贮存和自行利用/处置设施信息填报

（12）环境管理要求：自行监测要求

1）自行监测要求填报内容

污染源类别（自动带入）、排放口编号（自动带入）、排放口名称（自动带入）、监测内容、污染物名称、监测设施、自动监测信息、手工监测信息以及其他信息，见图 5-30。

2）其他自行监测及记录信息填报内容

可参考自行监测，见图 5-31。

3）监测质量保证与质量控制要求填报

填报时应按照《排污单位自行监测技术指南 总则》（HJ 819—2019）、《固体污染源监测质量保证与质量控制技术规范（试行）》（HJ/T 373—2007）要求，根据自行监测方案及开展状况，梳理全过程监测质控要求，建立自行监测质量保证与质量控制体系。

4）监测数据记录、整理、存档

要求监测期间手工监测的记录和自动监测运行、维护记录按照 HJ 819—2019 执行，应同步记录监测期间的生产工况。存档保存时间原则上不低于三年。

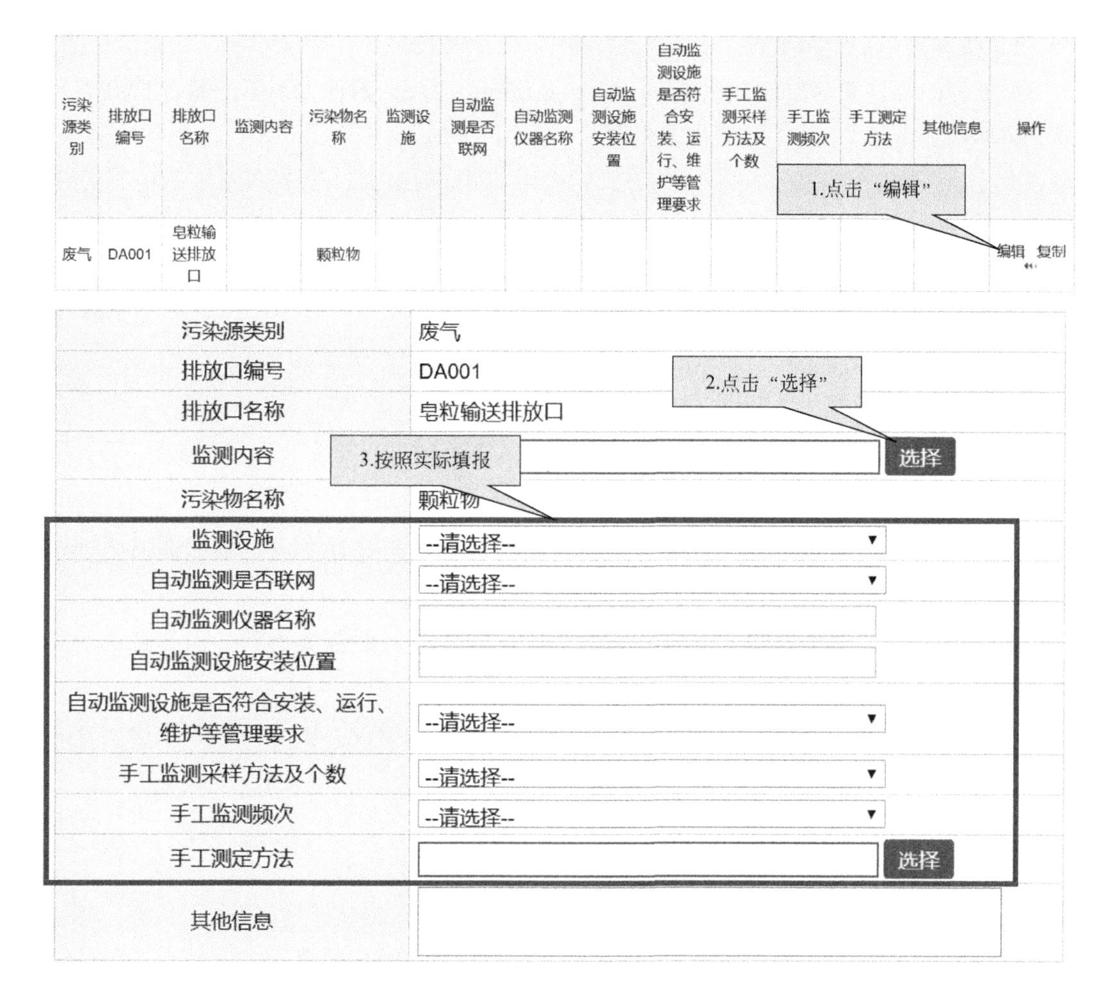

图 5-30　自行监测要求填报

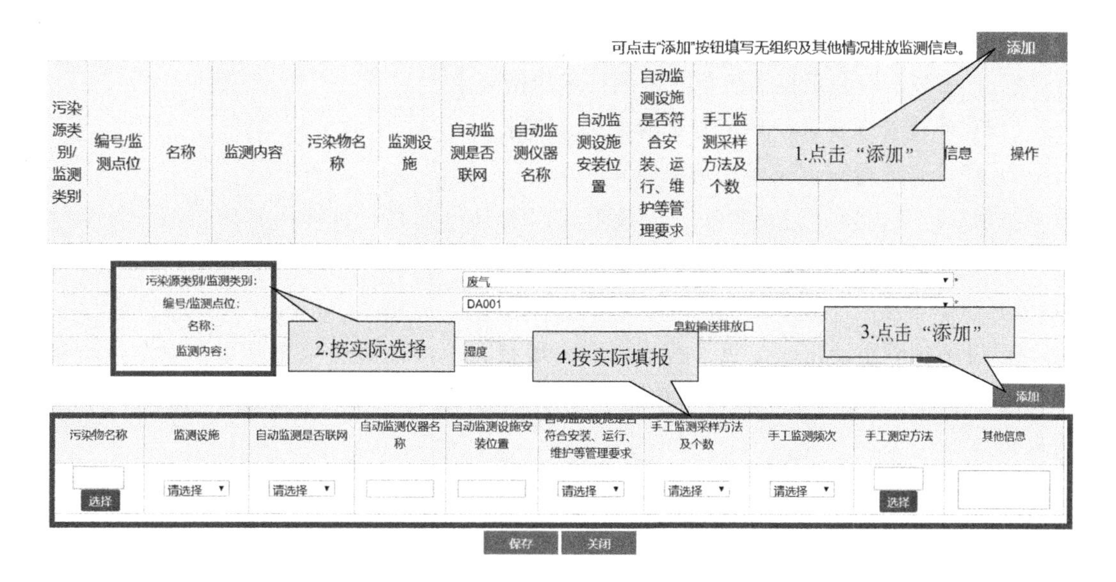

图 5-31　其他自行监测及记录信息填报

5）监测点位示意图上传

需上传图片格式的文件，包括jpg/jpeg/gif/bmp/png，附件大小不能超过5MB，图片分辨率不能低于72dpi，可上传多张图片，见图5-32。

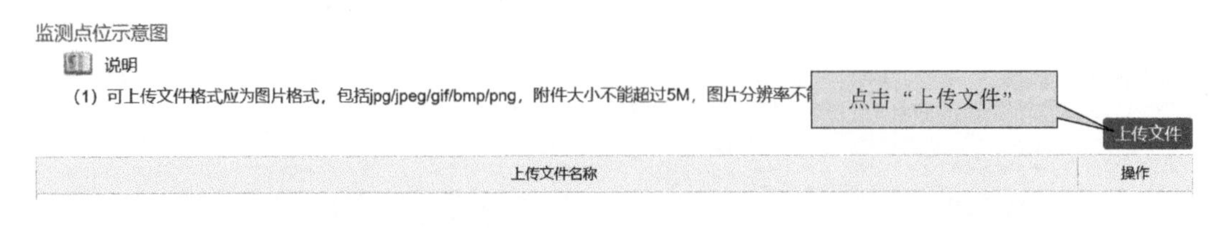

图5-32 监测点位示意图上传

6）注意事项

① 自行监测填报选择手工监测时，则自动监测相关信息缺省。自动监测时仍然需要填写手工监测信息，以便应对设备故障等问题的发生。

② 特别注意，监测内容为监测污染物浓度所需要监测的各类参数，而非选择污染物名称。

③ 同一污染物的自行监测信息可以通过复制法完成填报，监测内容、频次等不一致的应进行调整。

④ 手工监测频次应不低于行业自行监测指南要求。

⑤ 手工监测方法应根据相关监测技术规范、标准要求选填。

⑥ 针对采用“自动监测”的污染物，还应选填在线监测故障时的手工监测，如监测频次为“每天不少于4次，间隔不得超过6h”，其他信息中需备注“在线监测发生故障时”。

⑦“无组织监测”内容选填“风向、风速”等参数，而非选择污染物名称。

⑧ 针对厂界无组织，排污单位应根据生产线配置情况选填污染物名称。

⑨ 监测频次应满足技术规范或监测技术指南要求。

（13）环境管理要求：环境管理台账记录要求

1）环境管理台账记录要求填报内容

类别、记录内容、记录频次、记录形式以及其他信息。具体内容应按照《技术规范》要求填报，见图5-33。

2）注意事项

① 设施类别中一定要按照《技术规范》填报，生产设施应填报基本信息和运行管理信息，污染治理设施应填报基本信息、运行管理信息、监测记录信息和其他环境管理信息。

② 因《技术规范》中对各类环保设施的运行台账记录频次要求不同，填报时记录内容和记录频次应对应填报，填报的记录内容和记录频次不得低于《技术规范》要求。

③ 记录形式应选择“电子台账＋纸质台账”并备注“台账保存期限不少于五年”。

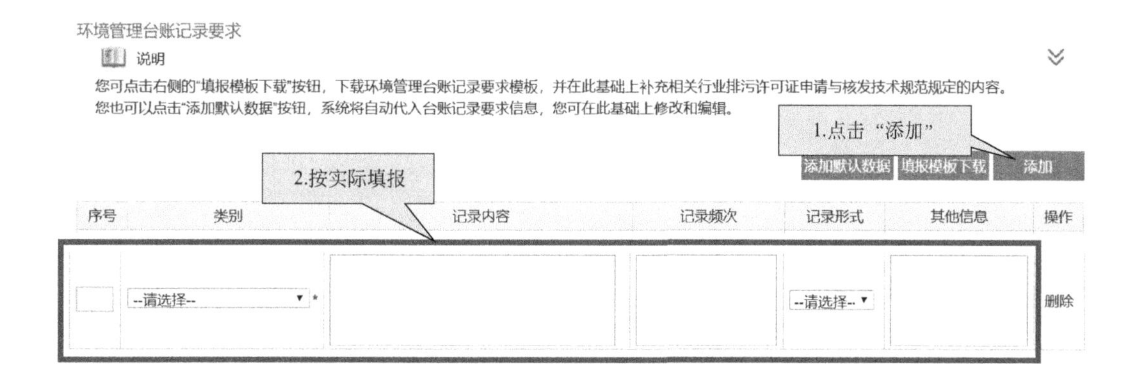

图 5-33　环境管理台账记录要求填报

（14）补充登记信息

填报内容：若需要补充排污登记信息，则按实际情况填报，见图 5-34。

（15）地方生态环境主管部门依法增加的内容

1）填报内容

有核发权的地方生态环境主管部门增加的管理内容和改正规定，见图 5-35。

2）注意事项

该表是由生态环境主管部门根据企业的实际情况和填报情况进一步提出的管理要求。

（16）相关附件

1）附件上传内容守法承诺书（必传）、排污许可证申领信息公开情况说明表（必传）、锅炉燃料信息文件（如有锅炉，必传），其余信息根据企业的实际情况及地方生态环境主管部门要求上传（文件上传流程参考前面步骤，此处不再介绍），见图 5-36。

2）注意事项

守法承诺书（图 5-37）、排污许可证申领信息公开情况说明表（图 5-38）为必上传项，同时必须由法人代表签字、单位盖章，建议将环评批复、申请年许可排放量计算过程等附件也上传，方便核发部门核发。

① 承诺书中法定代表人或实际负责人应签字，并且应与排污许可证申领信息公开情况说明表中的法定代表人或实际负责人保持一致。

② 排污许可证申领信息公开情况说明表中，原则上必须选择公开"排污单位基本信息、拟申请的许可事项、产排污环节、污染防治设施"，否则应填写未公开内容的原因说明；"其他信息"为选择项，若选则应填写相关的公开信息。

③ 联系人、联系电话为"排污单位基本信息表"中的技术负责人及联系电话。

④"公开方式"应明确公开的方式（若为网络公开，还应附上网络地址），一般是"全国排污许可证管理信息平台公开系统"。

⑤"反馈意见处理情况"处不能为空，需详细说明反馈意见处理情况，即使无反馈意见也要据实填报说明。

当前位置：补充登记信息

注：*为必填项，没有相应内容的请填写"无"或"/"。

1、主要产品信息

说明：

(1) 生产工艺名称：指与产品、产能相对应的生产工艺，填写内容应与排污单位环境影响评价文件一致。非生产类单位可不填。

(2) 主要产品：填报主要某种或某类产品及其生产能力。生产能力填写设计产能，无设计产能的可填上一年实际产量。非生产类单位可不填。。

添加

行业类别	生产工艺名称	主要产品	主要产品产能	计量单位	备注	操作

2、燃料使用信息

添加

燃料类别	燃料名称	使用量	计量单位	备注	操作

3、涉VOCs辅料使用信息

说明：使用涉VOCs辅料1吨/年以上填写。

添加

辅料类别	辅料名称	使用量	计量单位	备注	操作

4、废气排放信息

说明：

(1) 废气污染治理设施：对于有组织废气，污染治理设施名称包括除尘器、脱硫设施、脱硝设施、VOCs治理设施等；对于无组织废气排放，污染治理设施名称包括分散式除尘器、移动式焊烟净化器等。

(2) 废气排放口名称：指有组织的排放口，不含无组织排放。排放同类污染物、执行相同排放标准的排放口可合并填报，否则应分开填报。

添加

废气排放形式	废气污染治理设施	治理工艺	数量	备注	操作

添加

废气排放口名称	执行标准名称	数量	备注	操作

5、废水排放信息

说明：

(1) 废水污染治理设施：指主要污水处理设施名称，如"综合污水处理站"、"生活污水处理系统"等。

(2) 废水排放去向：指废水出厂界后的排放去向，不外排包括全部在工序内部循环使用、全厂废水经处理后全部回用不向外环境排放（畜禽养殖行业废水用于农田灌溉也属于不外排）；间接排放去向包括去工业园区集中污水处理厂、市政污水处理厂、其他企业污水处理厂等；直接排放包括进入海域、进入江河、湖、库等水环境。

添加

废水污染治理设施	治理工艺	数量	备注	操作

添加

废水排放口名称	执行标准名称	排放去向	备注	操作

6、工业固体废物排放信息

说明：根据《危险废物鉴别标准》判定是否属于危险废物。

添加

工业固废废物名称	是否属于危险废物	去向	备注	操作

7、其他需要说明的信息

暂存　下一步

图 5-34　补充登记信息填报

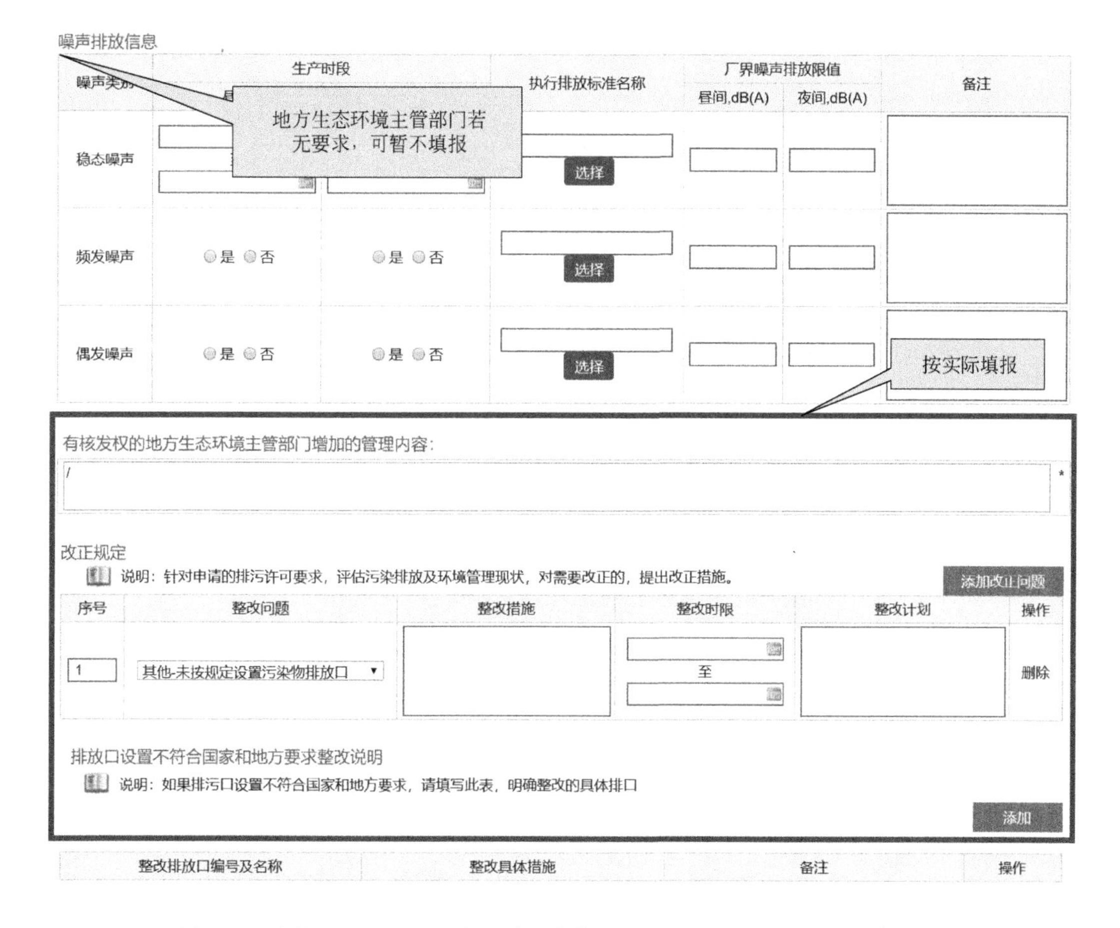

图 5-35　有核发权的地方生态环境主管部门增加的管理内容和改正规定填报

必传文件	文件类型名称	上传文件名称	操作
*	守法承诺书（需法人签字）		点击上传
	符合建设项目环境影响评价程序的相关文件或证明材料		点击上传
*	排污许可证申领信息公开情况说明表		点击上传
	通过排污权交易获取排污权指标的证明材料		点击上传
	城镇污水集中处理设施应提供纳污范围、管网布置、排放去向等材料		点击上传
	排污口和监测孔规范化设置情况说明材料		点击上传
	达标证明材料（说明：包括环评、监测数据证明、工程数据证明等。）		点击上传
	生产工艺流程图	生产工艺流程图.jpg　删除	点击上传
	生产厂区总平面布置图	总平面布置图.jpg　删除	点击上传
	监测点位示意图		点击上传
*	锅炉燃料信息文件		点击上传
	申请年排放量限值计算过程		点击上传
	自行监测相关材料		点击上传
	地方规定排污许可证申请表文件		点击上传
	整改报告		点击上传
	其他		点击上传

样表可在平台首页自行下载

下一步

图 5-36　相关附件上传

承　诺　书

（样　本）

XX环境保护厅（局）：

我单位已了解《排污许可管理办法（试行）》及其他相关文件规定，知晓本单位的责任、权利和义务。我单位不位于法律法规规定禁止建设区域内，不存在依法明令淘汰或者立即淘汰的落后生产工艺装备、落后产品，对所提交排污许可证申请材料的完整性、真实性和合法性承担法律责任。我单位将严格按照排污许可证的规定排放污染物、规范运行管理、运行维护污染防治设施、开展自行监测、进行台账记录并按时提交执行报告、及时公开环境信息。在排污许可证有效期内，国家和地方污染物排放标准、总量控制要求或者地方人民政府依法制定的限期达标规划、重污染天气应急预案发生变化时，我单位将积极采取有效措施满足要求，并及时申请变更排污许可证。一旦发现排放行为与排污许可证规定不符，将立即采取措施改正并报告生态环境主管部门。我单位将自觉接受生态环境主管部门监管和社会公众监督，如有违法违规行为，将积极配合调查，并依法接受处罚。

特此承诺。

单位名称：　（盖章）

法定代表人（主要负责人）：　（签字）

年　月　日

图5-37　守法承诺书（样本）

排污许可证申领信息公开情况说明表

（试行）

企业基本信息			
单位名称	xxx日化有限公司	通讯地址	北京市xxx区xxx街xxx号
生产区所在地	北京市xxx区xxx街xxx号	联系人	李四
联系电话	18888888888	传真	010-66666666
信息公开说明			
信息公开起止时间	自2020年12月10日至2020年12月15日		
信息公开方式	公共网站 http://permit.mee.gov.cn/permitExt		
信息公开内容	是否公开下列信息 ☑排污单位基本信息 ☑拟申请的许可事项 ☑产排污环节 ☑污染防治设施 ☐ 其他信息＿＿＿＿＿		

单位名称：　xxx日化有限公司　（盖章）

法定代表人（实际负责人）：　（签字）

日期：XXXX年XX月XX日

图5-38　申请前信息公开情况说明表

⑥ 锅炉燃料信息表中填报容量单位时需注意，若产品为热水，则对应量纲为 MW；若产品为蒸汽，则对应量纲为 t/h。

⑦ 锅炉燃料信息表（表 5-2）中填报硫分和低位发热量时需注意，供油单位提供的燃料成分报告如有提及的数据，请按其填写；如没有可按表中数据近似填报。

表 5-2　锅炉燃料信息表（样表）

序号	锅炉编号	容量/MW	年运行时间/h	燃料种类	年燃料使用量/(t/a)	硫分/%	低位发热量/(MJ/m³)	备注
1	MF0001	0.35	2880	天然气	2.22	0	34.26	冬季供暖
2	MF0002	0.7	8760	柴油	19.88	0.1	42.92	24h 热水供应

（17）提交申请

选择提交审批级别，确认无误后提交即可（图 5-39～图 5-41）。提交成功后，状态发生变化，并且会自动生成申请表并附条形码，需保证纸质材料与信息系统的一致性。

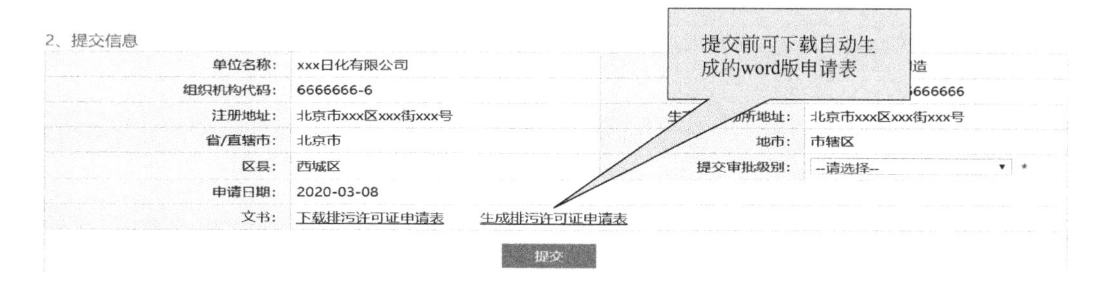

图 5-39　排污许可证申请信息提交页面

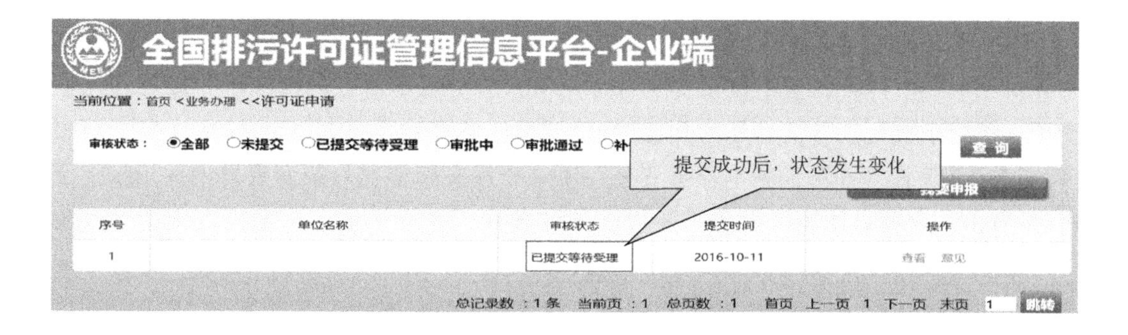

图 5-40　申请信息提交后审核状态页面

排污许可证申请表（试行）

（首次申请）

单位名称：xxx 日化有限公司

注册地址：北京市 xxx 区 xxx 街 xxx 号

行业类别：肥皂及洗涤剂制造

生产经营场所地址：北京市 xxx 区 xxx 街 xxx 号

统一社会信用代码：666666666666666666

法定代表人（主要负责人）：张三

技术负责人：李四

固定电话：010-66666666

移动电话：18888888888

企业盖章：

申请日期：××××年××月××日

图 5-41 自动生成的排污许可证申请表首页

5.3 排污许可证变更流程

根据《排污许可管理条例》等相关规定，若出现应当变更排污许可证的情形，排污单位应按期向审批部门申请办理排污许可证变更手续。

排污许可证变更时首先点击“许可证变更”，进入“许可证变更”界面后，根据实际情况选择“许可证基本信息变更（适用于只变更基本信息的情况）”或“许可证变更（适用于变更基本信息外的其他情况）”，后续按照实际情况进行具体变更填报（图 5-42）。选择“许可证基本信息变更”时，根据实际情况勾选变更类型并填报变更内容/事由，后续具体填报内容只能修改单位名称、注册地址、法定代表人、技术负责人、统一社会信用代码、组织机构代码、固定电话和移动电话等。选择“许可证变更”时，根据实际情况勾选变更类型并填报变更内容/事由，后续具体填报内容同 5.2.2.2 节（1）～(16)。

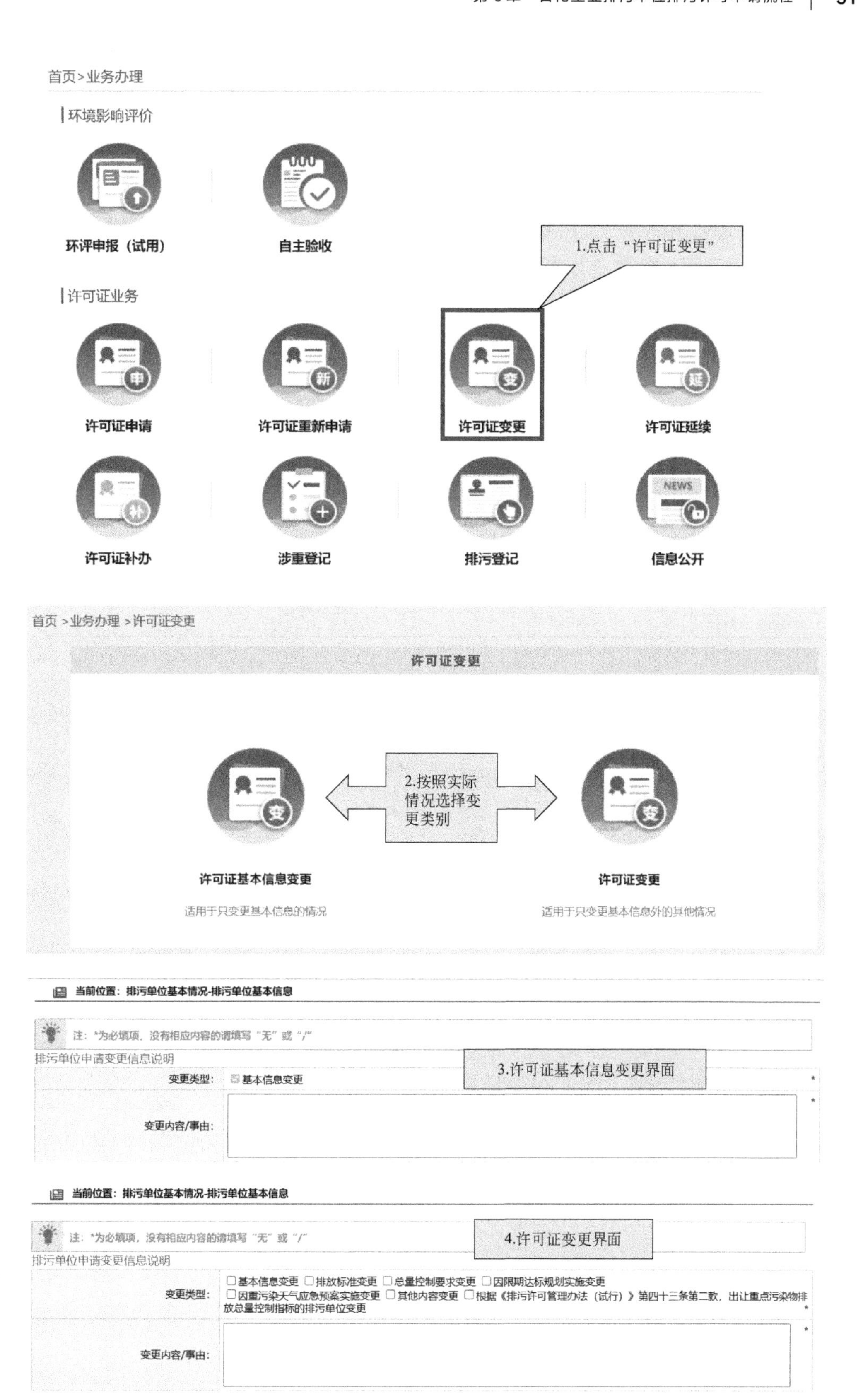

图 5-42　排污许可证变更流程

5.4 排污许可证延续流程

排污许可证有效期届满，排污单位需要继续排放污染物的，应当于排污许可证有效期届满60日前向审批部门提出延续申请。

申请排污许可证延续，首先登录企业端，进入业务办理界面，点击“许可证延续”再点击“我要延续”（图5-43），按照实际情况编辑相关内容后提交，主要包括大气有组织及无组织排放及总许可量信息、水污染物申请排放信息和上传相关附件，内容同5.2.2.2节（6）、（7）、（8）、（10）和（16）。

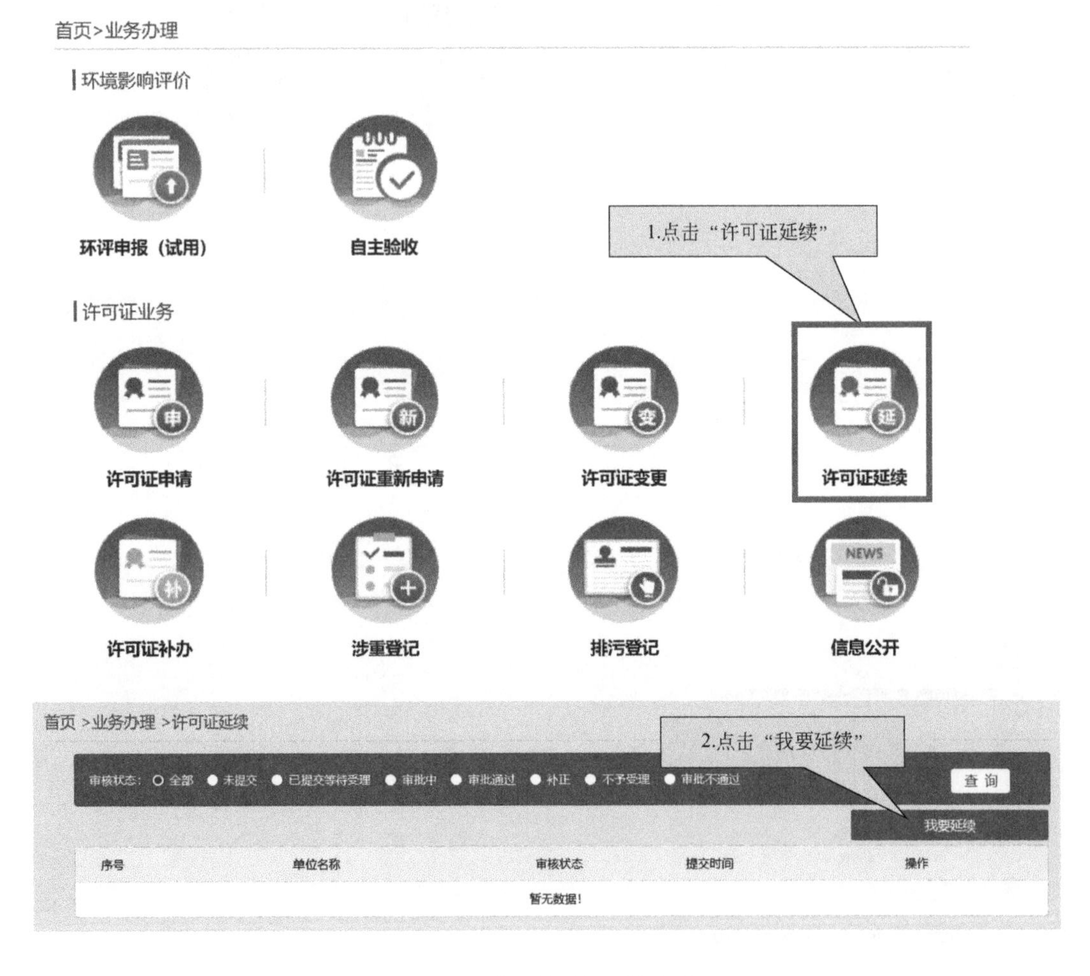

图5-43 排污许可证延续流程

5.5 整改完成后申请流程

持有排污限期整改通知书的排污单位，整改完成后登录企业端，进入业务办理界面，点击“许可证申请”，再点击“整改后申请”（图 5-44），按照实际情况完善填报内容后提交，具体填报内容同 5.2.2.2 节（1）～（16）。

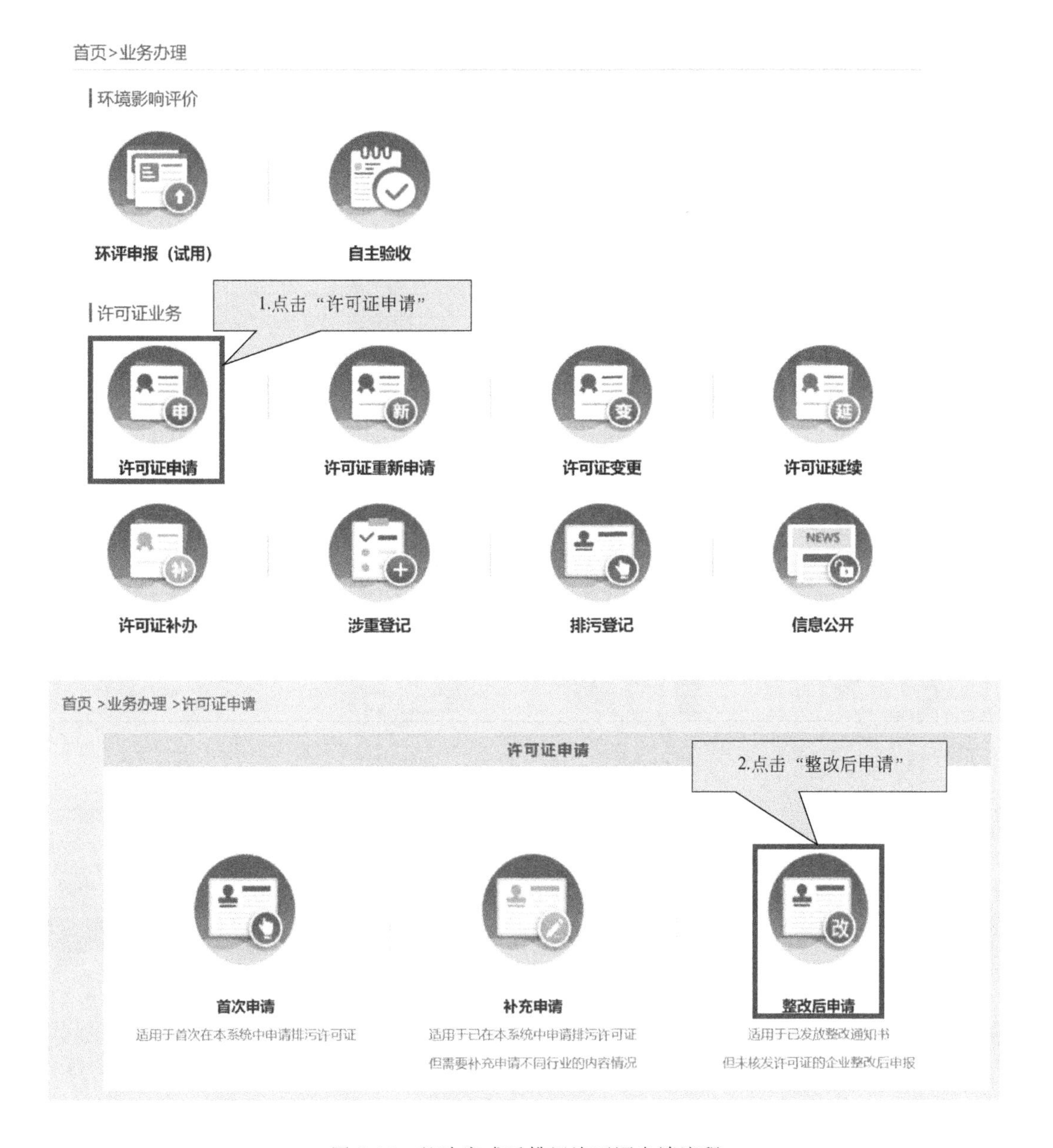

图 5-44　整改完成后排污许可证申请流程

5.6　排污许可证重新申请流程

在排污许可证有效期内，排污单位有下列情形之一的，应当重新申请取得排污许可证：

① 新建、改建、扩建排放污染物的项目；

② 生产经营场所、污染物排放口位置或者污染物排放方式、排放去向发生变化；

③ 污染物排放口数量或者污染物排放种类、排放量、排放浓度增加。

办理排污许可证重新申请，首先需登录企业端，进入业务办理界面，点击“许可证重新申请”后再点击“我要重新申请”（图 5-45），按照实际情况完善填报内容后提交，具体填报内容同 5.2.2.2 节（1）～(16)。

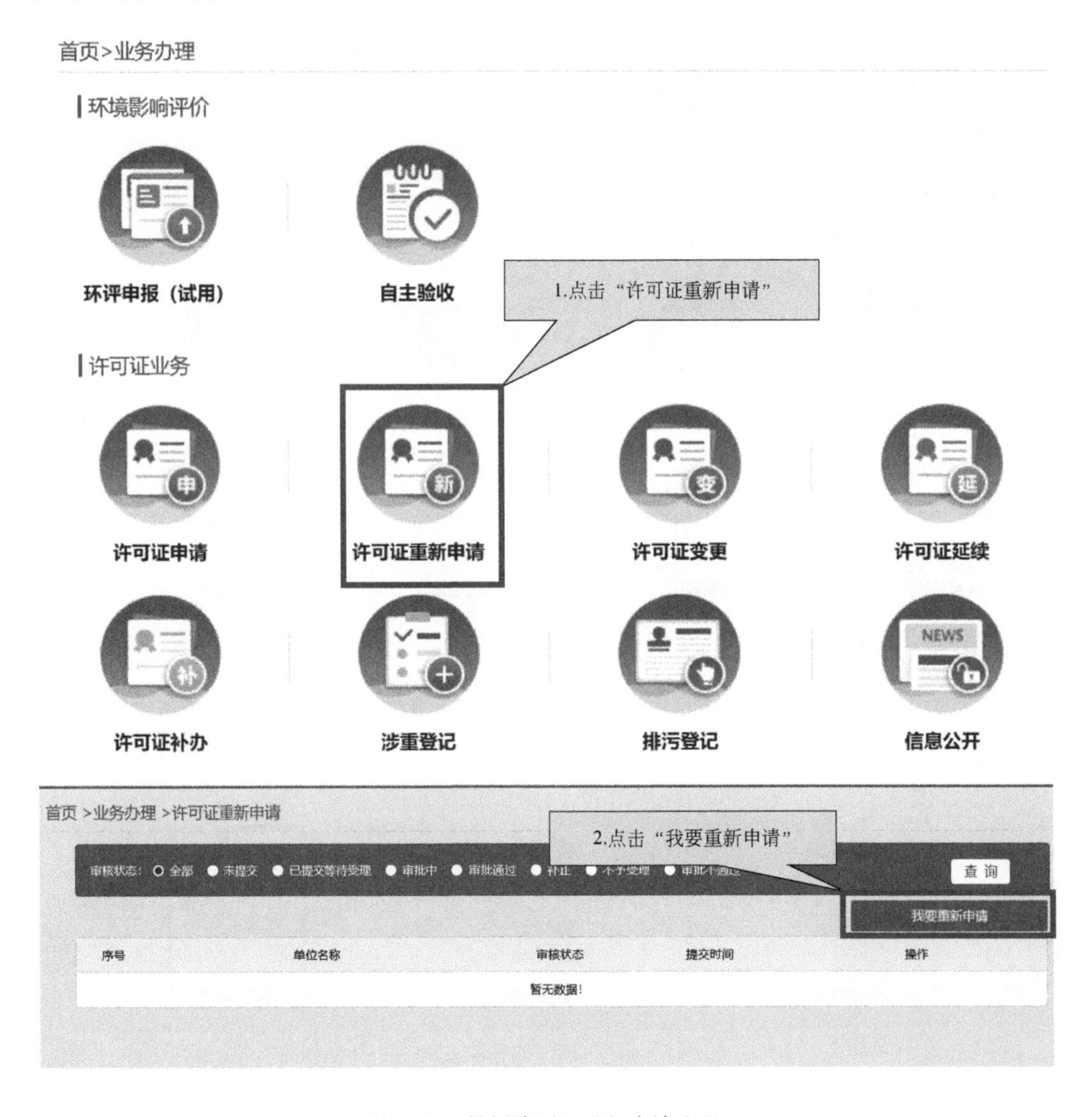

图 5-45　排污许可证重新申请流程

5.7　排污许可证补办流程

排污许可证发生遗失、损毁的，排污单位应当在 30 个工作日内向核发的生态环境主管部门申请补领排污许可证，遗失排污许可证的，在申请补领前应当在全国排污许可证管理信息平台上发布遗失声明；损毁排污许可证的，应当同时交回被损毁的排污许可证。

排污许可证遗失补办程序如下：

① 登录企业端，进入业务办理界面，点击“许可证补办”；

② 进入“许可证补办”业务模块，在线填写遗失声明，点击“发布”发布到公开端；

③ 在线提交排污许可证补办申请；

④ 核发部门在管理端办结后，公开端自动公告，详见图 5-46。

首页>业务办理

环境影响评价

环评申报（试用）

自主验收

许可证业务

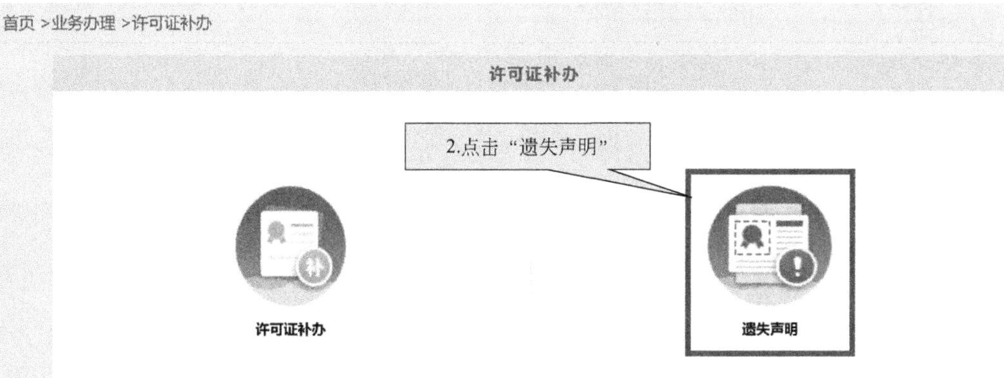

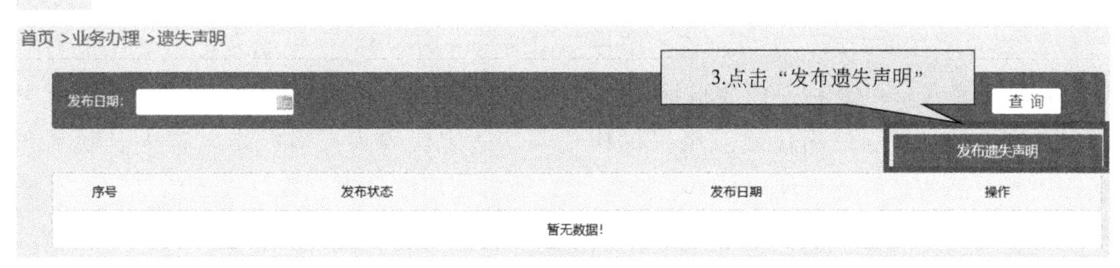

图 5-46

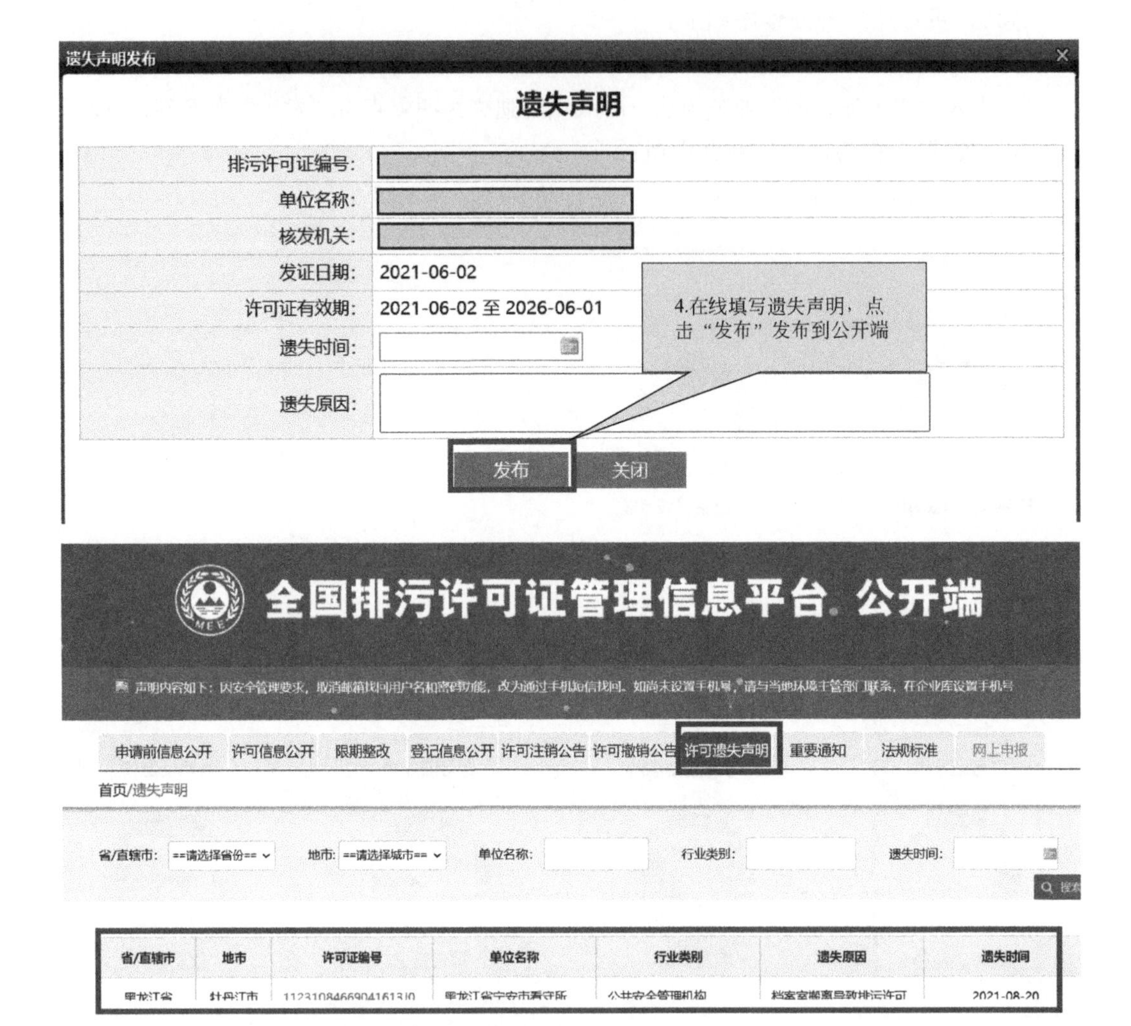

图 5-46　排污许可证补办流程

5.8　排污登记申报流程

5.8.1　排污登记信息申报流程

① 登录“企业端”后，按照图 5-47 中步骤 1～3 进行排污登记申请。

② 进入填报页面后，按提示逐步填报登记信息（图 5-48）。申请登记需要填报内容包括：排污单位详细名称、注册地址、生产经营场所地址、行业类别、生产经营场所中心经纬度、统一社会信用代码或组织机构代码、法定代表人或者技术负责人、联系方式、主要产品信息、燃料使用信息、涉 VOCs 辅料使用信息表、废气排放信息、废水排放信息、工业固体废物排放信息等，并需说明是否应当申领排污许可证但长期停产，以及其他需要说明的信息。

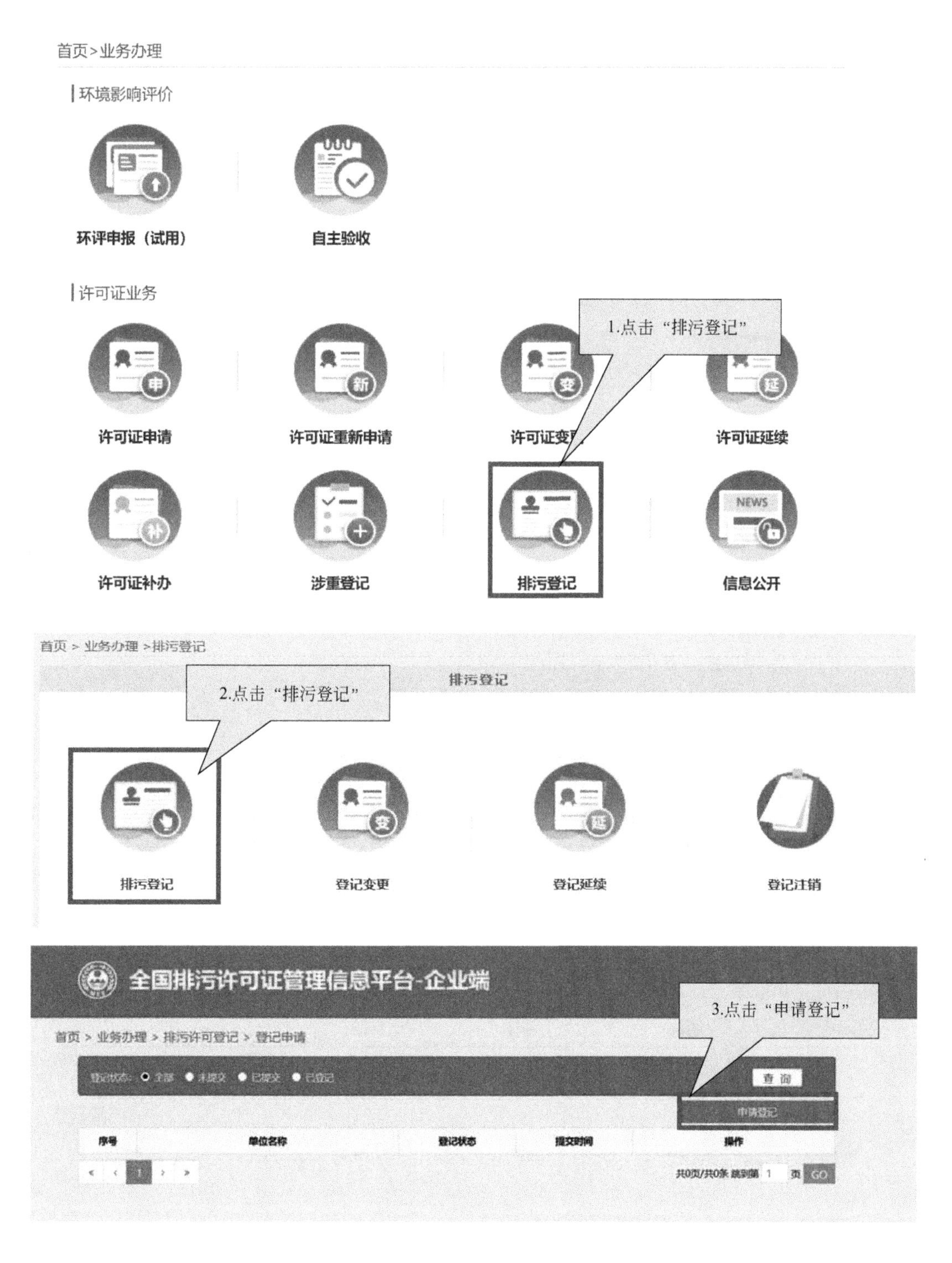

图 5-47　排污登记申报流程

按照信息填报说明中的要求逐项进行填报，在信息填报过程中注意点击“暂存”，以防已填报信息因网络中断等原因而丢失。信息填报完成后，点击“提交”即可自动生成固定污染源排污登记表和登记回执，排污单位可以自行打印留存。

当前位置：申请登记

*为必填项，没有相应内容的请填写“无”或“/”

1、排污单位信息

*单位详细名称：	xxx日化有限公司	按经工商行政管理部门核准，进行法人登记的名称填写，填写时应使用规范化汉字全称，与企业（单位）盖章所使用的名称一致。二级单位须同时用括号注明二级单位的名称。
*注册地址：	北京市xxx区xxx街xxx号	经工商行政管理部门核准，营业执照所载明的注册地址。
*生产经营场所地址：	北京市xxx区xxx街xxx号	排污单位实际生产经营场所所在地址。
*行业类别：	肥皂及洗涤剂制造 选择 ×	企业主营业务行业类别，按照2017年国民经济行业分类（GB/T 4754—2017）填报。尽量细化到四级行业类别，如“A0311 牛的饲养”。
其他行业类别：	口腔清洁用品制造,香料、香精制造,锅炉 选择 ×	
*生产经营场所中心经度：	度 分 秒 选择	生产经营场所中心经度坐标，请点击“选择”按钮，在地图页面拾取坐标，或者直接手动填写
*生产经营场所中心纬度：	度 分 秒	经纬度选择说明
统一社会信用代码：	666666666666666666	有统一社会信用代码的，此项为必填项。统一社会信用代码是一组长度为18位的用于法人和其他组织身份的代码。依据《法人和其他组织统一社会信用代码编码规则》（GB 32100-2015）》编制，由登记管理部门负责在法人和其他组织注册登记时发放统一代码。
组织机构代码/其他注册号：	6666666-6	无统一社会信用代码的，此项为必填项。组织机构代码根据中华人民共和国国家标准《全国组织机构代码编制规则》（GB 11714-1997），由组织机构代码登记主管部门给每个企业、事业单位、机关、社会、团体和民办非企业单位颁发的在全国范围内唯一、始终不变的法定代码。组织机构代码由8位无属性的数字和一位校验码组成。填写时，应按照技术监督部门颁发的《中华人民共和国组织机构代码证》上的代码填写；其他注册号包括未办理三证合一的旧版营业执照注册号（15位代码）等。
*法定代表人/技术负责人：	zzz	分公司可填写实际负责人。
*联系方式：	11111111	
*是否应当申领排污许可证，但长期停产：	○是 ◉否	

2、主要产品信息

说明：1.生产工艺名称：指与产品、产能相对应的生产工艺，填写内容应与排污单位环境影响评价文件一致。非生产类单位可不填。

2.主要产品：填报主要某种或某类产品及其生产能力。生产能力填写设计产能，无设计产能的可填上一年实际产量。非生产类单位可不填。

3.请至少添加一条主要产品信息。

添加产品

行业类别	生产工艺名称	主要产品	主要产品产能	计量单位	备注	操作
口腔清洁用品制造	复配工艺	牙膏	80	吨		编辑 删除
锅炉	燃气锅炉	蒸汽	2	t/h		编辑 删除
香料、香精制造	调配工艺	香精	25000	吨		编辑 删除

3、燃料使用信息

说明：使用固体和液体燃料10吨/年以上、气体燃料1万立方米/年以上填写。

添加燃料

燃料类别	燃料名称	使用量	计量单位	备注	操作
气体燃料	天然气	3500	立方米/年		编辑 删除

4、涉VOCs辅料使用信息表

说明：使用涉VOCs辅料1吨/年以上填写。

添加辅料

辅料类别	辅料名称	使用量	计量单位	备注	操作
其他	山梨醇	20	吨/年		编辑 删除

5、废气排放信息

说明：1.废气污染治理设施：对于有组织废气，污染治理设施名称包括除尘器、脱硫设施、脱硝设施、VOCs治理设施等；对于无组织废气排放，污染治理设施名称包括分散式除尘器、移动式焊烟净化器等。

2.废气排放口名称：指有组织的排放口，不含无组织排放。排放同类污染物、执行相同排放标准的排放口可合并填报，否则应分开填报。

3.燃料使用信息填写内容的，请至少填写一条废气排放信息。

添加废气治理设施

废气排放形式	废气污染治理设施	治理工艺	数量	备注	操作
有组织	/	/	-		编辑 删除

添加废气排口

废气排放口名称	执行标准名称	数量	备注	操作
粉尘废气排放口	大气污染物综合排放标准GB16297-1996	1		编辑 删除

6、废水排放信息

说明：1.废水污染治理设施：指主要污水处理设施名称，如“综合污水处理站”、“生活污水处理系统”等。

2.废水排放去向：指废水出厂界后的排放去向，不外排包括全部在工序内部循环使用、全厂废水经处理后全部回用不向外环境排放（畜禽养殖行业废水用于农田灌溉也属于不外排）；间接排放去向包括去工业园区集中污水处理厂、市政污水处理厂、其他企业污水处理厂等；直接排放包括进入海域、进入江河、湖、库等水环境。

添加废水治理设施

废水污染治理设施	治理工艺	数量	备注	操作
综合污水处理站	混凝沉淀+水解酸化+接触氧化	1		编辑 删除

添加废水排口

废水排放口名称	执行标准名称	排放去向	备注	操作
生产废水排放口	广东省水污染物排放限值标准 DB44/26-2001	进入城市污水处理厂：排入 石井污水处理厂		编辑 删除

7、工业固体废物排放信息

说明：根据《危险废物鉴别标准》判定是否属于危险废物。

添加固体废物

工业固废废物名称	是否属于危险废物	去向	备注	操作
包装废物	否	贮存 送 其他单位综合利用		编辑 删除

8、其他需要说明的信息

9、提交信息

固定污染源排污登记表	固定污染源排污登记表	生成固定污染源排污登记表

暂存　提交

图 5-48　排污登记信息填报

5.8.2　排污登记注意事项

① 排污登记表有效期内，排污登记信息发生变动的，应当自发生变动之日起 20 日内进行变更登记。

② 排污单位因关闭等原因不再排污的，应当及时在全国排污许可证管理信息平台注销排污登记表，提交注销申请后由平台自动即时生成回执，排污单位可以自行打印留存。

③ 排污单位因生产规模扩大、污染物排放量增加等情况依法需要申领排污许可证的，应按规定及时申请取得排污许可证，并注销排污登记表。

第6章

日化工业排污许可证核发审核要点

6.1 审核总体要求

① 排污许可证核发主要审核排污单位各项申请材料和生态环境主管部门补充信息的完整性、规范性。

② 复审时，除应关注是否按照前版审核意见修改外还需注意是否出现新问题。

6.2 申请材料的完整性审核

排污单位提交完整的申请材料应当包括：

① 排污许可证申请表；

② 自行监测方案；

③ 由排污单位法定代表人或者主要负责人签字或者盖章的承诺书；

④ 排污单位有关排污口规范化的情况说明；

⑤ 建设项目环境影响评价文件审批文号，或者按照有关国家规定经地方人民政府依法处理、整顿规范并符合要求的相关证明材料；

⑥ 实行排污许可重点管理的，排污单位在提出申请前已通过全国排污许可证管理信息平台公开的单位基本信息、拟申请许可事项的说明材料（申请前信息公开情况说明表）；

⑦ 属于排放重点污染物的新建、改建、扩建项目以及实施技术改造项目的，排污单位通过污染物排放量削减替代获得重点污染物排放总量控制指标的说明材料（如出让重点污染物排放总量控制指标的排污单位排污许可证完成变更的相关材料等）；

⑧ 附图、附件等材料，附图应包括生产工艺流程图（全厂及各工序）和厂区总平面布置图；

⑨ 地方生态环境主管部门要求提交的其他材料。此外，主要生产设施、主要产品产能等登记事项中涉及商业秘密的，排污单位应当进行标注。

对存在下列情形之一的日化工业排污单位，即使申请材料完整也不予核发排污许可证。

① 位于法律法规规定禁止建设区域内的。如饮用水水源保护区、自然保护区、风景名胜区等。

② 属于国务院经济综合宏观调控部门会同国务院有关部门发布的产业政策目录中明令淘汰或者立即淘汰的落后生产工艺装备、落后产品的。如根据《产业结构调整指导目录（2019 年本）》，日用化学产品制造工业中“含二甲苯麝香的日用香精”属于落后产品。

③ 法律法规规定不予许可的其他情形。

6.3　申请材料的规范性审核

申请材料的规范性主要从申请前信息公开、企业守法承诺书、排污许可证申请表、相关附图附件、其他重点关注内容等五方面进行审核。

6.3.1　申请前信息公开

① 实行重点管理的排污单位在提交排污许可申请材料前，应当将承诺书、基本信息以及拟申请的许可事项向社会公开，实行简化管理的排污单位可不进行申请前信息公开。实行重点管理的日用化学产品制造工业排污单位是指从事以油脂为原料的肥皂或者皂粒制造、香料制造（以上均不含单纯混合或者分装的）的排污单位。

② 信息公开途径应当选择全国排污许可证管理信息平台，信息公开时间应不少于 5 个工作日。

③ 信息公开内容包括承诺书、基本信息以及拟申请的许可事项，各公开内容的具体含义见《排污许可管理办法（试行）》（环境保护部令第 48 号）第二章。承诺书样式从全国排污许可证管理信息平台下载最新版本，注意不要使用以往旧的版本。

④ 信息公开情况说明表应填写完整，包括信息公开的起止时间、信息公开内容和反馈意见处理情况。

有法定代表人的排污单位，应由法定代表人签字，且应与排污许可证申请表、承诺书等保持一致。没有法定代表人的排污单位，如个体工商户、私营企业者等，可由主要负责人签字。对于集团公司下属不具备法定代表人资格的独立分公司，也可由主要负责人签字。

⑤ 排污单位应如实填写申请前信息公开期间收到的意见，并逐条答复。没有收到

意见的，填写“无”，不可不填。信息公开情况说明表出具时间应在信息公开期满之后。

6.3.2 企业守法承诺书

① 需按照平台下载的最新样本填写，不得删减。

② 抬头应为负责受理并核发排污许可证的相应级别生态环境部门。

③ 法定代表人（主要负责人）的签字应与信息公开情况说明表、排污许可证申请表保持一致。

6.3.3 排污许可证申请表

排污许可证申请表主要审核内容包括：封面，排污单位基本信息，主要生产设施、主要产品及产能信息，主要原辅材料及燃料信息，废气、废水等产排污环节和污染防治设施信息，申请的排放口位置和数量、排放方式、排放去向信息，排放污染物种类和执行的排放标准信息，按照排放口和生产设施申请的污染物许可排放浓度和排放量信息，以及申请排放量限值计算过程，自行监测及记录要求，环境管理台账记录要求等，以及生产工艺流程图和厂区总平面布置图。

(1) 封面

① 单位名称、注册地址需与排污单位营业执照或法人证书的相关信息一致。生产经营场所地址应填写排污单位实际地址。

② 行业类别选择“肥皂及洗涤剂制造（国民经济行业代码C2681）”“化妆品制造（国民经济行业代码C2682）”“口腔清洁用品制造（国民经济行业代码C2683）”“香料、香精制造（国民经济行业代码C2684）”或“其他日用化学产品制造（国民经济行业代码C2689）”。涉及多个行业类别的，应填写齐全。

③ 没有组织机构代码的，可不填写。

④ 法定代表人与承诺书和信息公开情况说明表上的签名应保持一致。

⑤ 提交的纸质材料与全国排污许可证管理信息平台的信息应保持一致，电子版与纸质版申请表的条形码应保持一致。

(2) 排污单位基本信息表

① 是否需改正：符合《关于固定污染源排污限期整改有关事项的通知》要求的“不能达标排放”“手续不全”“其他”情形的，应勾选“是”；确实不存在三种整改情形的，应勾选“否”。

②“排污许可证管理类别”选择时应根据排污单位实际生产排污情况，依据现行有效的《固定污染源排污许可分类管理名录》确定。

③ 生产经营场所地址应明确到“省、市（区）、县、镇”，该地址直接决定企业是否属于大气重点控制区、总氮总磷控制区、重金属污染物特别排放限值实施区域。结合生态环境部相关公告，核实有关控制区的填报是否正确。

④ 行业类别选择“肥皂及洗涤剂制造（国民经济行业代码C2681）”“化妆品制造

（国民经济行业代码C2682）”“口腔清洁用品制造（国民经济行业代码C2683）”“香料、香精制造（国民经济行业代码C2684）”或“其他日用化学产品制造（国民经济行业代码C2689）”。涉及多个行业类别的，其他行业应在“其他行业类别”填报。

⑤ 分期投运的，投产日期以先期投运时间为准。

⑥ 填写大气重点控制区域的，应结合生态环境部相关公告文件，核实是否执行特别排放限值，目前主要有《关于执行大气污染物特别排放限值的公告》（环境保护部公告2013年 第14号）、《关于执行大气污染物特别排放限值有关问题的复函》（环办大气函〔2016〕1087号）、《关于京津冀大气污染传输通道城市执行大气污染物特别排放限值的公告》（环境保护部公告2018年 第9号）和《国务院关于印发打赢蓝天保卫战三年行动计划的通知》（国发〔2018〕22号）。

⑦ 填写总磷、总氮控制区的，应结合《“十三五”生态环境保护规划》及生态环境部正式发布的相关文件，核实是否填报正确，目前主要是《“十三五”生态环境保护规划》中规定的总磷、总氮总量控制区。

⑧ 所在地是否属于重金属污染物特别排放限值实施区域，按照特排区域清单确定。

⑨ 应如实填写是否位于工业园区、工业集聚区及其名称。

⑩ 核实企业是否如实填写全部项目的环评审批文号或备案编号，包括分期建设项目、技改扩建项目等。注意环评文号中的年份是否为2015年及之后，如是则在后续确定许可排放限值时需考虑环评文件及批复。对于法律法规要求建设项目开展环境影响评价（1998年11月29日《建设项目环境保护管理条例》国务院令第253号）之前已经建成，且之后未实施改建、扩建的排污单位，可不要求。

⑪ 核实企业是否有地方政府对违规项目的认定或备案文件，相关文件名及文号是否正确。如环评批复或者地方政府对违规项目的认定或备案文件两者全无，应核实排污单位具体情况，填写申请书中“改正规定”。

⑫ 核实企业是否有主要污染物总量分配计划文件。对于有主要污染物总量控制指标计划的排污单位需列出相关文件文号（或者其他能够证明排污单位污染物排放总量控制指标的文件和法律文书），并列出上一年主要污染物总量指标。有多个总量文件，需要逐一填报。总量控制指标包括地方政府或生态环境主管部门发文确定的排污单位总量控制指标、环境影响评价文件批复中确定的总量控制指标、现有排污许可证中载明的总量控制指标、通过排污权有偿使用和交易确定的总量控制指标等地方政府或生态环境主管部门与排污许可证申领排污单位以一定形式确认的总量控制指标。污染物总量控制要求应具体到污染物类型及其指标，并注意相应单位，同时应与后续许可排放量计算过程及许可排放量申请数据进行对比，按HJ 1104—2020确定许可排放量。

⑬ 关于污染物控制指标，指应控制许可排放量限值的污染因子。系统默认水污染控制因子为化学需氧量和氨氮，不用再做选择。此外，对于受纳环境水体年均值超标且列入排污单位执行排放标准的污染控制因子，根据具有核发权的地方生态环境主管部门的要求，确定是否需要规定许可排放量限值，如需要，则此处也需要选择列入。系统默认大气污染控制因子为颗粒物、二氧化硫、氮氧化物和VOCs，不用再做选择。

（3）主要产品及产能信息表及主要产品及产能信息补充表

① 生产线类型、主要生产单元、生产工艺及生产设施按 HJ 1104—2020 填报。其中生产线可以参照 HJ 1104—2020 中表 1～表 5 的第 1 列填写，排污单位应根据自身情况全面填报。有多个相同或相似生产线的，应分别编号，如肥皂制造 1、肥皂制造 2 等。多个相同型号的生产设施应分行填报、分别编号且不能重复，可采用平台“复制”功能快捷填报。生产多种产品的同一生产设施只填报一次，在“其他信息”中注明产品情况。实行简化管理的排污单位，填报公用单元部分可仅填报 HJ 1104—2020 表 5 中标有“*”且排污单位具有的生产设施。

② 生产能力指的是主要产品设计产能，不包括国家或地方政府予以淘汰或取缔的产能，计量单位为 t/a。

（4）主要原辅材料及燃料信息表

① 原辅料应按 HJ 1104—2020 填写完整，辅料还应包含污水处理投加的主要药剂。

② 除锅炉以外的设施（如高塔喷粉洗衣粉制造中热风系统）用到的燃料信息应如实填报相关各项信息。无相关成分（如有毒有害成分），填写“/”。

（5）废气产排污节点、污染物及污染治理设施信息表

① 有组织排放的产排污环节必须填写，并应按 HJ 1104—2020 填写完整。此部分无组织排放可填可不填，后续“大气污染物无组织排放表”为所有无组织排放的统一必填表。若 HJ 1104—2020 中列为无组织排放，但排污单位实际已将无组织变成有组织收集并处理的，应按照有组织排放进行填报，相应的无组织排放环节无需再填报，如厂内污水综合处理站恶臭污染物经收集处理后进行有组织排放。

② 污染物种类应按 HJ 1104—2020 填写准确，不得丢项。

③ 有组织排放应填报污染治理设施相关信息，包括编号、名称和工艺等，并与 HJ 1104—2020 中的表 A.2 进行比对，判断是否为可行技术。对于未采用 HJ 1104—2020 中推荐的可行技术的，“是否为可行技术”应填写“否”。新建、改建、扩建建设项目排污单位采用环境影响评价审批意见要求的污染治理技术的，应在“污染治理设施其他信息”中注明为“环评审批要求技术”。既未采用可行技术，也未采用环评审批要求技术的排污单位，应提供相关证明材料（如已有监测数据，对于国内外首次采用的污染治理技术，还应当提供中试数据等说明材料），证明可达到与污染防治可行技术相当的处理能力。确无污染治理设施的，相关信息填写“/”。采用的污染治理设施或措施不能达到许可排放浓度要求的排污单位，应在“其他信息”中备注“待改”，并填写申请书中“改正规定”。因锅炉需根据 HJ 953 单独填报，所以本要点中所有有组织排放口均为一般排放口。

④ 对于无组织排放的，污染治理设施编号、名称、工艺和是否为可行技术均填“/”，在污染治理设施其他信息一列填写排污单位采取的无组织污染防治措施，并应与“大气污染物无组织排放表”中填报内容保持一致。HJ 1104—2020 中列为有组织排放，而排污单位仍为无组织排放的，申报时按无组织排放填写，在“其他信息”中注明“待改”，并填写申请书中“改正规定”，除在一定期限内将无组织排放改为有组织排放外，涉及补充或变更环评的，也应体现在“改正规定”中。

（6）废水类别、污染物及污染治理设施信息表

① 主要分为生活污水和综合污水（生产污水、生活污水、冷却污水等）两类。没有生活污水单独排放情形的，不用单独一行填报。实行重点管理的排污单位废水总排放口（综合污水处理站排放口）为主要排放口，其他废水排放口均为一般排放口。

② 注意合理区分排放去向和排放方式。特别是排污单位将污水排入并非该单位所拥有的工业污水集中处理设施时，排放去向填写“进入工业污水集中处理设施”，排放方式填写“间接排放”，排放口按出排污单位厂界的排放口进行填报，而不是下游工业污水集中处理设施的排放口，许可排放浓度限值根据协议确定，并对应填写在“水污染物排放信息”表中。当污水排放去向为农灌等时，应当与环评批复中一致，此时排放去向填写“其他”，排放方式填写“无”，排放口类型填写“/”，污染物种类按照执行的国家或地方标准中规定填报，并在“其他信息”中填写执行的国家或地方标准；如与环评批复不一致，应在“其他信息”中注明，并根据具体情况，填写申请书中“改正规定”，如改为按环评批复执行或者变更环评。

③ 应填报污染治理设施相关信息，包括编号、名称和工艺，并与 HJ 1104—2020 中的表 A.1 进行对比，判断是否为可行技术。对于未采用 HJ 1104—2020 中推荐的可行技术的，“是否为可行技术”应填写“否”。新建、改建、扩建建设项目排污单位采用环境影响评价审批意见要求的污染治理技术的，应在“污染治理设施其他信息”中注明为“环评审批要求技术”。既未采用可行技术，也未采用环评审批要求技术的排污单位，应提供相关证明材料（如已有监测数据，对于国内外首次采用的污染治理技术，还应当提供中试数据等说明材料），证明可达到与污染防治可行技术相当的处理能力。确无污染治理设施的，相关信息填写“/”。采用的污染治理设施或措施不能达到许可排放浓度要求的排污单位，应在“其他信息”中备注“待改”，并填写申请书中“改正规定”。

（7）大气排放口基本情况表

注意排放口编号、名称以及排放污染物信息与“废气产排污节点、污染物及污染治理设施信息表”保持一致。排气筒高度应满足该排放口执行排放标准中的相关要求。

（8）废气污染物排放执行标准表

① 执行国家污染物排放标准的，标准名称及污染因子种类等应符合 HJ 1104—2020 中表 7 中的标准要求。注意执行排放标准中有排放速率要求的，不要漏填。地方有更严格排放标准的，应填报地方标准。

② 若排放标准规定不同时间段执行不同排放控制要求，且其中两个及两个以上的时间段与排污单位本次持证的有效期有关，填报时排放浓度限值或速率限值应填全，具体情况可以在“其他信息”中说明。

③ 环评批复要求和承诺更加严格排放限值的，应以数值＋单位的形式填报，不应填报文字。

（9）大气污染物有组织排放表

① 执行 GB 13271—2014 的锅炉废气排放口信息按 HJ 953—2018 的要求填写。

② 其他有组织废气排放口均为一般排放口，排放口编号、名称和污染物种类应与“废气产排污节点、污染物及污染治理设施信息表”和“废气污染物排放执行标准表”保持一致，许可排放浓度限值或排放速率应按 HJ 1104—2020 确定，无需申请许可排放量。

（10）大气污染物无组织排放表

应按 HJ 1104—2020 要求，填报无组织排放的编号、产污环节和污染物种类、主要污染防治措施、执行排放标准等信息。无组织排放编号指产生无组织排放的生产设施编号，应与“主要产品及产能信息补充表”和“废气产排污节点、污染物及污染治理设施信息表”（如填写无组织排放）保持一致。在“其他信息”一列可填写排放标准浓度限值对应的监测点位，如“厂界”。无组织排放无需申请许可排放量，填写“/”。

（11）企业大气排放总许可量表

日用化学产品制造工业所有大气有组织排放口均为一般排放口，许可污染物排放浓度（速率），不许可污染物排放量。

（12）废水直接排放口基本情况表

① 审核排放口地理坐标是否填写正确，总排口坐标指废水排出厂界处坐标，车间或生产设施排放口坐标指废水排出车间或车间处理设施边界处坐标。

② 审核受纳水体的名称、水体功能目标填报是否正确。

③ 审核汇入受纳自然水体处地理坐标填写是否正确。

（13）入河排污口信息表

如排污单位废水排放方式为直接排放，则填写此表。审核各排放口对应的入河排污口名称、编号以及批复文号等相关信息填写是否正确。

（14）雨水排放口基本情况表

① 核查雨水排放口编号是否规范，应填报排污单位内部编号，如无内部编号，则采用“YS＋三位流水号数字”（如：YS001）进行编号并填报；

② 审核排放口地理坐标是否填写正确，排放口坐标指雨水排出厂界处坐标；

③ 审核受纳水体的名称、水体功能目标填报是否正确；

④ 审核汇入受纳自然水体处地理坐标填写是否正确。

（15）废水间接排放口基本情况表

如排污单位废水排放方式为间接排放，则填写此表。排放口编号、排放口名称、排放去向、排放规律等信息应与“废水类别、污染物及污染治理设施信息表”保持一致。需准确填报受纳污水处理厂相关信息，包括其名称、污染物种类和执行排放标准中的浓度限值。注意填报的是受纳污水处理厂的排放控制污染物种类和浓度限值，不是排污单位的排放控制要求。

（16）废水污染物排放执行标准表

① 执行国家水污染物排放标准的排污单位，标准名称及污染因子种类等应符合 HJ 1104—2020 中表 6 中相关要求。地方有更严格排放标准的，应填报地方标准。

② 若排放标准规定不同时间段执行不同排放控制要求，且其中两个及两个以上的时间段与排污单位本次持证的有效期有关，填报时排放浓度限值应填全，具体情况可以在“其他信息”中说明。

③ 执行国家水污染物排放标准的排污单位，当污水间接排放时，按以下要求确定许可排放浓度限值：

a. 若污水排入城镇污水集中处理设施，依据执行的《污水综合排放标准》（GB

8978—1996）中的间接排放限值填报污染物许可排放浓度限值；

b. 若污水排入其他污水集中处理设施，国家或地方污染物排放标准名称及浓度限值一栏填报“/”。

④ 雨水排放口的污染物种类填写化学需氧量和总磷，执行标准名称和浓度限值一栏填报“/”。地方有规定更严格控制要求的，按地方要求执行。

（17）废水污染物排放表

① 排放口名称、编号和污染物种类应与“废水类别、污染物及污染治理设施信息表”保持一致。主要排放口和一般排放口的区分也应与“废水类别、污染物及污染治理设施信息表”中“排放口类型”保持一致。

② 应审查水污染物排放浓度限值是否准确。

a. 执行国家水污染物排放标准的排污单位，当污水间接排放时，按以下要求确定许可排放浓度限值：若污水排入城镇污水集中处理设施，依据执行的国家水污染物排放标准（GB 8978—1996）中的间接排放限值确定水污染物许可排放浓度限值；若污水排入其他污水集中处理设施，按照排污单位与污水集中处理设施责任单位的协商值确定水污染物许可排放浓度限值。

b. 如有执行不同排放控制要求或排放标准的两种及两种以上污水从排污单位的同一排放口排放时，应按 HJ 1104—2020 中方法确定水污染物许可排放浓度限值。

c. 若排放标准规定不同时间段执行不同排放控制要求，且其中两个及两个以上的时间段与排污单位本次持证的有效期有关，填报时许可排放浓度限值应填全，具体情况可以在“其他信息”中说明。

③ 应有详细的水污染物许可排放量限值计算过程的说明，并审查其合理性。

a. 重点管理排污单位废水主要排放口应申请许可排放量。

b. 应合理确定许可排放量的污染因子。化学需氧量和氨氮为必须申请的污染因子。根据地方要求，确定受纳水体环境质量年均值超标且列入排污单位执行标准中的因子是否应许可排放量。

c. 许可排放量计算过程应符合 HJ 1104—2020 要求，参数选取依据充分，取严过程清晰合理。

d. 若排放标准规定不同时间段执行不同排放控制要求，且其中两个及两个以上的时间段与排污单位本次持证的有效期有关，许可排放量限值应分年度计算。

④ 注意，单独排向城镇污水集中处理设施的生活污水排放口不许可排放浓度限值，也不许可排放量限值。

⑤ 雨水排放口不许可排放浓度限值，也不许可排放量限值。地方有更严格管理要求的，按地方要求执行。

（18）噪声排放信息表

噪声排放信息表可暂不填写。地方有相关环境管理要求的，按地方要求执行。

（19）固体废物管理信息表

根据《排污许可证申请与核发技术规范　工业固体废物（试行）》（HJ 1200—2021）要求，填报“固体废物基础信息表”“委托贮存/利用/处置环节污染防控技术要求”和“自行贮存和自行利用/处置设施信息表”。

（20）自行监测及记录信息表

① 污染源类别填写废水或废气。

② 排放口编号、排放口名称和监测的污染物种类应与“大气污染物有组织排放表”和“大气污染物无组织排放表”（废气）、“废水污染物排放表”（废水）保持一致，无组织排放的排放口编号填写“厂界”。

③ 监测内容并非填写污染物项目，废水填写“流量”；废气有组织排放应填写相关烟气参数，包括烟气量、烟气流速、烟气温度、烟气压力、含氧量等，见执行排放标准要求；废气无组织排放应填写相关气象因子，包括风向、风速等，见《大气污染物无组织排放监测技术导则》（HJ/T 55—2000）和执行排放标准中的要求。

④ 废气、废水监测频次不得低于 HJ 1104—2020 的要求。开展自动监测的，应填报自动监测设备出现故障时的手工监测相关信息，并在其他信息中填写“自动监测设备出现故障时开展手工监测”。手工监测方法应优先选用执行的排放标准中规定的方法。

⑤ 雨水排放口应按 HJ 1104—2020 要求进行监测。一是重点管理单位应进行雨水排放口监测，简化管理单位不要求；二是监测污染物项目包括化学需氧量和总磷；三是监测频次填写“雨水排放口每季度有流动水排放时开展一次监测”。

⑥ 监测质量保证与质量控制要求应符合 HJ 819—2017、HJ/T 373—2007 中相关规定，建立质量体系，包括监测机构、人员、仪器设备、监测活动质量控制与质量保证等，使用标准物质、空白试验、平行样测定、加标回收率测定等质控方法。委托第三方检（监）测机构开展自行监测的，不用建立监测质量体系，但应对其资质进行确认。

⑦ 监测数据记录、整理和存档要求应符合 HJ 1104—2020、HJ 819—2017 和《排污许可管理条例》（国务院令　第 736 号）的相关规定。

（21）环境管理台账信息表

① 应按照 HJ 1104—2020 要求填报环境管理台账记录内容，不得有漏项，如缺少生产运行管理信息、无组织废气污染控制措施管理维护信息等。

② 记录频次应符合 HJ 1104—2020 要求，不能随意放宽。

③ 记录形式应按照电子台账和纸质台账同时记录，台账记录至少保存 5 年。

④ 注意区分重点管理与简化管理单位的差异。

（22）有核发权的地方生态环境主管部门增加的管理内容

按地方生态环境主管部门的要求填写。

（23）改正规定

改正问题、措施和时限要求要明确，并与前面填写的内容保持一致。如现状为无组织排放的改为有组织排放、尚未进行自动监测的改为自动监测、现有污染治理设施不能达标的提升改造为可达标设施等。

未依法取得建设项目环境影响评价文件审批意见，未取得地方人民政府按照国家有关规定依法处理、整顿规范所出具的相关证明材料，采用的污染防治设施或措施不能达到许可排放浓度要求，以及存在其他依法依规需要改正的行为，应填写本表，由排污单位提出需要改正的内容及改正时限，由地方生态环境主管部门审核并最终决定改正措施及时限，不予发证，并下达限期整改通知书。

6.3.4 相关附图附件

（1）附图

① 要求上传排污单位生产工艺流程图（全厂及各工序）、厂区总平面布置图（包括雨水和污水管网平面布置图）、监测点位示意图。

② 审查上传的图件是否清晰可见、图例明确，且不存在上下左右颠倒的情况。

③ 生产工艺流程图应包括主要生产设施（设备）、主要物料的流向、生产工艺流程、产排污环节等内容。

④ 厂区总平面布置图应包括主体设施、污水处理设施及其他主要公辅设施等内容，同时注明厂区雨水和污水集输管线走向、排放口位置及排放去向等内容。

（2）附件

应提供承诺书、申请前信息公开情况说明表及其他必要的说明材料，如未采用可行技术但具备达标排放能力的说明材料等；许可排放量计算过程应详细、准确，计算方法及参数选取符合规范要求，应体现与总量控制要求取严的过程，2015 年 1 月 1 日及之后通过环评批复的，还要结合批复要求进一步取严。

6.3.5 其他重点关注内容

对于排污许可证副本，除申请书中相应内容外，还应注意按 HJ 1104—2020 填写执行（守法）报告、信息公开、其他控制及管理要求等。

① 执行报告内容和频次符合 HJ 1104—2020 的要求。重点管理单位应包括年度、季度执行报告，简化管理单位仅需提交年度执行报告，且报告内容由重点管理单位的 11 项简化为 6 项。

② 应按照《中华人民共和国环境保护法》《排污许可管理条例》《企业环境信息依法披露管理办法》（生态环境部令　第 24 号）《排污许可管理办法（试行）》等管理要求，填报信息公开方式、时间、内容等信息。

③ 生态环境部门可将国家和地方对排污单位的废水、废气和固体废物环境管理要求，以及法律法规、HJ 1104—2020 中明确的污染防治设施运行维护管理要求等写入“其他控制及管理要求”中。

④ 对未采用 HJ 1104—2020 附录 A 所列相应污染防治可行技术的，且新建、改建、扩建建设项目排污单位未采用环境影响评价审批意见要求的污染治理技术的，需提供污染物排放监测数据等证明材料。

第7章

典型案例分析

7.1 综合管理类型典型案例

7.1.1 排污单位概况

浙江省某公司，其主体及公辅设施主要包括皂类车间、液洗车间、洗衣粉车间及公用单元仓库、废水处理站、危废仓库等，行业类别属于日用化学产品制造工业，主要生产皂类、洗衣粉、液体洗涤剂等。其中，皂类年产量33.5万吨，洗衣粉年产量6万吨，液体洗涤剂年产量36.8万吨，化妆品年产量3万吨，牙膏年产量4.8万吨。该企业属于综合管理类型，包含了排污许可重点管理、简化管理和排污登记管理的内容。

7.1.2 主要生产工艺流程

该企业肥/香皂生产、洗衣粉制造工艺流程及产排污节点分别如图1-7、图1-8、图1-10所示。液体洗涤剂制造、化妆品制造、牙膏制造主要为复配工艺。废水主要来自肥皂制造过程中油脂水解冷凝水、设备洗涤废水、真空干燥冷却水和甘油生产过程中蒸馏蒸发冷凝水和设备冷却水，以及洗衣粉制造、液体洗涤剂制造、化妆品制造、牙膏制造中换料清洗废水和设备冷却水等。废气主要来自肥皂制造中的干燥废气、高塔喷粉洗衣粉制造热风装置排放的废气等。

7.1.3 排污许可申请信息平台填报及审核

(1) 排污单位基本情况：排污单位基本信息

排污单位基本信息填报内容如表7-1所列。易错问题及其审核要点：

① 注册时“行业类别”未选择主要行业类别；

② 企业有多个行业类别时，仅填报了主要行业类别；

③ 对于分期投运的，投产日期写的是近期时间；

④ 生产经营场所地址填报了注册地址或填报地址不够详细，应为企业实际地址，且至少填报到“省、市、县、镇”；

⑤ 生产经营场所中心经纬度采用手工输入，与实际企业厂区中心位置有偏差；

⑥ 是否属于重点控制区域，很多企业未经核实随意填报，导致出错；

⑦ 未列出企业所有环评审批文件文号；

⑧ 法定代表人与守法承诺书签字不是同一个人；

⑨ 除了默认的废气废水污染物控制指标，未选择其他需要控制总量的指标；

⑩ 核实企业是否有需要改正的地方。

表7-1 排污单位基本信息表

单位名称	******集团有限公司	注册地址	浙江省**市**区**路**号
生产经营场所地址	浙江省**市**区**路**号	邮政编码①	323***
行业类别	肥皂及洗涤剂制造,化妆品制造,口腔清洁用品制造	是否投产②	是
投产日期③	1968-03-01	/	/
生产经营场所中心经度④	119°**′**″	生产经营场所中心纬度⑤	28°****″
组织机构代码	/	统一社会信用代码	*************
技术负责人	***	联系电话	137********
所在地是否属于大气重点控制区⑥	否	所在地是否属于总磷控制区⑦	否
所在地是否属于总氮控制区⑦	否	所在地是否属于重金属污染特别排放限值实施区域⑧	否
是否位于工业园区⑨	否	所属工业园区名称	/
是否有环评审批文件	是	环境影响评价审批文件文号或备案编号⑩	浙环建〔200*〕**号
是否有地方政府对违规项目的认定或备案文件⑪	否	认定或备案文件文号	/
是否需要改正⑫	否	排污许可证管理类别⑬	重点管理
是否有主要污染物总量分配计划文件⑭	是	总量分配计划文件文号	排放权证201*第*号
二氧化硫总量控制指标/(t/a)	60	含自备电厂36t/a	
化学需氧量总量控制指标/(t/a)	117	/	

续表

单位名称	******集团有限公司	注册地址	浙江省**市**区**路**号
氨氮(NH_3-N)总量控制指标/(t/a)	5	/	
氮氧化物总量控制指标/(t/a)	100	含自备电厂50t/a	

① 指生产经营场所地址所在地邮政编码。

② 2015年1月1日起，正在建设过程中或者已建成但尚未投产的，选“否”；已经建成投产并产生排污行为的，选“是”。

③ 指已投运的排污单位正式投产运行的时间，对于分期投运的排污单位，以先期投运时间为准。

④⑤ 指生产经营场所中心经纬度坐标，可通过排污许可管理信息平台中的GIS系统点选后自动生成经纬度。

⑥ 大气重点控制区指的是生态环境部关于大气污染特别排放限值的执行区域。

⑦ 总磷、总氮控制区是指《国务院关于印发“十三五”生态环境保护规划的通知》（国发〔2016〕65号）以及生态环境部相关文件中确定的需要对总磷、总氮进行总量控制的区域。

⑧ 是指各省根据《土壤污染防治行动计划》确定重金属污染排放限值的矿产资源开发活动集中的区域。

⑨ 是指各级人民政府设立的工业园区、工业集聚区等。

⑩ 是指环境影响评价报告书、报告表的审批文件号，或者环境影响评价登记表的备案编号。

⑪ 对于按照《国务院关于化解产能严重过剩矛盾的指导意见》（国发〔2013〕41号）和《国务院办公厅关于加强环境监管执法的通知》（国办发〔2014〕56号）要求，经地方政府依法处理、整顿规范并符合要求的项目，须列出证明符合要求的相关文件名和文号。

⑫ 符合《关于固定污染源排污限期整改有关事项的通知》要求的“不能达标排放”“手续不全”“其他”情形的，应选“是”；确实不存在三种整改情形的，应选“否”。

⑬ 许可证管理类别：根据《固定污染源排污许可分类管理名录》（2019版），肥皂及洗涤剂制造C 2681（以油脂为原料的肥皂或者皂粒制造）纳入重点管理行业，肥皂及洗涤剂制造C2681（采用高塔喷粉工艺的合成洗衣粉制造）纳入简化管理行业，按HJ 1104—2020进行填报。

⑭ 对于有主要污染物总量控制指标计划的排污单位，须列出相关文件文号（或者其他能够证明排污单位污染物排放总量控制指标的文件和法律文书），并列出上一年主要污染物总量指标；对于总量指标中包括自备电厂的排污单位，应当在备注栏对自备电厂进行单独说明。

（2）排污单位登记信息：主要产品及产能

主要产品及产能信息填报内容如表7-2和表7-3所列。易错问题及其审核要点：

① 主要工艺填报不全，同一产品有多条生产线，需分别填报，并编号识别生产线名称；

② 产能填报不规范，应填产品设计产能，企业填报实际产量，核实企业填报的生产能力是否为主要产品设计产能；

③ 设施参数填报不全，要求填报的其他设施信息不完整，核实是否填报完整，不能缺项漏项；

④ 主要生产单元名称、主要工艺名称、设施参数信息参考HJ 1104—2020表1～表5中相关内容进行审核。

表7-2 主要产品及产能信息表

序号	生产线名称	生产线编号	产品名称	计量单位①	生产能力①	设计年生产时间/h	其他产品信息
1	高塔喷粉洗衣粉生产线	3	合成洗衣粉	t/a	60000	7000	/
2	肥皂制造生产线	1	肥(香)皂	t/a	335127	7000	/
3	甘油(副产品)生产线	2	甘油(副产品)	t/a	24000	7000	/

① 生产能力和计量单位：指相应工艺中主要产品设计产能及其计量单位。设计产能在不同工艺间需注意衔接，需标明是否为承接前段工艺的产能，如有委外加工、半成品加工等产能变化，需在其他产品信息中说明。

表 7-3　主要产品及产能信息补充表

序号	生产线名称	生产线编号	主要生产单元名称	主要工艺名称①	生产设施名称①	生产设施编号②	设施参数③				其他设施信息	其他工艺信息
							参数名称	计量单位	设计值	其他设施参数信息		
1	肥皂制造生产线	1	油脂精炼	油脂脱色	精制过滤机	MF0001	过滤面积	m^2	2	/	/	/
					精制过滤机	MF0002	过滤面积	m^2	2	/	/	
					精制过滤机	MF0003	过滤面积	m^2	2	/	/	
					精制过滤机	MF0004	过滤面积	m^2	2	/	/	
					牛羊油线过滤机	MF0005	过滤面积	m^2	60	/	/	
					牛羊油线过滤机	MF0006	过滤面积	m^2	60	/	/	
					牛羊油线过滤机	MF0007	过滤面积	m^2	60	/	/	
					牛羊油线过滤机	MF0008	过滤面积	m^2	60	/	/	
					牛羊油线脱色罐	MF0009	容积	m^3	27	/	/	
					椰油过滤机	MF0010	过滤面积	m^2	40	/	/	
					椰油过滤机	MF0011	过滤面积	m^2	40	/	/	
					椰油脱色罐	MF0012	容积	m^3	7.20	/	/	
			连续皂化	皂化	皂化反应器	MF0013	容积	m^3	8.70	/	/	/
					皂化反应器	MF0014	容积	m^3	8.70	/	/	
			大锅皂化	皂化	皂化锅	MF0015	处理能力	m^3/台	100	/	/	/
					皂化锅	MF0016	处理能力	m^3/台	100	/	/	
					皂化锅	MF0017	处理能力	m^3/台	100	/	/	
					皂化锅	MF0018	处理能力	m^3/台	100	/	/	
					皂化锅	MF0019	处理能力	m^3/台	100	/	/	
					皂化锅	MF0020	处理能力	m^3/台	100	/	/	
					皂化锅	MF0021	处理能力	m^3/台	100	/	/	
					皂化锅	MF0022	处理能力	m^3/台	100	/	/	

续表

序号	生产线名称	生产线编号	主要生产单元名称	主要工艺名称[①]	生产设施名称[①]	生产设施编号[②]	设施参数[③]				其他设施信息	其他工艺信息
							参数名称	计量单位	设计值	其他设施参数信息		
1	肥皂制造生产线	1	大锅皂化	皂化	皂化锅	MF0023	处理能力	m^3/台	100	/	/	/
					皂化锅	MF0024	处理能力	m^3/台	100	/	/	
					皂化锅	MF0025	处理能力	m^3/台	100	/	/	
					皂化锅	MF0026	处理能力	m^3/台	100	/	/	
					皂化锅	MF0027	处理能力	m^3/台	100	/	/	
					皂化锅	MF0028	处理能力	m^3/台	100	/	/	
					皂化锅	MF0029	处理能力	m^3/台	100	/	/	
					皂化锅	MF0030	处理能力	m^3/台	100	/	/	
			油脂水解	水解	水解塔(器)	MF0031	处理能力	t/h	10.50	/	/	/
					水解塔(器)	MF0032	处理能力	t/h	4.20	/	/	
			脂肪酸蒸馏	蒸馏	再沸器	MF0033	加热面积	m^2	187	/	/	/
					再沸器	MF0034	加热面积	m^2	75	/	/	
					再沸器	MF0035	加热面积	m^2	45	/	/	
					蒸馏塔	MF0036	处理能力	t/h	10.50	/	/	
					蒸馏塔	MF0037	处理能力	t/h	4.20	/	/	
			脂肪酸中和	中和	中和罐	MF0038	容积	m^3	7	/	/	/
					中和罐	MF0039	容积	m^3	7	/	/	
					中和罐	MF0040	容积	m^3	7	/	/	
			五层线	纸箱制作工序	单面机	MF0041	处理能力	m^2/h	45000	/	/	/
					单面机	MF0042	处理能力	m^2/h	45000	/	/	
					二次糊付机	MF0043	处理能力	m^2/h	45000	/	/	

续表

序号	生产线名称	生产线编号	主要生产单元名称	主要工艺名称[1]	生产设施名称[1]	生产设施编号[2]	设施参数[3]				其他设施信息	其他工艺信息
							参数名称	计量单位	设计值	其他设施参数信息		
1	肥皂制造生产线	1	印刷线	印刷工序	EMBA 印刷机	MF0044	处理能力	只/h	25000	/	/	/
					长声印刷机	MF0045	处理能力	只/h	13000	/	/	
					链铁印刷机	MF0046	处理能力	只/h	10000	/	/	
					新幸印刷机	MF0047	处理能力	只/h	20000	/	/	
			皂粒输送	风送	输送风机	MF0048	处理能力	m^3/h	1300	/	/	/
			皂粒干燥	干燥	干燥室	MF0049	处理能力	t/h	32	/	/	/
					干燥室	MF0050	处理能力	t/h	8	/	/	
					干燥室	MF0051	处理能力	t/h	2	/	/	
			皂粒成型	成型	切粒机	MF0052	处理能力	t/h	32	/	/	/
					切粒机	MF0053	处理能力	t/h	3	/	/	
					切粒机	MF0054	处理能力	t/h	6	/	/	
			皂成型	成型	切块机	MF0055	处理能力	t/h	50.40	/	/	/
					切块机	MF0056	处理能力	t/h	26.40	/	/	
			成品包装	包装	三维包装机	MF0057	处理能力	t/h	14.66	/	/	/
					枕式包装机	MF0058	处理能力	t/h	21.60	/	/	
					枕式包装机	MF0059	处理能力	t/h	16.80	/	/	
2	甘油（副产品）生产线	2	甜水提纯	酸处理	酸处理罐	MF0060	容积	m^3	25	/	/	/
					酸处理罐	MF0061	容积	m^3	25	/	/	
					酸处理罐	MF0062	容积	m^3	25	/	/	
					酸处理罐	MF0063	容积	m^3	25	/	/	
			甜水提纯	碱处理	碱处理罐	MF0064	容积	m^3	25	/	/	/
					碱处理罐	MF0065	容积	m^3	25	/	/	
					碱处理罐	MF0066	容积	m^3	25	/	/	
					碱处理罐	MF0067	容积	m^3	25	/	/	

续表

序号	生产线名称	生产线编号	主要生产单元名称	主要工艺名称①	生产设施名称①	生产设施编号②	设施参数③				其他设施信息	其他工艺信息
							参数名称	计量单位	设计值	其他设施参数信息		
2	甘油（副产品）生产线	2	甜水提纯	过滤	过滤机	MF0068	过滤面积	m^2	50	/	/	/
					过滤机	MF0069	过滤面积	m^2	50	/	/	
					过滤机	MF0070	过滤面积	m^2	50	/	/	
					过滤机	MF0071	过滤面积	m^2	50	/	/	
					过滤机	MF0072	过滤面积	m^2	50	/	/	
					过滤机	MF0073	过滤面积	m^2	50	/	/	
					过滤机	MF0074	过滤面积	m^2	50	/	/	
					过滤机	MF0075	过滤面积	m^2	50	/	/	
					过滤机	MF0076	过滤面积	m^2	50	/	/	
					过滤机	MF0077	过滤面积	m^2	50	/	/	
					过滤机	MF0078	过滤面积	m^2	50	/	/	
					过滤机	MF0079	过滤面积	m^2	50	/	/	
			甜水蒸发	甜水蒸发	蒸发器	MF0080	处理能力	t/d	200	/	/	/
					蒸发器	MF0081	处理能力	t/d	200	/	/	
			甘油蒸馏	粗甘油脱气	脱气器	MF0082	处理能力	t/h	70	/	/	/
				甘油蒸馏	蒸馏塔	MF0083	处理能力	t/h	70	/	/	/
3	高塔喷粉洗衣粉生产线	3	前配料	粉体原料计量及输送	物料输送	MF0084	处理能力	t/批	4.20	/	/	/
					物料输送	MF0085	处理能力	t/批	4.20	/	/	
			浆料制备	混合制浆	抽风机	MF0086	处理能力	m^3/h	5060	/	/	/
					老化罐	MF0087	容积	m^3	11	/	/	
					配料罐	MF0088	容积	m^3	8	/	/	
					配料罐	MF0089	容积	m^3	8	/	/	

续表

序号	生产线名称	生产线编号	主要生产单元名称	主要工艺名称[1]	生产设施名称[1]	生产设施编号[2]	设施参数[3]				其他设施信息	其他工艺信息
							参数名称	计量单位	设计值	其他设施参数信息		
3	高塔喷粉洗衣粉生产线	3	浆料制备	废水回用	废水回收泵	MF0090	处理能力	m^3/h	80	/	/	/
					废水收集池	MF0091	容积	m^3	1.21	/	/	
					废水收集池	MF0092	容积	m^3	2.90	/	/	
			喷粉工段	热风系统	热风装置	MF0093	发热量	kJ/h	9627	/	/	/
			喷粉工段	喷粉系统	沉降分离器	MF0094	处理能力	t/h	12	/	/	/
					喷粉塔	MF0095	处理能力	t/h	12	/	/	
					气提装置	MF0096	处理能力	m^3/h	41540	/	/	
					尾气风机	MF0097	处理能力	m^3/h	125000	/	/	
					振动筛	MF0098	处理能力	t/h	12	/	/	
			后配料	成品粉终混	后配混合器	MF0099	处理能力	t/h	13	/	/	/
					后配混合器	MF0100	处理能力	t/h	13	/	/	
			包装	成品贮存及包装	半自动包装机	MF0101	处理能力	t/h	6.72	/	/	/
					自动包装机	MF0102	处理能力	t/h	5.18	/	/	
4	公用单元	4	公用单元	污水处理	厂内综合污水处理站	MF0103	处理能力	m^3/d	3000	/	/	/
			公用单元	贮存	原料贮存场/设施	MF0104	贮存能力	m^3	120	/	/	/
					原料贮存场/设施	MF0105	贮存能力	m^3	200	/	/	
					原料贮存场/设施	MF0106	贮存能力	m^3	350	/	/	
					原料贮存场/设施	MF0107	贮存能力	m^3	450	/	/	

续表

序号	生产线名称	生产线编号	主要生产单元名称	主要工艺名称①	生产设施名称①	生产设施编号②	设施参数③				其他设施信息	其他工艺信息
							参数名称	计量单位	设计值	其他设施参数信息		
4	公用单元	4	公用单元	贮存	原料贮存场/设施	MF0108	贮存能力	m^3	800	/	/	/
					原料贮存场/设施	MF0109	贮存能力	m^3	1000	/	/	
					原料贮存场/设施	MF0110	贮存能力	m^3	1200	/	/	
					原料贮存场/设施	MF0111	贮存能力	m^3	2200	/	/	
					原料贮存场/设施	MF0112	贮存能力	m^3	3000	/	/	
					成品贮存场/设施	MF0113	面积	m^2	500	/	/	/
					成品贮存场/设施	MF0114	面积	m^2	8000	/	/	
					成品贮存场/设施	MF0115	面积	m^2	13608	/	/	
					成品贮存场/设施	MF0116	面积	m^2	1400	/	/	
					成品贮存场/设施	MF0117	面积	m^2	1600	/	/	
					成品贮存场/设施	MF0118	面积	m^2	1624	/	/	
					成品贮存场/设施	MF0119	面积	m^2	2500	/	/	
					成品贮存场/设施	MF0120	面积	m^2	2600	/	/	
					成品贮存场/设施	MF0121	面积	m^2	6200	/	/	
					成品贮存场/设施	MF0122	面积	m^2	6215	/	/	
					成品贮存场/设施	MF0123	面积	m^2	7700	/	/	

① 主要工艺名称及生产设施名称：指主要生产单元所采用的工艺名称及主要生产设施（设备）名称，参照 HJ 1104—2020 表 1～表 5 中相关内容进行填报，表中不涉及的可在申报系统选择“其他”项进行填报。

② 生产设施编号：主要生产设施（设备）均需逐一填报、逐一编号，不得合并填报。

③ 设施参数：指设施（设备）的设计规格参数，包括参数名称、计量单位、设计值。

（3）排污单位登记信息：主要原辅材料及燃料

主要原辅材料及燃料信息填报内容如表7-4所列。易错问题及其审核要点如下：

① 存在锅炉设备且执行《锅炉大气污染物排放标准》（GB 13271—2014）的排污单位，填报本表应选择行业“热力生产和供应（D443）”（对外供热）或“锅炉（TY01）”（自用）按照HJ 953进行填报；

② 核实原料、辅料是否填写除“其他信息”外的所有信息；

③ 需要填报生产所用原材料、工艺流程中添加的辅料以及污染防治过程添加的化学品等，核实是否填报废水处理相关辅料等；

④ 设计年使用量单位为t/a或m^3/a，部分企业未注意单位导致误填；

⑤ 燃料低位发热量未注意单位，导致误填；

⑥“其他信息”中未备注原辅料及燃料的相关信息。

表7-4 主要原辅材料及燃料信息表

序号	种类①	名称②	设计年使用量	计量单位	其他信息④
原料及辅料					
1	辅料	氯化钠	29175	t/a	/
2	辅料	螯合剂	6500	t/a	/
3	辅料	填充剂	162000	t/a	/
4	辅料	香精	4382	t/a	/
5	原料	表面活性剂	100054	t/a	/
6	原料	碱	159015	t/a	/
7	原料	软水剂	75600	t/a	/
8	原料	油脂	278155	t/a	/
9	原料	脂肪酸	25535	t/a	/

燃料③

序号	燃料名称	设计年使用量	计量单位	含水率/%	灰分/%	硫分/%	挥发分/%	低位发热量/(kJ/kg)	其他信息④
1	燃煤	50000	t	13.2	8.8	0.27	35.3	24686.24	高塔喷粉洗衣粉生产线

① 种类：指材料种类，选填“原料”或“辅料”。

② 名称：指原料、辅料名称。若使用的原辅材料不在系统列明的选项中，需在其他选项中自定义填报。

③ 燃料：固体燃料填写灰分、硫分、挥发分及热值（低位发热量），其中生物质燃料不填写挥发分、增加填写含水率，燃油和燃气仅要求填写硫分（液体燃料按硫分计，气体燃料按总硫计，总硫包含有机硫和无机硫）及热值（低位发热量），均按设计值或上一年生产实际值填写。固体燃料和液体燃料填报值以收到基为基准。

④ 设计表格中无法囊括的信息，可根据实际情况填写在“其他信息”列中。

（4）排污单位登记信息：产排污节点、污染物及污染治理设施

1）废气

废气产排污节点、污染物及污染治理设施信息填报如表7-5所列。易错问题及其审核要点：

表 7-5 废气产排污节点、污染物及污染治理设施信息表

序号	生产线名称及编号	主要生产单元	产污设施编号	产污设施名称①	对应产污环节名称②	污染物种类③	排放形式④	污染治理设施						有组织排放口名称	有组织排放口编号⑥	排放口设置是否符合要求⑦	排放口类型⑧	其他信息
								污染治理设施编号	污染治理设施名称⑤	污染治理设施工艺	设计处理效率/%	是否为可行技术	污染治理设施其他信息					
1	高塔喷粉洗衣粉生产线,3	喷粉工段	MF0098	振动筛	筛分	颗粒物	无组织	/	/	/	/	/	加强密闭	/	/	/	/	/
2	高塔喷粉洗衣粉生产线,3	喷粉工段	MF0096	气提装置	气提	颗粒物	有组织	TA001	除尘系统	袋式除尘	99	是	/	气提排口	DA001	是	一般排放口	/
3	高塔喷粉洗衣粉生产线,3	喷粉工段	MF0095	喷粉塔	浆料干燥	二氧化硫	有组织	TA002	工艺过程协调控制	工艺过程协调控制	90	是	/	喷粉塔排口	DA002	是	一般排放口	/
					浆料干燥	氮氧化物	有组织	TA003	脱硝系统	低氮燃烧技术	60	是	/	喷粉塔排口	DA002	是	一般排放口	/
					浆料干燥	颗粒物	有组织	TA004	除尘系统	旋风除尘	99	是	/	喷粉塔排口	DA002	是	一般排放口	/
4	高塔喷粉洗衣粉生产线,3	浆料制备	MF0088	配料罐	配料	颗粒物	有组织	TA005	除尘系统	喷淋除尘	80	是	/	配料罐排口	DA003	是	一般排放口	/
5	高塔喷粉洗衣粉生产线,3	浆料制备	MF0089	配料罐	配料	颗粒物	有组织	TA005	除尘系统	喷淋除尘	80	是		配料罐排口	DA003	是	一般排放口	/
6	高塔喷粉洗衣粉生产线,3	包装	MF0101	半自动包装机	成品包装	颗粒物	无组织	/	/	/	/	/	加强密闭	/	/	/	/	/
7	高塔喷粉洗衣粉生产线,3	包装	MF0102	自动包装机	成品包装	颗粒物	无组织	/	/	/	/	/	加强密闭	/	/	/	/	/

续表

序号	生产线名称及编号	主要生产单元	产污设施编号	产污设施名称①	对应产污环节名称②	污染物种类③	排放形式④	污染治理设施						有组织排放口名称	有组织排放口编号⑥	排放口设置是否符合要求⑦	排放口类型⑧	其他信息
								污染治理设施编号	污染治理设施名称⑤	污染治理设施工艺	设计处理效率/%	是否为可行技术	污染治理设施其他信息					
8	肥皂制造生产线,1	皂粒干燥	MF0050	干燥室	干燥	颗粒物	无组织	/	/	/	/	/	经收集系统通入热井	/	/	/	/	/
9	肥皂制造生产线,1	皂粒干燥	MF0049	干燥室	干燥	颗粒物	无组织	/	/	/	/	/	经收集系统通入热井	/	/	/	/	/
10	肥皂制造生产线,1	皂粒干燥	MF0051	干燥室	干燥	颗粒物	无组织	/	/	/	/	/	经收集系统通入热井	/	/	/	/	/
11	公用单元,4	公用单元	MF0103	厂内综合污水处理站	污水处理、污泥堆放和处理	臭气浓度	有组织	TA006	喷淋＋光催化＋喷淋	喷淋＋光催化＋喷淋	80	是	/	污水处理站废气排口	DA004	是	一般排放口	/
12	肥皂制造生产线,1	皂粒输送	MF0048	输送风机	风送	颗粒物	有组织	TA007	除尘系统	袋式除尘	99	是	/	输送风机排口	DA005	是	一般排放口	/

① 指主要产污设施。

② 指生产设施对应的主要产污环节名称。

③ 指产生的主要污染物类型，以相应排放标准中确定的污染因子为准。

④ 指有组织排放或无组织排放。日用化学产品制造工业排污单位有组织排放源和污染物项目按 HJ 1104—2020 中表 7 执行。

⑤ 污染治理设施名称按 HJ 1104—2020 中表 7 执行。

⑥ 排放口编号可按照地方生态环境主管部门现有编号进行填写或者由排污单位自行编制。若无相关编号可按照《排污单位编码规则》（HJ 608—2017）中的排放口编码规则由排污单位自行编制，如 DA001 等。

⑦ 指排放口设置是否符合排污口规范化整治技术要求等相关文件的规定。

⑧ 排放口类型：日用化学产品制造工业排污单位废气排放口全部为一般排放口。

表 7-6 废水类别、污染物及污染治理设施信息表

序号	废水类别[1]	污染物种类[1]	污染治理设施[1]						排放去向[2]	排放方式[1]	排放规律[3]	排放口编号[4]	排放口名称	排放口设置是否符合要求[5]	排放口类型[6]	其他信息
			污染治理设施编号	污染治理设施名称	污染治理设施工艺	设计处理水量/(t/h)	是否为可行技术	污染治理设施其他信息								
1	厂内综合污水处理站的综合污水废水(生产废水、生活污水等)	化学需氧量、氨氮(NH_3-N)、悬浮物、五日生化需氧量、pH值、阴离子表面活性剂、动植物油、总磷(以P计)	TW001	污水处理站	预处理：粗(细)格栅、混凝沉淀、气浮； 生化法处理：改进的活性污泥法； 除磷处理：生物除磷； 表面活性剂处理：絮凝、气浮、二级生化； 深度处理：曝气生物滤池(BAF)	125	是	/	直接进入江河、湖、库等水环境	直接排放	连续排放，流量稳定	DW001	废水排放口	是	主要排放口-总排口	/

① 日用化学产品制造工业排污单位排放废水类别、污染物种类、排放方式及污染治理设施填报内容见 HJ 1104—2020 中表 6。其中，污染控制项目依据 GB 8978 确定。地方有更严格排放标准要求的，从其规定。

② 排放去向分为不外排；直接进入江河、湖、库等水环境；直接进入海域；进入城市下水道（再入江河、湖、库）；进入城市下水道（再入沿海海域）；进入城镇污水集中处理设施；进入其他单位；进入工业废水集中处理设施；其他。当废水直接或间接进入环境水体时填写排放规律，不外排时不用填写。

③ 排放规律包括连续排放，流量稳定；连续排放，流量不稳定，但有周期性规律；连续排放，流量不稳定，但有规律，且不属于周期性规律；连续排放，流量不稳定，属于冲击型排放；连续排放，流量不稳定且无规律，但不属于冲击型排放；间断排放，排放期间流量稳定；间断排放，排放期间流量不稳定，但有周期性规律；间断排放，排放期间流量不稳定，但有规律，且不属于非周期性规律；间断排放，排放期间流量不稳定，属于冲击型排放；间断排放，排放期间流量不稳定且无规律，但不属于冲击型排放。

④ 污染治理设施编号可填写日用化学产品制造工业排污单位内部编号，或根据 HJ 608—2017 进行编号并填报。废水排放口编号填写地方生态环境主管部门现有编号。若无，可填写排污单位内部编号或根据 HJ 608—2017 进行编号并填报。雨水排放口编号可填写排污单位内部编号，或采用“YS+三位流水号数字”（如 YS001）进行编号并填报。

⑤ 根据《排污口规范化整治技术要求（试行）》、地方相关管理要求，以及日用化学产品制造工业排污单位执行的排放标准中有关排放口规范化设置的规定，填报废水排放口设置是否符合规范化要求。

⑥ 实行重点管理的日用化学产品制造工业排污单位废水总排放口（综合污水处理站排放口）为主要排放口，其他废水排放口均为一般排放口。实行简化管理的日用化学产品制造工业排污单位所有废水排放口均为一般排放口。单独排向公共污水处理系统的生活污水仅需说明排放去向。

① 核实产排污环节、污染物种类是否填报完整，参照 HJ 1104—2020 中表7并结合企业实际包含的生产单元，识别废气产排污环节、污染物种类和排放形式；

② 生产设施对应的污染因子选填有误，“颗粒物”选择了“粉尘、烟尘、总悬浮颗粒物”；

③ 若污染因子的治理设施不同，需分别添加，对不同治理设施进行编号；

④ 核实是否根据规范要求备注污染治理设施其他信息；

⑤ 有组织和无组织分辨不清，主要排放口和一般排放口分辨不清，核实是否填报有组织废气，核实排放口类型是否与规范一致，日用化学产品制造工业排污单位（不含锅炉）废气排放口均为一般排放口；

⑥ 未采用可行技术却选择“是”，参照 HJ 1104—2020 中附录 A 表 A2 判定污染治理工艺是否为可行技术；

⑦ 未注意有组织排放口编号规则与生产设施和污染治理设施编号规则的差异，随意编号。可填写企业内部编号，或根据《排污单位编码规则》（HJ 608—2017）进行编号并填报。

2）废水

废水类别、污染物及污染治理设施信息填报如表 7-6 所列。易错问题及其审核要点如下：

① 废水类别填报不全，核实废水类别及对应污染物种类是否填报完整；

② 污染物种类选填不全；

③ 主要排放口和一般排放口分辨不清，核实排放口类型是否与规范一致，该企业为重点管理类别，废水总排放口为主要排放口；

④ 未采用可行技术却选择“是”，参照 HJ 1104—2020 中附录 A 表 A1 判定污染治理工艺是否为可行技术；

⑤ 未注意废水排放口编号规则与生产设施和污染治理设施编号规则的差异，随意编号；

⑥ 核实是否根据规范要求备注污染治理设施其他信息。

（5）大气污染物排放：排放口

大气污染物排放口基本情况填报内容如表 7-7 所列。

表 7-7 大气污染物排放口基本情况表

序号	排放口编号	排放口名称	污染物种类	排放口地理坐标[①]		排气筒高度/m	排气筒出口内径[②]/m	排气温度/℃	其他信息
				经度	纬度				
1	DA001	气提排口	颗粒物	119°**′**″	28°**′**″	43	0.9	常温	/
2	DA002	喷粉塔排口	氮氧化物、颗粒物、二氧化硫	119°**′**″	28°**′**″	43	/	110	方形排口，边长为1.2m×1.2m
3	DA003	配料罐排口	颗粒物	119°**′**″	28°**′**″	24	0.2	常温	形状不规则排气筒

续表

序号	排放口编号	排放口名称	污染物种类	排放口地理坐标[①]		排气筒高度/m	排气筒出口内径[②]/m	排气温度/℃	其他信息
				经度	纬度				
4	DA004	污水处理站废气排口	臭气浓度	119°* *′* *″	28°* *′* *″	15	1	常温	/
5	DA005	输送风机排口	颗粒物	119°* *′* *″	28°* *′* *″	20	1	常温	/

① 排放口地理坐标：指排气筒所在地经纬度坐标，可通过点击“选择”按钮在GIS地图中点选后自动生成。具体操作可参照排污单位基本信息中生产经营场所中心经纬度的填写。

② 排气筒出口内径：对于形状不规则的排气筒，填写等效内径。

注：若有本表格无法囊括的信息，可根据实际情况填写在“其他信息”列中。

易错问题及其审核要点如下：

① 有组织排放口地理坐标填报有误差，需核实；

② 核实排气筒高度和内径的单位及数值是否存在错误；

③ 核实排气筒的高度是否满足标准要求。

废气污染物排放执行标准情况填报如表7-8所列。

表7-8 废气污染物排放执行标准表

序号	排放口编号	排放口名称	污染物种类	国家或地方污染物排放标准[①]			环境影响评价批复要求[②]（标准状态）/(mg/m^3)	承诺更加严格排放限值[③]（标准状态）/(mg/m^3)	其他信息
				名称	浓度限值（标准状态）/(mg/m^3)	速率限值/(kg/h)			
1	DA001	气提排口	颗粒物	《大气污染物综合排放标准》(GB 16297—1996)	120	45.3	120	/	/
2	DA002	喷粉塔排口	氮氧化物	《大气污染物综合排放标准》(GB 16297—1996)	240	8.85	240	/	/
3	DA002	喷粉塔排口	颗粒物	《大气污染物综合排放标准》(GB 16297—1996)	120	45.3	120	/	/
4	DA002	喷粉塔排口	二氧化硫	《大气污染物综合排放标准》(GB 16297—1996)	550	29.2	550	/	/
5	DA003	配料罐排口	颗粒物	《大气污染物综合排放标准》(GB 16297—1996)	120	12.4	120	/	/
6	DA004	污水处理站废气排口	臭气浓度	《恶臭污染物排放标准》(GB 14554—93)	2000（无量纲）	/	2000（无量纲）	/（无量纲）	/
7	DA005	输送风机排口	颗粒物	《大气污染物综合排放标准》(GB 16297—1996)	120	5.9	120	/	/

① 国家或地方污染物排放标准：指对应排放口需执行的国家或地方污染物排放标准的名称、编号及浓度限值。

② 环境影响评价批复要求：新增污染物必填。

③ 排污单位可以承诺比所执行排放标准更加严格的排放限值。

易错问题及其审核要点如下：

① 审核国家或地方污染物排放标准是否选择正确；

② 审核标准中控制的污染因子是否填全；

③ 污染物排放执行的标准浓度（速率）限值易填写错误，审核时应注意企业填报

表 7-9　大气污染物有组织排放表

序号	排放口编号	排放口名称	污染物种类	申请许可排放浓度限值（标准状态）/(mg/m^3)	申请许可排放速率限值/(kg/h)	申请年许可排放量限值/(t/a)					申请特殊排放浓度限值	申请特殊时段许可排放量限值
						第一年	第二年	第三年	第四年	第五年		
主要排放口												
主要排放口合计			颗粒物			/	/	/	/	/	/	/
			SO_2			/	/	/	/	/	/	/
			NO_x			/	/	/	/	/	/	/
			VOCs			/	/	/	/	/	/	/
一般排放口												
1	DA001	气提排口	颗粒物	120	45.3	/	/	/	/	/	/	/
2	DA002	喷粉塔排口	氮氧化物	240	8.85	/	/	/	/	/	/	/
3	DA002	喷粉塔排口	颗粒物	120	45.3	/	/	/	/	/	/	/
4	DA002	喷粉塔排口	二氧化硫	550	29.2	/	/	/	/	/	/	/
5	DA003	配料罐排口	颗粒物	120	12.4	/	/	/	/	/	/	/
6	DA004	污水处理站废气排口	臭气浓度	2000(无量纲)	/	/	/	/	/	/	/	/
7	DA005	输送风机排口	颗粒物	120	5.9	/	/	/	/	/	/	/
一般排放口合计			颗粒物			/	/	/	/	/	/	/
			SO_2			/	/	/	/	/	/	/
			NO_x			/	/	/	/	/	/	/
			VOCs			/	/	/	/	/	/	/
全厂有组织排放总计												
全厂有组织排放总计			颗粒物			/	/	/	/	/	/	/
			SO_2			/	/	/	/	/	/	/
			NO_x			/	/	/	/	/	/	/
			VOCs			/	/	/	/	/	/	/

注：1. 申请特殊时段许可排放量限值：指地方政府制定的环境质量限期达标规划、重污染天气应对措施中对排污单位有更加严格的排放控制要求，无要求填“/”。

2. 默认的许可排放浓度和排放速率限值为排放标准中的限值。

3. 废气排放口分为主要排放口和一般排放口。日用化学产品制造工业的废气排放口均为一般排放口，不许可排放量。

4. 2015年1月1日（含）后取得环评批复的排污单位，均应结合环评批复从严取值。

5. 全厂有组织排放总计：指的是主要排放口与一般排放口数据之和，系统将自动进行加和。

表 7-10　大气污染物无组织排放表

序号	生产设施编号/无组织排放编号	产污环节[1]	污染物种类	主要污染防治措施[2]	国家或地方污染物排放标准		其他信息	年许可排放量限值/(t/a)					申请特殊时段许可排放量限值
					名称	浓度限值(标准状态)/(mg/m³)		第一年	第二年	第三年	第四年	第五年	
1	MF0102	成品包装	颗粒物	/	《大气污染物综合排放标准》(GB 16297—1996)	1.0	/	/	/	/	/	/	/
2	MF0101	成品包装	颗粒物	/	《大气污染物综合排放标准》(GB 16297—1996)	1.0	/	/	/	/	/	/	/
3	MF0050	干燥	颗粒物	/	《大气污染物综合排放标准》(GB 16297—1996)	1.0	/	/	/	/	/	/	/
4	MF0051	干燥	颗粒物	/	《大气污染物综合排放标准》(GB 16297—1996)	1.0	/	/	/	/	/	/	/
5	MF0049	干燥	颗粒物	/	《大气污染物综合排放标准》(GB 16297—1996)	1.0	/	/	/	/	/	/	/
6	厂界	/	臭气浓度	加强密闭	《恶臭污染物排放标准》(GB 14554—93)	20(无量纲)	/	/	/	/	/	/	/
7	厂界	/	颗粒物	加强密闭	《大气污染物综合排放标准》(GB 16297—1996)	1.0	/	/	/	/	/	/	/
全厂无组织排放总计													
全厂无组织排放总计			颗粒物					/	/	/	/	/	/
			SO_2					/	/	/	/	/	/
			NO_x					/	/	/	/	/	/
			VOCs					/	/	/	/	/	/

① 产污环节主要可以分为设备与管线组件泄漏、储罐泄漏、装卸泄漏、废水集输储存处理泄漏、原辅材料堆存及转运泄漏、循环水系统泄漏等环节。

② 臭气主要污染防治措施包括集水池、调节池、厌氧处理设施（无沼气利用）、兼氧处理设施等产生臭气区域加罩或加盖；投放除臭剂；采用引风机将臭气引至除臭装置（喷淋塔除臭、活性炭吸附、生物除臭、低温等离子、光催化、光氧化等）处理后排放等。

标准对应浓度限值是否正确，是否需要执行特别排放限值；

④ 审核时要注意是否填写环境影响评价批复要求（数值+单位），环境影响评价批复对有组织污染物排放浓度有要求的企业，未进行对应填报；有的只填报数值，未标明单位。

（6）大气污染物排放：有组织排放信息

大气污染物有组织排放填报内容如表7-9所列。易错问题及其审核要点：日用化学产品制造工业所有大气有组织排放口均为一般排放口（不含锅炉、工业炉窑等），许可污染物排放浓度（速率），不要求许可污染物排放量。

（7）大气污染物排放：无组织排放信息

大气污染物无组织排放填报内容如表7-10所列。易错问题及其审核要点：

① 无组织产污环节及对应的防治措施填报不全，审核无组织产污环节及对应污染物是否填全，防治措施是否填写明确；

② 核查无组织污染物排放对应的排放标准及浓度限值是否正确；

③ 无组织排放“其他信息”中未说明是否符合无组织排放控制要求，或是否符合无组织排放控制要求判断错误；

④ 未列出环评批复浓度限值及许可浓度限值，或者浓度限值未标明单位。

（8）大气污染物排放：企业大气排放总许可量

企业大气污染物排放总许可量填报内容如表7-11所列。

表7-11 企业大气污染物排放总许可量

序号	污染物种类	全厂有组织排放总计①/(t/a)					全厂无组织排放总计②/(t/a)					全厂合计③/(t/a)				
		第一年	第二年	第三年	第四年	第五年	第一年	第二年	第三年	第四年	第五年	第一年	第二年	第三年	第四年	第五年
1	颗粒物	/	/	/	/	/										
2	SO_2	/	/	/	/	/										
3	NO_x	/	/	/	/	/										
4	VOCs	/	/	/	/	/										

① 日用化学产品制造工业排污单位有组织废气排放口均为一般排放口，不许可排放量。

② 日用化学产品制造工业排污单位无组织废气排放不许可排放量。

③“全厂合计”指的是，“全厂有组织排放总计”与“全厂无组织排放总计”之和、全厂总量控制指标两者取严，平台填报系统自动计算“全厂有组织排放总计”与“全厂无组织排放总计”之和，排污单位需根据全厂总量控制指标数据对“全厂合计”值进行核对与修改。

易错问题及其审核要点如下：

① 日用化学产品制造工业排污单位的有组织废气排放口均为一般排放口，不许可排放量，无组织排放也不许可排放量；

② 此表数据为系统自动生成，审核是否正确。

（9）水污染物排放：排放口

该企业废水排放去向为直接进入江河、湖、库等水环境，需填报废水直接排放口基本情况，填报内容如表7-12所列。

表 7-12 废水直接排放口基本情况表

序号	排放口编号	排放口名称	排放口地理坐标①		排放去向	排放规律	间歇排放时段	受纳自然水体信息		汇入受纳自然水体处地理坐标④		其他信息⑤
			经度	纬度				名称②	受纳水体功能目标③	经度	纬度	
1	DW001	废水排放口	119°**′**″	28°**′**″	直接进入江河、湖、库等水环境	连续排放，流量稳定	/	瓯江	Ⅲ类	119°**′**″	28°**′**″	/

① 排放口地理坐标：对于直接排放至地表水体的排放口，指废水排出厂界处经纬度坐标；纳入管控的车间或车间处理设施排放口，指废水排出车间或车间处理设施边界处经纬度坐标；可通过点击“选择”按钮在 GIS 地图中点选后自动生成。

② 受纳自然水体名称：指受纳水体的名称如南沙河、太子河、温榆河等。

③ 受纳自然水体功能目标：指对于直接排放至地表水体的排放口，其所处受纳水体功能类别，如Ⅲ类、Ⅳ类、Ⅴ类等。

④ 汇入受纳自然水体处地理坐标：对于直接排放至地表水体的排放口，指废水汇入地表水体处经纬度坐标；可通过点击“选择”按钮在 GIS 地图中点选后自动生成。

⑤ 废水向海洋排放的，应当填写岸边排放或深海排放。深海排放的，还应说明排污口的深度、与岸线直线距离。在“其他信息”列中填写。若有本表格中无法囊括的信息，可根据实际情况填写在“其他信息”列中。

表 7-13 入河排污口信息表

序号	排放口编号	排放口名称	入河排污口			其他信息
			名称	编号	批复文号	
1	1	污水处理排口	****集团有限公司入河排污口	******A01	**环排口函(2021)*号	/

表 7-14 雨水排放口基本情况表

序号	排放口编号	排放口名称	排放口地理坐标①		排放去向	排放规律	间歇排放时段	受纳自然水体信息		汇入受纳自然水体处地理坐标④		其他信息⑤
			经度	纬度				名称②	受纳水体功能目标③	经度	纬度	
1	YS001	雨水排放口	119°**′**″	28°**′**″	直接进入江河、湖、库等水环境	间断排放，排放期间流量不稳定且无规律，但不属于冲击型排放	下雨形成地表径流时	瓯江	Ⅲ类	119°**′**″	28°**′**″	/

注：表中①～⑤同表 7-12。

表 7-15 废水间接排放口基本情况表

序号	排放口编号	排放口名称	排放口地理坐标[①]		排放去向	排放规律	间歇排放时段	受纳污水处理厂信息			
			经度	纬度				名称[②]	污染物种类	排水协议规定的浓度限值[③]	国家或地方污染物排放标准浓度限值[④]
/	/	/	/	/	/	/	/	/	/	/	/

① 排放口地理坐标：对于排至厂外城镇或工业污水集中处理设施的排放口，指废水排出厂界处经纬度坐标；对纳入管控的车间或者生产设施排放口，指废水排出车间或者生产设施边界处经纬度坐标。可通过点击“选择”按钮在 GIS 地图中点选后自动生成。

② 受纳污水处理厂名称：指厂外城镇或工业污水集中处理设施名称，如酒仙桥污水处理厂、宏兴污水处理厂等。

③ 排水协议规定的浓度限值：指排污单位与受纳污水处理厂等协商的污染物排放浓度限值要求。属于选填项，没有可以填写“/”。

④ 点击受纳污水处理厂名称后的“增加”按钮，可设置污水处理厂排放的污染物种类及其浓度限值。

表 7-16 废水污染物排放执行标准表

序号	排放口编号	排放口名称	污染物种类	国家或地方污染物排放标准[①]		排水协议规定的浓度限值(如有)[②]/(mg/L)	环境影响评价批复要求/(mg/L)	承诺更加严格排放限值/(mg/L)	其他信息
				名称	浓度限值/(mg/L)				
1	DW001	废水排放口	化学需氧量	《污水综合排放标准》(GB 8978—1996)	100	/	100	/	/
2	DW001	废水排放口	氨氮(NH_3-N)	《污水综合排放标准》(GB 8978—1996)	15	/	15	/	/
3	DW001	废水排放口	悬浮物	《污水综合排放标准》(GB 8978—1996)	70	/	70	/	/
4	DW001	废水排放口	五日生化需氧量	《污水综合排放标准》(GB 8978—1996)	30	/	30	/	/
5	DW001	废水排放口	pH 值	《污水综合排放标准》(GB 8978—1996)	6～9(无量纲)	/(无量纲)	6～9(无量纲)	/(无量纲)	/
6	DW001	废水排放口	阴离子表面活性剂	《污水综合排放标准》(GB 8978—1996)	5	/	5	/	/
7	DW001	废水排放口	动植物油	《污水综合排放标准》(GB 8978—1996)	20	/	20	/	/
8	DW001	废水排放口	总磷(以 P 计)	《污水综合排放标准》(GB 8978—1996)	0.5	/	0.5	/	/

① 国家或地方污染物排放标准：指对应排放口须执行的国家或地方污染物排放标准的名称及浓度限值。根据 HJ 1104—2020 要求，日用化学产品制造工业排污单位水污染物许可排放浓度限值按照行业标准或综合排放标准确定，地方有更严格排放标准要求的，按照地方排放标准从严确定。

② 排水协议规定的浓度限值：指排污单位与受纳污水处理厂等协商的污染物排放浓度限值要求。属于选填项，没有可以填写“/”。

易错问题及其审核要点如下：

① 废水间接排放的企业无需填报此表；

② 对于废水总排放口，审核排放口编号、排放口地理坐标、排放去向、排放规律、间歇排放时段等信息是否完整正确。

③ 对于受纳自然水体，审核受纳自然水体的名称、水体功能目标、汇入受纳自然水体处地理坐标等信息是否完整正确。

该企业废水排放去向为直接进入江河、湖、库等水环境，需填报对应入河排污口信息表，填报内容如表7-13所列。易错问题及其审核要点：

① 废水间接排放的企业无需填报此表；

② 审核废水排放口编号和名称，以及入河排污口的名称、编号、批复文号等信息是否完整正确；

③ 对于确无入河排污口名称、编号或批复文号的，相应内容填报“/”，并注意其入河排污口设置的规范性。

雨水排放口基本情况填报内容如表7-14所列。易错问题及其审核要点：

① 审核雨水排放口编号、排放口名称、排放口地理坐标、排放去向、排放规律、间歇排放时段是否填报完整，排放规律可填报“间断排放，排放期间流量不稳定且无规律，但不属于冲击型排放”，间歇排放时段可填报“下雨形成地表径流时”；

② 审核雨水排放受纳自然水体的名称、水体功能目标、汇入受纳自然水体处地理坐标等信息是否完整正确。

废水间接排放口基本情况如表7-15所列。易错问题及其审核要点如下：

① 废水直接排放的，无需填报表7-15；

② 审核间接排放口编号、排放口地理坐标、排放去向、排放规律是否填报完整；

③ 间接排放口受纳污水处理厂信息污染物填报不全，若排入厂外污水处理厂，审核污染物受纳污水处理厂接收污染物种类填报是否完整，排放浓度限值填写是否正确；

④ 如排污单位与受纳污水处理厂有协商的污染物排放浓度限值，应按照要求填报；

⑤ 如该企业所在地区制定了地方污染物排放标准，污水处理厂水污染物排放浓度限值执行地方污染物排放标准；

⑥ 审核废水排放口地理坐标填报是否正确。

废水污染物排放执行标准填报内容如表7-16所列。易错问题及其审核要点如下：

① 审核废水污染物排放标准及浓度限值是否正确；

② 环评批复中有其他要求的，审核其他信息中是否准确填写环评批复要求（数值+单位）。

（10）水污染物排放：申请排放信息

废水污染物申请排放信息包括申请排放浓度限值及申请年排放量限值，填报内容见表7-17。

表 7-17　废水污染物申请排放表

序号	排放口编号	排放口名称	污染物种类	申请排放浓度限值/(mg/L)	申请年排放量限值/(t/a)					申请特殊时段排放量限值
					第一年	第二年	第三年	第四年	第五年	
主要排放口										
1	DW001	废水排放口	化学需氧量	100	33	33	33	33	33	/
2	DW001	废水排放口	氨氮(NH_3-N)	15	5	5	5	5	5	/
3	DW001	废水排放口	悬浮物	70	/	/	/	/	/	/
4	DW001	废水排放口	五日生化需氧量	20	/	/	/	/	/	/
5	DW001	废水排放口	pH 值	6～9	/	/	/	/	/	/
6	DW001	废水排放口	阴离子表面活性剂	5	/	/	/	/	/	/
7	DW001	废水排放口	动植物油	10	/	/	/	/	/	/
8	DW001	废水排放口	总磷(以 P 计)	0.5	/	/	/	/	/	/
主要排放口合计			COD_{Cr}		33	33	33	33	33	/
			氨氮		5	5	5	5	5	/
一般排放口										
一般排放口合计			COD_{Cr}		/	/	/	/	/	/
			氨氮		/	/	/	/	/	/
全厂排放口										
全厂排放口总计			COD_{Cr}		33	33	33	33	33	/
			氨氮		5	5	5	5	5	/

注：1. 申请排放信息：包括主要排放口、一般排放口、设施或车间废水排放口、全厂排放口总计、申请年排放量限值计算过程（包括方法、公式、参数选取过程，以及计算结果的描述等内容）。

2. 日用化学产品制造工业排污单位单独排入公共污水处理系统的生活污水仅说明排放去向。

易错问题及其审核要点如下：

① 该企业为重点管理类别，废水主要排放口许可排放浓度和排放量，如为简化管理类别，废水一般排放口仅许可排放浓度；

② 许可浓度限值与污染物排放标准规定不一致，审核废水污染物种类及排放浓度限值是否完整准确；

③ 实行重点管理的排污单位，主要排放口申请年许可排放量限值直接填写总量控制指标，或规范推荐方法计算的结果，未按照要求进行取严；

④ 申请年许可排放量限值计算过程：未说清相关参数选取依据，未对比取严。

(11) 噪声排放信息

噪声排放信息填报内容见表 7-18。

表 7-18　噪声排放信息

噪声类别	生产时段		执行排放标准名称	厂界噪声排放限值		备注
	昼间	夜间		昼间(A)/dB	夜间(A)/dB	
稳态噪声	6:00～22:00	22:00～6:00	《工业企业厂界环境噪声排放标准》(GB 12348—2008)	60	50	/
频发噪声	否	是	《工业企业厂界环境噪声排放标准》(GB 12348—2008)	/	60	/
偶发噪声	否	是	《工业企业厂界环境噪声排放标准》(GB 12348—2008)	/	65	/

易错问题及其审核要点：

HJ 1104—2020 未规定噪声许可内容，原则上暂不需填报。可根据地方生态环境部门的要求，确定是否填报。

(12) 固体废物管理信息

固体废物管理信息填报内容见表 7-19。易错问题及其审核要点：

① 审核固体废物填报的是否全面，类别是否填写正确；

② 审核固体废物去向是否填写准确（尤其是危险废物）；

③ HJ 1104—2020 中未规定固体废物的具体许可内容，按照《排污许可证申请与核发技术规范　工业固体废物（试行）》(HJ 1200—2021) 填报。

(13) 环境管理要求：自行监测要求

自行监测及记录信息填报内容见表 7-20。易错问题及其审核要点：

① 监测内容应填报监测污染物浓度所需要监测的各类参数，而非污染物名称。检查“监测内容”是否填报准确，一般废气排放口的监测内容为“烟气流速、烟气温度、烟气压力、烟气含湿量、烟道截面积”，厂界无组织监测内容选择“风向、风速”，废水污染物监测内容为“流量”；

② 污染物名称、监测设施、手工监测频次是否符合规范中要求，监测频次应不低于 HJ 1104—2020 中表 8～表 10 的要求；

③ 重点管理单位废水主要排放口需要自动监测的有流量、pH 值、化学需氧量、氨氮；

④ 采取自动监测的，未填写自动监测仪器故障期间手工监测信息，审核采用自动监测的排污单位是否填报所有信息（自动监测＋故障期间手工监测），以及填报内容是否准确；

⑤ 手工监测采样方法及个数填报错误，核实手工测定方法是否来自 GB 8978—1996 等相关标准规范；

⑥ 未填写厂界无组织监测信息。

(14) 环境管理要求：环境管理台账记录要求

环境管理台账记录要求填报内容见表 7-21。

表 7-19　固体废物管理信息

固体废物基础信息表

序号	固体废物类别	固体废物名称	代码[①]	危险特性[②]	类别[③]	物理性状	产生环节	去向	备注
1	一般工业固体废物	污水站脱水污泥	SW07	/	第Ⅰ类工业固体废物	半固态(泥态废物,SS)	公用单元 4	委托处置	/
2	一般工业固体废物	甘油残渣	SW59	/	第Ⅰ类工业固体废物	液态(高浓度液态废物,L)	甘油(副产品)生产线 2	委托利用	/
3	一般工业固体废物	甜水净化废渣	SW59	/	第Ⅰ类工业固体废物	液态(高浓度液态废物,L)	甘油(副产品)生产线 2	委托利用	/
4	一般工业固体废物	粗甘油蒸馏废渣	SW59	/	第Ⅰ类工业固体废物	液态(高浓度液态废物,L)	甘油(副产品)生产线 2	委托利用	/
5	一般工业固体废物	炉渣	SW03	/	第Ⅱ类工业固体废物	固态(固体废物,S)	高塔喷粉洗衣粉生产线 3	委托利用	/
6	危险废物	废矿物油	HW08 900-214-08	T/I	/	液态(高浓度液态废物,L)	肥皂制造生产线 1，甘油(副产品)生产线 2，高塔喷粉洗衣粉生产线 3	委托处置	设备检修时

自行贮存和自行利用/处置设施信息表

序号	固体废物类别	设施名称	设施编号	设施类型	位置		污染防控技术要求
					经度	纬度	
1	/	/	/	/	/	/	/
2							

① 代码：根据《一般工业固体废物管理台账制定指南（试行）》（生态环境部公告 2021 年 第 82 号）附表 8 选择对应代码，平台根据填报内容自动选择。

② 危险特性：仅针对危险废物，根据《国家危险废物名录》选择对应危险特性，平台根据填报内容自动选择。

③ 类别：区别于“固体废物类别”，对于一般工业固体废物，依据 GB 18599—2020 结合实际情况选择“第Ⅰ类工业固体废物”或“第Ⅱ类工业固体废物”。

表 7-20 自行监测及记录信息表

序号	污染源类别/监测类别	排放口编号/监测点位	排放口名称/监测点位名称	监测内容①	污染物名称	监测设施	自动监测是否联网	自动监测仪器名称	自动监测设施安装位置	自动监测设施是否符合安装、运行、维护等管理要求	手工监测采样方法及个数②	手工监测频次③	手工测定方法④	其他信息
1	废气	DA001	气提排口	烟气流速、烟气温度、烟气压力、烟气含湿量、烟道截面积	颗粒物	手工	/	/	/	/	非连续采样，至少3个	1次/半年	《固定污染源排气中颗粒物测定与气态污染物采样方法》（GB/T 16157—1996）	/
2	废气	DA002	喷粉塔排口	烟气流速、烟气温度、烟气压力、烟气含湿量、烟道截面积	颗粒物	手工	/	/	/	/	非连续采样，至少3个	1次/年	《环境空气 总悬浮颗粒物的测定 重量法》（GB/T 15432—1995）	/
3	废气	DA002	喷粉塔排口	烟气流速、烟气温度、烟气压力、烟气含湿量、烟道截面积	氮氧化物	手工	/	/	/	/	非连续采样，至少3个	1次/季	《固定污染源废气 氮氧化物的测定 定电位电解法》（HJ 693—2014）	/
4	废气	DA002	喷粉塔排口	烟气流速、烟气温度、烟气压力、烟气含湿量、烟道截面积	二氧化硫	手工	/	/	/	/	非连续采样，至少3个	1次/季	《固定污染源废气 二氧化硫的测定 定电位电解法》（HJ 57—2017）	/
5	废气	DA003	配料罐排口	烟气流速、烟气温度、烟气压力、烟气含湿量、烟道截面积	颗粒物	手工	/	/	/	/	非连续采样，至少3个	1次/年	《固定污染源排气中颗粒物测定与气态污染物采样方法》（GB/T 16157—1996）	/

续表

序号	污染源类别/监测类别	排放口编号/监测点位	排放口名称/监测点位名称	监测内容[①]	污染物名称	监测设施	自动监测是否联网	自动监测仪器名称	自动监测设施安装位置	自动监测设施是否符合安装、运行、维护等管理要求	手工监测采样方法及个数[②]	手工监测频次[③]	手工测定方法[④]	其他信息
6	废气	DA004	污水处理站废气排口	烟气流速、烟气温度、烟气压力、烟气含湿量、烟道截面积	臭气浓度	手工	/	/	/	/	非连续采样，至少3个	1次/年	《空气质量 恶臭的测定 三点比较式臭袋法》(GB/T 14675—1993)	/
7	废气	DA005	输送风机排口	烟气流速、烟气温度、烟气压力、烟气含湿量、烟道截面积	颗粒物	手工	/	/	/	/	非连续采样，至少3个	1次/年	《固定污染源排气中颗粒物测定与气态污染物采样方法》(GB/T 16157—1996)	/
8	废气	厂界	/	风向、风速	颗粒物	手工	/	/	/	/	非连续采样，至少3个	1次/半年	《环境空气 总悬浮颗粒物的测定 重量法》(GB/T 15432—1995)	/
9	废气	厂界	/	风向、风速	臭气浓度	手工	/	/	/	/	非连续采样，至少3个	1次/半年	《空气质量 恶臭的测定 三点比较式臭袋法》(GB/T 14675—1993)	/
10	废水	DW001	废水排放口	流量	pH值	自动	是	* * * pH计	在线房门口	是	瞬时采样，至少3个瞬时样	自动监测故障期间，监测频次每天不少于4次，间隔不小于6小时	《水质 pH值的测定 玻璃电极法》(GB 6920—1986)	自动监测设备出现故障时开展手工监测

续表

序号	污染源类别/监测类别	排放口编号/监测点位	排放口名称/监测点位名称	监测内容①	污染物名称	监测设施	自动监测是否联网	自动监测仪器名称	自动监测设施安装位置	自动监测设施是否符合安装、运行、维护等管理要求	手工监测采样方法及个数②	手工监测频次③	手工测定方法④	其他信息
11	废水	DW001	废水排放口	流量	悬浮物	手工	/	/	/	/	瞬时采样，至少3个瞬时样	1次/月	《水质 悬浮物的测定 重量法》(GB 11901—1989)	/
12	废水	DW001	废水排放口	流量	五日生化需氧量	手工	/	/	/	/	瞬时采样，至少3个瞬时样	1次/月	《水质 五日生化需氧量(BOD_5)的测定 稀释与接种法》(HJ 505—2009)	/
13	废水	DW001	废水排放口	流量	化学需氧量	自动	是	******	在线房	是	瞬时采样，至少3个瞬时样	自动监测故障期间，监测频次每天不少于4次，间隔不小于6小时	《水质 化学需氧量的测定 重铬酸盐法》(HJ 828—2017)	自动监测设备出现故障时开展手工监测
14	废水	DW001	废水排放口	流量	阴离子表面活性剂	手工	/	/	/	/	瞬时采样，至少3个瞬时样	1次/月	《水质 阴离子表面活性剂的测定 流动注射-亚甲基蓝分光光度法》(HJ 826—2017)	/
15	废水	DW001	废水排放口	流量	氨氮(NH_3-N)	自动	是	*******	在线房	是	瞬时采样，至少3个瞬时样	自动监测故障期间，监测频次每天不少于4次，间隔不小于6小时	《水质 氨氮的测定 蒸馏-中和滴定法》(HJ 537—2009)	自动监测设备出现故障时开展手工监测

续表

序号	污染源类别/监测类别	排放口编号/监测点位	排放口名称/监测点位名称	监测内容①	污染物名称	监测设施	自动监测是否联网	自动监测仪器名称	自动监测设施安装位置	自动监测设施是否符合安装、运行、维护等管理要求	手工监测采样方法及个数②	手工监测频次③	手工测定方法④	其他信息
16	废水	DW001	废水排放口	流量	总磷（以P计）	手工	/	/	/	/	瞬时采样，至少3个瞬时样	1次/月	《水质 总磷的测定 钼酸铵分光光度法》（GB 11893—1989）	/
17	废水	DW001	废水排放口	流量	动植物油	手工	/	/	/	/	瞬时采样，至少3个瞬时样	1次/月	《水质 石油类和动植物油类的测定 红外分光光度法》（HJ 637—2018）	/
18	废水	YS001	雨水排放口	流量	化学需氧量	手工	/	/	/	/	瞬时采样，至少3个瞬时样	1次/季	《水质 化学需氧量的测定 重铬酸盐法》（HJ 828—2017）	/
19	废水	YS001	雨水排放口	流量	总磷（以P计）	手工	/	/	/	/	瞬时采样，至少3个瞬时样	1次/季	《水质 总磷的测定 流动注射-钼酸铵分光光度法》（HJ 671—2013）	/

① 监测内容：一般有组织燃烧类废气包括含氧量、烟气流速、烟气温度、烟气含湿量、烟气量等；非燃烧类包括空气流速、温度、湿度等项目；无组织废气包括温度、湿度、气压、风速、风向等项目；废水包括流量。

② 手工监测采样方法及个数：指污染物采样方法，如对于废水污染物："混合采样（3个、4个或5个混合）""瞬时采样（3个、4个或5个瞬时样）"；对于废气污染物，"连续采样""非连续采样（3个或多个）"。废水污染物pH值、化学需氧量、五日生化需氧量、硫化物、有机物、悬浮物项目的样品，不能混合，只能单独采样。具体监测方法参照《地表水和污水检测技术规范》（HJ/T 91—2002）、《固定源废气检测技术规范》（HJ/T 397—2007）。

③ 手工监测频次：指一段时期内的监测次数要求，如1次/周、1次/月等。2015年1月1日（含）之后取得环境影响评价文件批复的排污单位，还应根据环境影响评价文件和批复要求同步完善；雨水排放口每季度有流动水排放时开展一次监测；工艺废气项目及其最低频率按HJ 1104执行。日用化学产品制造工业排污单位自行监测技术指南发布后，自行监测方案的制订从其要求。

④ 手工测定方法：指排污单位或委托第三方所采用的污染物浓度测定方法。

注：自动监测：日用化学产品制造工业废水污染物指标中pH值、化学需氧量、氨氮、流量需安装自动监测设备。备注信息注明设备故障期间的监测频次或间隔。

表 7-21 环境管理台账信息表

序号	类别	记录内容	记录频次	记录形式	其他信息
1	基本信息	单位名称、生产经营场所地址、行业类别、法定代表人、统一社会信用代码、产品名称、年产品产能、环境影响评价文件审批(审核)意见文号、排污权交易文件文号、排污许可证编号等	对于未发生变化的排污单位基本信息，按年记录，1 次/年；对于发生变化的基本信息，在发生变化时记录 1 次	电子台账+纸质台账	台账记录至少保存 5 年
2	监测记录信息	(1)废气污染物排放情况手工监测：排放口编号、排放口名称、排气筒高度、监测大气污染物项目、污染物排放浓度(折算值)、烟气参数(流量、温度、压力等)，以及采样日期、采样时间、采样点位、混合取样的样品数量、采样器名称、采样人姓名等。 (2)废水污染物排放情况手工监测：排放口编号、排放口名称、废水排放去向、监测水污染物项目、污染物排放浓度、流量，以及采样日期、采样时间、采样点位、混合取样的样品数量、采样器名称、采样人姓名等	与自行监测频次要求保持一致，同步进行监测信息记录	电子台账+纸质台账	台账记录至少保存 5 年
3	其他环境管理信息	(1)无组织废气污染防治措施管理维护信息：管理维护时间及主要内容等。 (2)特殊时段环境管理信息：具体管理要求及其执行情况。 (3)固体废物管理信息：危险废物按照《危险废物产生单位管理计划制定指南》(环境保护部公告 2016 年 第 7 号)等要求，记录危险废物的种类、产生量、流向、贮存、利用/处置等信息；待危险废物环境管理台账相关标准或管理文件发布实施后，从其规定。一般工业固体废物按照《一般工业固体废物管理台账制定指南(试行)》(生态环境部公告 2021 年 第 82 号)等要求，记录一般工业固体废物产生信息、流向汇总信息、出厂环节记录信息等。 (4)其他信息：法律法规、标准规范确定的其他信息，排污单位自主记录的环境管理信息	(1)无组织废气污染防治措施管理维护信息：1 次/日。 (2)特殊时段环境管理信息：按基本信息、生产设施运行管理信息、污染防治设施运行管理信息、监测记录信息规定频次记录；对于停产或错峰生产的，原则上仅对停产或错峰生产的起止日期各记录 1 次。 (3)危险废物按照《危险废物产生单位管理计划制定指南》(环境保护部公告 2016 年 第 7 号)等规定的频次要求记录；待危险废物环境管理台账相关标准或管理文件发布实施后，从其规定。一般工业固体废物按照《一般工业固体废物管理台账制定指南(试行)》(生态环境部公告 2021 年 第 82 号)等规定的频次要求记录。 (4)其他信息：依据法律法规、标准规范或实际生产运行规律等确定记录频次	电子台账+纸质台账	台账记录至少保存 5 年
4	生产设施运行管理信息	(1)正常工况 ① 主要产品：名称及产量。 ② 主要原辅材料：名称及用量。 ③ 燃料：名称、用量、灰分、硫分、挥发分、含水率、热值等。 (2)非正常工况 非正常工况生产设施名称及编码、起止时间、产品产量、原辅材料及燃料用量、事件原因、应对措施、是否报告等	(1)正常工况 ① 主要产品、原辅材料信息：连续生产的，按日记录，1 次/日。非连续生产的，按照生产周期记录，1 次/周期；周期小于 1 日的，按日记录，1 次/日。 ②燃料信息：燃料用量，连续生产的按日记录，1 次/日；非连续生产的按生产周期记录，1 次/周期。灰分、硫分、挥发分、含水率、热值，按采购批次记录，1 次/批。 (2)非正常工况 按照工况期记录，1 次/非正常工况期	电子台账+纸质台账	台账记录至少保存 5 年

续表

序号	类别	记录内容	记录频次	记录形式	其他信息
5	污染防治设施运行管理信息	(1)正常情况 ①有组织废气、废水污染防治设施运行管理信息 污染防治设施基本信息:污染防治设施名称、编码、规格参数及设计值等。 运行状态:运行起止时间、是否正常运行等。 主要药剂(吸附剂)添加情况:药剂名称、添加(更换)时间、添加(更换)量等。 有组织废气污染防治设施还应记录:废气排放量、排放时间,用电量等。 废水污染防治设施还应记录:处理废水类别,废水处理方式、排放量、排放去向、排放时间,用电量及污泥产生量等。 ②无组织废气污染控制措施管理维护信息 无组织废气排放源、无组织废气污染控制措施、管理维护时间,以及涉及的主要管理维护内容:原辅材料、中间产品及成品贮存场或设施,以及投料系统、筛分系统、包装系统密封或密闭情况;制冷系统密封检查和检测情况;老化阀门和管道更换情况;产臭区域加罩或加盖情况或投放除臭剂种类及数量;露天储煤场等易扬尘区域采取降尘措施情况;皂粒真空干燥废气收集处理情况等。 (2)异常情况 异常情况污染防治设施名称及编码、起止时间、污染物排放浓度、异常原因、应对措施、是否报告等	(1)正常情况 ①有组织废气、废水污染防治设施运行管理信息记录频次 污染防治设施基本信息、废水处理方式、处理废水类别:按年记录,1 次/年;对于发生变化的信息,在发生变化时记录 1 次。 运行状态、污染物排放情况、污泥产生量、用电量:按日记录,1 次/日。 主要药剂(吸附剂)添加情况:按日或批次记录,1 次/日或 1 次/批。 ②无组织废气污染控制措施管理维护信息:按日记录,1 次/日。 (2)异常情况 按照异常情况期记录,1 次/异常情况期	电子台账+纸质台账	台账记录至少保存 5 年

易错问题及其审核要点如下:

① 根据 HJ 1104—2020 要求,环境管理台账应记录排污单位基本信息、生产运行管理信息、污染防治设施运行信息、监测信息及其他环境管理信息等。注意检查台账记录内容是否完整。

② 记录内容应填写对台账记录内容的要求,而非实际记录的信息。

③ 记录频次应与记录内容对应填报。注意检查"记录频次"是否符合规范要求,与记录内容是否对应。

④ HJ 1104—2020 要求记录形式为"电子台账+纸质台账"。

⑤ 检查"其他信息"是否备注台账保存期限。

(15) 补充登记信息

当排污单位同时涉及排污许可重点管理、简化管理及排污登记管理的内容,只需从严申领一张属于重点管理的排污许可证,包含简化管理和排污登记管理的内容。其中,排污登记管理的填报内容如表 7-22~表 7-30 所列。

表 7-22 主要产品信息

序号	行业类别	生产工艺名称①	主要产品②	主要产品产能	计量单位	备注
1	肥皂及洗涤剂制造	复配工艺	液体洗涤剂	368000	t	/
2	化妆品制造	复配工艺	化妆品	30000	t	/
3	口腔清洁用品制造	复配工艺	牙膏	42000	t	/

① 生产工艺名称：指与产品、产能相对应的生产工艺，填写内容应与排污单位环境影响评价文件一致。非生产类单位可不填。

② 主要产品：填报某种或某类主要产品及其生产能力。生产能力填写设计产能，无设计产能的可填上一年实际产量。非生产类单位可不填。

表 7-23 燃料使用信息

序号	燃料类别	燃料名称	使用量	计量单位	备注
/	/	/	/	/	/

表 7-24 涉 VOCs 辅料使用信息

序号	辅料类别	辅料名称	使用量	计量单位	备注
/	/	/	/	/	/

注：使用涉 VOCs 辅料 1t/a 以上填写。

表 7-25 废气排放信息（1）

序号	废气排放形式	废气污染治理设施①	治理工艺	数量	备注
/	/	/	/	/	/

① 废气污染治理设施：对于有组织废气排放，污染治理设施包括除尘器、脱硫设施、脱硝设施、VOCs 治理设施等；对于无组织废气排放，污染治理设施包括分散式除尘器、移动式焊烟净化器等。

表 7-26 废气排放信息（2）

序号	废气排放口名称①	执行标准名称	数量	备注
/	/	/	/	/

① 废气排放口名称：指有组织的排放口，不含无组织排放。排放同类污染物、执行相同排放标准的排放口可合并填报，否则应分开填报。

表 7-27 废水排放信息（1）

序号	废水污染治理设施①	治理工艺	数量	备注
1	污水处理站	预处理，二级处理，除磷处理，深度处理	1	产生少量清洗废水，统一进入污水处理站处理后集中排放

① 废水污染治理设施：指主要污水处理设施名称，如“综合污水处理站”“生活污水处理系统”等。

表 7-28 废水排放信息（2）

序号	废水排放口名称	执行标准名称	排放去向①	备注
1	废水排放口	污水综合排放标准（GB 8978—1996）	直接进入江河、湖、库等水环境	/

① 排放去向：指废水出厂界后的排放去向，不外排包括全部在工序内部循环使用、全厂废水经处理后全部回用不向外环境排放（畜禽养殖行业废水用于农田灌溉也属于不外排）；间接排放去向包括进入工业园区集中污水处理厂、市政污水处理厂、其他企业污水处理厂等；直接排放包括进入海域、江河、湖、库等水环境。

表 7-29 工业固体废物排放信息

序号	工业固废废物名称	是否属于危险废物①	去向	备注
1	废包装材料	否	利用，送＊＊物资回收公司	/

① 根据危险废物鉴别相关标准 GB 5085.1～7—2007 等判定是否属于危险废物。

表 7-30 其他需要说明的信息

无

(16) 有核发权的地方生态环境主管部门增加的管理内容（如需）

针对申请的排污许可要求，评估污染排放及环境管理现状，对需要改正的，提出改正措施，如表 7-31 所列。如果排放口设置不符合国家和地方要求，还应明确整改的具体排放口及其整改具体措施和时限要求，如表 7-32 所列。如果目前未设置整改排放口，可新建即将整改的排放口信息。整改完成后，与整改完成的排放口关联即可。排污单位不涉及的，无需填报。

表 7-31 改正规定信息表

序号	整改问题	整改措施	整改时限	整改计划
/	/	/	/	/

表 7-32 排放口设置不符合国家和地方要求整改说明

整改后排放口编号及名称①	整改具体措施	备注	时限要求
/	/	/	/

① 整改后排放口编号：国家排放口编号（企业内部排放口编号）；对于未取得国家编号的排放口，只在括号内显示企业内部排放口编号。

(17) 相关附件及说明

该企业为重点管理企业，系统里必须上传的附件包括环评批复文件守法承诺书（需法人签字）、排污许可证申领信息公开情况说明表、生产工艺流程图、生产厂区总平面布置图、申请年排放量限值计算过程和监测点位示意图，其余附件可根据实际情况选择性上传。

易错问题及其审核要点如下：

① 生产工艺流程图应包括主要生产设施（设备）、主要物料的流向、生产工艺流程、产排污环节等内容。

② 厂区总平面布置图应包括主体设施、污水处理设施及其他主要公辅设施等内容，同时注明厂区雨水和污水集输管线走向、排放口位置及排放去向等内容。

③ 图件要清晰、图例要明确，且不存在上下左右颠倒的情况。

④ 信息公开情况说明表的承诺书抬头易发生错误，信息公开日期易填报错误，“反馈意见及处理情况”内容易漏报。

7.2 排污许可重点管理典型案例

7.2.1 案例1——某重点管理肥皂制造排污单位

7.2.1.1 排污单位概况

广东省某油脂有限公司，主体及公辅设施主要包括皂粒车间、脂肪酸车间、打包车间及公用单元仓库、食堂、浴室、废水处理站等。项目行业类别属于肥皂及洗涤剂制造，主要生产肥皂、甘油等产品，其中肥皂年产8.8万吨，甘油年产1.3万吨。

7.2.1.2 主要生产工艺流程

该企业肥皂制造主要生产工艺及产排污环节如图1-8所示。

7.2.1.3 排污许可申请信息平台填报及审核

(1) 排污单位基本情况：排污单位基本信息

排污单位基本信息填报内容如表7-33所列。

表7-33 排污单位基本信息表

单位名称	＊＊油脂有限公司	注册地址	广东省＊＊市＊＊区＊＊路＊＊号
生产经营场所地址	广东省东莞市＊＊区＊＊路＊＊号	邮政编码①	523＊＊＊
行业类别	肥皂及洗涤剂制造	是否投产②	是
投产日期③	2007-05-10	/	/
生产经营场所中心经度④	113°＊＊′＊＊″	生产经营场所中心纬度⑤	23°＊＊′＊＊″
组织机构代码	/	统一社会信用代码	******************
技术负责人	＊＊＊	联系电话	186＊＊＊＊＊＊＊＊
所在地是否属于大气重点控制区⑥	是	所在地是否属于总磷控制区⑦	否
所在地是否属于总氮控制区⑦	是	所在地是否属于重金属污染特别排放限值实施区域⑧	否
是否位于工业园区⑨	是	所属工业园区名称	＊＊＊＊工业区
是否有环评审批文件	是	环境影响评价审批文件文号或备案编号⑩	＊环建〔201＊〕＊＊号
			＊环建〔200＊〕＊＊号
是否有地方政府对违规项目的认定或备案文件⑪	否	认定或备案文件文号	/
是否需要改正⑫	否	排污许可证管理类别⑬	重点管理
是否有主要污染物总量分配计划文件⑭	否	总量分配计划文件文号	/

注：表中①～⑭同表7-1。

表 7-34 主要产品及产能信息表

序号	生产线名称	生产线编号	产品名称	计量单位①	生产能力①	设计年生产时间/h	其他产品信息
1	制皂生产线	001	皂粒	t/a	73417	7200	/
			硬脂酸	t/a	73417	7200	/
			肥皂	t/a	14400	7200	/
2	甘油(副产品)提取生产线	002	脂肪酸	t/a	58709	7200	/
			甘油(副产品)	t/a	12571	7200	/

注：表中①同表 7-2。

表 7-35 主要产品及产能信息补充表

序号	生产线名称	生产线编号	主要生产单元名称	主要工艺名称①	生产设施名称①	生产设施编号②	设施参数③				其他设施信息	其他工艺信息
							参数名称	计量单位	设计值	其他设施参数信息		
1	制皂生产线	001	油脂水解	水解	水解塔(器)	MF0001	处理能力	t/h	200	/	/	/
			脂肪酸蒸馏	蒸馏	蒸馏塔	MF0002	处理能力	t/h	200	/	/	/
					再沸器	MF0003	加热面积	m^2	97.5	/	/	/
			脂肪酸中和	中和	中和罐	MF0004	容积	m^3	0.5	/	/	/
			皂粒干燥	干燥	干燥室	MF0005	处理能力	t/h	6	/	/	/
			皂粒成型	成型	切粒机	MF0006	处理能力	t/h	6	/	/	/
			皂粒输送	风送	输送风机	MF0007	处理能力	m^3/h	1506	/	/	/
			皂粒喷粉	喷粉	喷粉塔	MF0008	处理能力	t/h	10	/	/	/
			皂成型	成型	切块机	MF0009	处理能力	t/h	4	/	/	/
			成品包装	包装	包装机	MF0010	处理能力	t/h	10	/	/	/
2	甘油(副产品)提取生产线	002	甜水提纯	酸处理	酸处理罐	MF0011	容积	m^3	135	/	/	/
				碱处理	碱处理罐	MF0012	容积	m^3	130	/	/	/
				过滤	过滤机	MF0013	过滤面积	m^2	74.4	/	/	/
			甜水蒸发	甜水蒸发	蒸发器	MF0014	处理能力	t/d	502	/	/	/
			甘油蒸馏	粗甘油脱气	脱气器	MF0015	处理能力	t/h	5	/	/	/
				甘油蒸馏	蒸馏塔	MF0020	处理能力	t/h	2.5	/	/	/

续表

序号	生产线名称	生产线编号	主要生产单元名称	主要工艺名称①	生产设施名称①	生产设施编号②	设施参数③				其他设施信息	其他工艺信息
							参数名称	计量单位	设计值	其他设施参数信息		
3	公用单元	003	公用单元	污水处理	厂内综合污水处理站	MF0021	处理能力	m^3/d	720	/	/	/
			公用单元	贮存	原料贮存场/设施	MF0022	贮存能力	m^3	600	油脂储罐	/	/
					原料贮存场/设施	MF0023	贮存能力	m^3	600	油脂储罐	/	/
					原料贮存场/设施	MF0024	贮存能力	m^3	600	油脂储罐	/	/
					原料贮存场/设施	MF0025	贮存能力	m^3	600	油脂储罐	/	/
					原料贮存场/设施	MF0026	贮存能力	m^3	600	油脂储罐	/	/
					原料贮存场/设施	MF0027	贮存能力	m^3	600	油脂储罐	/	/
					原料贮存场/设施	MF0028	贮存能力	m^3	600	油脂储罐	/	/
					原料贮存场/设施	MF0029	贮存能力	m^3	1.8	盐酸储罐	/	/
					原料贮存场/设施	MF0030	贮存能力	m^3	200	液碱储罐	/	/
					成品贮存场/设施	MF0031	贮存能力	m^3	1200	甘油储罐	/	/
					成品贮存场/设施	MF0032	贮存能力	m^3	1200	甘油储罐	/	/
					成品贮存场/设施	MF0033	贮存能力	m^3	500	甘油储罐	/	/
					成品贮存场/设施	MF0034	贮存能力	m^3	500	甘油储罐	/	/
					成品贮存场/设施	MF0035	贮存能力	m^3	6000	脂肪酸储罐	/	/
					成品贮存场/设施	MF0036	贮存能力	m^3	600	脂肪酸储罐	/	/
					成品贮存场/设施	MF0037	贮存能力	m^3	600	脂肪酸储罐	/	/

注：表中①～③同表 7-3。

（2）排污单位登记信息：主要产品及产能

主要产品及产能信息填报内容如表7-34和表7-35所列。

（3）排污单位登记信息：主要原辅材料及燃料

主要原辅材料及燃料信息填报内容如表7-36所列。

表7-36 主要原辅材料及燃料信息表

序号	种类①	名称②	设计年使用量	计量单位	其他信息④
原料及辅料					
1	辅料	pH调节剂	12	t/a	/
2	辅料	抗氧剂	12	t/a	/
3	辅料	盐酸	45	t/a	/
4	原料	活性炭	60	t/a	/
5	原料	碱	19500	t/a	/
6	原料	盐	300	t/a	/
7	原料	油脂	120000	t/a	/

燃料③

序号	燃料名称	设计年使用量	计量单位	含水率/%	灰分/%	硫分/%	挥发分/%	低位发热量/(MJ/m^3)	其他信息④
1	天然气	4949200	m^3	1	/	0	/	34	/

注：表中①～④同表7-4。

（4）排污单位登记信息：产排污节点、污染物及污染治理设施

废气产排污节点、污染物及污染治理设施信息填报如表7-37所列。

废水类别、污染物及污染治理设施信息填报如表7-38所列。

（5）大气污染物排放：排放口

大气污染物排放口基本情况填报内容如表7-39所列。

废气污染物排放执行标准情况填报内容如表7-40所列。

（6）大气污染物排放：有组织排放信息

大气污染物有组织排放填报内容如表7-41所列。

（7）大气污染物排放：无组织排放信息

大气污染物无组织排放填报内容如表7-42所列。

表 7-37　废气产排污节点、污染物及污染治理设施信息表

序号	生产线名称及编号	主要生产单元	产污设施编号	产污设施名称①	对应产污环节名称②	污染物种类③	排放形式④	污染治理设施						有组织排放口名称	有组织排放口编号⑥	排放口设置是否符合要求⑦	排放口类型⑧	其他信息
								污染治理设施编号	污染治理设施名称⑤	污染治理设施工艺	设计处理效率/%	是否为可行技术	污染治理设施其他信息					
1	制皂生产线，001	皂粒干燥	MF0005	干燥室	真空干燥	颗粒物	无组织	/	/	/	/	/	经收集系统通入热井	/	/	/	/	/
2	制皂生产线，001	皂粒输送	MF0007	输送风机	风送	颗粒物	有组织	TA001	布袋除尘器	旋风除尘	90	是	/	风送废气排放口	DA001	是	一般排放口	/
3	制皂生产线，001	皂粒喷粉	MF0008	喷粉塔	喷粉	颗粒物	有组织	TA002	布袋除尘器	旋风除尘	90	是	/	喷粉废气排放口	DA002	是	一般排放口	/
4	公用单元，003	公用单元	MF0021	厂内综合污水处理站	污水处理	臭气浓度	有组织	TA003	除臭装置	二级喷淋装置	80	是	/	污水处理臭气排放口	DA003	是	一般排放口	/

注：表中①～⑧同表 7-5。

表 7-38　废水类别、污染物及污染治理设施信息表

序号	废水类别①	污染物种类①	污染治理设施①						排放去向②	排放方式①	排放规律③	排放口编号④	排放口名称	排放口设置是否符合要求⑤	排放口类型⑥	其他信息
			污染治理设施编号	污染治理设施名称	污染治理设施工艺	设计处理水量/(t/h)	是否为可行技术	污染治理设施其他信息								
1	厂内综合污水处理站的综合污水废水（生产废水、生活污水等）	化学需氧量、氨氮(NH_3-N)、总磷（以P计）、悬浮物、五日生化需氧量、pH值、动植物油	TW001	污水处理站	预处理：粗（细）格栅、沉淀池、气浮； 生化法处理：IC反应器	30	是	/	进入城市污水处理厂	间接排放	间断排放，排放期间流量不稳定且无规律，但不属于冲击型排放	DW001	厂内综合污水排放口	是	主要排放口-总排口	/

注：表中①～⑥同表 7-6。

表 7-39 大气污染物排放口基本情况表

序号	排放口编号	排放口名称	污染物种类	排放口地理坐标①		排气筒高度/m	排气筒出口内径②/m	排气温度/℃	其他信息
				经度	纬度				
1	DA001	风送废气排放口	颗粒物	113°**′**″	23°**′**″	34	1	常温	/
2	DA002	喷粉废气排放口	颗粒物	113°**′**″	23°**′**″	34	1	常温	/
3	DA003	污水处理臭气排放口	臭气浓度	113°**′**″	23°**′**″	15	0.5	常温	/

注：表中①～②同表 7-7。

表 7-40 废气污染物排放执行标准表

序号	排放口编号	排放口名称	污染物种类	国家或地方污染物排放标准①			环境影响评价批复要求②（标准状态）/(mg/m³)	承诺更加严格排放限值③（标准状态）/(mg/m³)	其他信息
				名称	浓度限值（标准状态）/(mg/m³)	速率限值/(kg/h)			
1	DA001	皂粒废气排放口	颗粒物	《大气污染物排放限值》(DB 44/27—2001)	120	24.2	120	/	/
2	DA002	喷粉废气排放口	颗粒物	《大气污染物排放限值》(DB 44/27—2001)	120	24.2	120	/	/
3	DA003	污水处理臭气排放口	臭气浓度	《恶臭污染物排放标准》(GB 14554—1993)	2000（无量纲）	/	2000（无量纲）	/	/

注：表中①～③同表 7-8。

表 7-41 大气污染物有组织排放表

序号	排放口编号	排放口名称	污染物种类	申请许可排放浓度限值（标准状态）/(mg/m³)	申请许可排放速率限值/(kg/h)	申请年许可排放量限值/(t/a)					申请特殊排放浓度限值	申请特殊时段许可排放量限值
						第一年	第二年	第三年	第四年	第五年		
主要排放口												
主要排放口合计			颗粒物			/	/	/	/	/	/	/
			SO_2			/	/	/	/	/	/	/
			NO_x			/	/	/	/	/	/	/
			VOCs			/	/	/	/	/	/	/
一般排放口												
1	DA001	皂粒废气排放口	颗粒物	120	24.2	/	/	/	/	/	mg/m³	/
2	DA002	喷粉废气排放口	颗粒物	120	24.2	/	/	/	/	/	mg/m³	/
3	DA003	污水处理臭气排放口	臭气浓度	2000（无量纲）	/	/	/	/	/	/	/	/

续表

序号	排放口编号	排放口名称	污染物种类	申请许可排放浓度限值(标准状态)/(mg/m³)	申请许可排放速率限值/(kg/h)	申请年许可排放量限值/(t/a)					申请特殊排放浓度限值	申请特殊时段许可排放量限值
						第一年	第二年	第三年	第四年	第五年		
一般排放口合计			颗粒物			/	/	/	/	/	/	/
			SO_2			/	/	/	/	/	/	/
			NO_x			/	/	/	/	/	/	/
			VOCs			/	/	/	/	/	/	/
全厂有组织排放总计①												
全厂有组织排放总计			颗粒物			/	/	/	/	/	/	/
			SO_2			/	/	/	/	/	/	/
			NO_x			/	/	/	/	/	/	/
			VOCs			/	/	/	/	/	/	/

注：表中① 同表 7-9 中注⑤。

表 7-42 大气污染物无组织排放表

序号	生产设施编号/无组织排放编号	产污环节①	污染物种类	主要污染防治措施②	国家或地方污染物排放标准		其他信息	年许可排放量限值/(t/a)					申请特殊时段许可排放量限值
					名称	浓度限值(标准状态)/(mg/m³)		第一年	第二年	第三年	第四年	第五年	
1	厂界	污水处理	臭气浓度	集中收集处理后经排气筒排放	《恶臭污染物排放标准》(GB 14554—93)	20(无量纲)		/	/	/	/	/	/
		真空干燥	颗粒物	经收集系统通入热井	《大气污染物综合排放标准》(GB 16297—1996)	1.0		/	/	/	/	/	/
全厂无组织排放总计													
全厂无组织排放总计			颗粒物					/	/	/	/	/	/
			SO_2					/	/	/	/	/	/
			NO_x					/	/	/	/	/	/
			VOCs					/	/	/	/	/	/

注：表中①～②同表 7-10。

（8）大气污染物排放：企业大气排放总许可量

大气污染物排放总许可量填报内容如表 7-43 所列。

表 7-43 企业大气污染物排放总许可量

序号	污染物种类	第一年/(t/a)	第二年/(t/a)	第三年/(t/a)	第四年/(t/a)	第五年/(t/a)
1	颗粒物	/	/	/	/	/

续表

序号	污染物种类	第一年/(t/a)	第二年/(t/a)	第三年/(t/a)	第四年/(t/a)	第五年/(t/a)
2	SO_2	/	/	/	/	/
3	NO_x	/	/	/	/	/
4	VOCs	/	/	/	/	/

(9) 水污染物排放：排放口

本案例企业废水排放方式为间接排放，故无需填写废水直接排放口基本情况及入河排污口信息，如表 7-44、表 7-45 所列。

雨水排放口、废水间接排放口基本情况填报内容如表 7-46、表 7-47 所列。

废水污染物排放执行标准填报表 7-48。

表 7-44　废水直接排放口基本情况表

序号	排放口编号	排放口名称	排放口地理坐标①		排放去向	排放规律	间歇排放时段	受纳自然水体信息		汇入受纳自然水体处地理坐标④		其他信息⑤
			经度	纬度				名称②	受纳水体功能目标③	经度	纬度	
/	/	/	/	/	/	/	/	/	/	/	/	/

注：表中①～⑤同表 7-12。

表 7-45　入河排污口信息表

序号	排放口编号	排放口名称	入河排污口			其他信息
			名称	编号	批复文号	
/	/	/	/	/	/	/

表 7-46　雨水排放口基本情况表

序号	排放口编号	排放口名称	排放口地理坐标①		排放去向	排放规律	间歇排放时段	受纳自然水体信息		汇入受纳自然水体处地理坐标④		其他信息⑤
			经度	纬度				名称②	受纳水体功能目标③	经度	纬度	
1	YS001	雨水排放口	113°**′**″	23°**′**″	进入城市下水道(再入江河、湖、库)	间断排放,排放期间流量不稳定且无规律,但不属于冲击型排放	下雨形成地表径流时	狮子洋	Ⅳ类	113°**′**″	23°**′**″	/

注：表中①～⑤同表 7-12。

表 7-47　废水间接排放口基本情况表

序号	排放口编号	排放口名称	排放口地理坐标[①]		排放去向	排放规律	间歇排放时段	受纳污水处理厂信息			
			经度	纬度				名称[②]	污染物种类	排水协议规定的浓度限值[③]/(mg/L)	国家或地方污染物排放标准浓度限值[④]/(mg/L)
1	DW001	厂内综合污水排放口	113°**′**″	23°**′**″	进入城市污水处理厂	间断排放，排放期间流量不稳定且无规律，但不属于冲击型排放	/	东莞市**污水处理厂	pH 值	/	6～9
									总磷(以 P 计)	/	0.5
									五日生化需氧量	/	10
									化学需氧量	/	50
									动植物油	/	10
									氨氮(NH_3-N)	/	5
									悬浮物	/	10

①～④同表 7-15。

表 7-48　废水污染物排放执行标准表

序号	排放口编号	排放口名称	污染物种类	国家或地方污染物排放标准[①]		排水协议规定的浓度限值(如有)[②]/(mg/L)	环境影响评价批复要求/(mg/L)	承诺更加严格排放限值/(mg/L)	其他信息
				名称	浓度限值/(mg/L)				
1	DW001	厂内综合污水排放口	化学需氧量	《水污染物排放限值》(DB 44/ 26—2001)	500	/	/	/	/
2	DW001	厂内综合污水排放口	氨氮(NH_3-N)	《水污染物排放限值》(DB 44/ 26—2001)	/	15	/	/	/
3	DW001	厂内综合污水排放口	总磷(以 P 计)	《水污染物排放限值》(DB 44/ 26—2001)	/	/	/	/	/
4	DW001	厂内综合污水排放口	悬浮物	《水污染物排放限值》(DB 44/ 26—2001)	400	2	/	/	/
5	DW001	厂内综合污水排放口	五日生化需氧量	《水污染物排放限值》(DB 44/ 26—2001)	300	/	/	/	/
6	DW001	厂内综合污水排放口	pH 值	《水污染物排放限值》(DB 44/ 26—2001)	6～9	/	/	/	/
7	DW001	厂内综合污水排放口	动植物油	《水污染物排放限值》(DB 44/ 26—2001)	100	/	/	/	/

注：表中①～②同表 7-16 。

（10）水污染物排放：申请排放信息

废水污染物申请排放信息包括申请排放浓度限值及申请年排放量限值，填报内容见表 7-49。

表 7-49　废水污染物申请排放表

序号	排放口编号	排放口名称	污染物种类	申请排放浓度限值/(mg/L)	申请年排放量限值/(t/a)					申请特殊时段排放量限值
					第一年	第二年	第三年	第四年	第五年	
主要排放口										
1	DW001	厂内综合污水排放口	化学需氧量	500	34.33	34.33	34.33	34.33	34.33	/
2	DW001	厂内综合污水排放口	氨氮(NH_3-N)	15	1.03	1.03	1.03	1.03	1.03	/
3	DW001	厂内综合污水排放口	总磷(以 P 计)	2	/	/	/	/	/	/
4	DW001	厂内综合污水排放口	悬浮物	400	/	/	/	/	/	/
5	DW001	厂内综合污水排放口	五日生化需氧量	300	/	/	/	/	/	/
6	DW001	厂内综合污水排放口	pH 值	6～9	/	/	/	/	/	/
7	DW001	厂内综合污水排放口	动植物油	100	/	/	/	/	/	/
主要排放口合计			COD_{Cr}		34.33	34.33	34.33	34.33	34.33	/
			氨氮		1.03	1.03	1.03	1.03	1.03	/
一般排放口										
一般排放口合计			COD_{Cr}		/	/	/	/	/	/
			氨氮		/	/	/	/	/	/
全厂排放口										
全厂排放口总计			COD_{Cr}		34.33	34.33	34.33	34.33	34.33	/
			氨氮		1.03	1.03	1.03	1.03	1.03	/

注：同表 7-17。

（11）噪声排放信息

噪声排放信息填报内容见表 7-50。

表 7-50　噪声排放信息

噪声类别	生产时段		执行排放标准名称	厂界噪声排放限值		备注
	昼间	夜间		昼间(A)/dB	夜间(A)/dB	
稳态噪声	6:00～22:00	22:00～6:00	《工业企业厂界环境噪声排放标准》(GB 12348—2008)	60	50	/
频发噪声	否	是	《工业企业厂界环境噪声排放标准》(GB 12348—2008)	/	60	/
偶发噪声	否	是	《工业企业厂界环境噪声排放标准》(GB 12348—2008)	/	65	/

（12）固体废物管理信息

固体废物管理信息填报内容见表 7-51。

（13）环境管理要求-自行监测要求

自行监测及记录信息填报内容见表 7-52。

表 7-51 固体废物管理信息

固体废物基础信息表

序号	固体废物类别	固体废物名称	代码[①]	危险特性[②]	类别[③]	物理性状	产生环节	去向	备注
1	一般工业固体废物	甘油残渣	SW59	/	第Ⅰ类工业固体废物	液态(高浓度液态废物,L)	甘油(副产品)提取生产线 002	委托利用	/
2	一般工业固体废物	固体盐	SW59	/	第Ⅰ类工业固体废物	固态(固体废物,S)	制皂生产线 001	委托利用	/
3	一般工业固体废物	甜水净化废渣	SW59	/	第Ⅰ类工业固体废物	液态(高浓度液态废物,L)	甘油(副产品)提取生产线 002	委托利用	/
4	一般工业固体废物	粗甘油蒸馏废渣	SW59	/	第Ⅰ类工业固体废物	液态(高浓度液态废物,L)	甘油(副产品)提取生产线 002	委托利用	/
5	一般工业固体废物	脂肪酸氢化滤渣	SW59	/	第Ⅰ类工业固体废物	液态(高浓度液态废物,L)	制皂生产线 001	委托利用	/
6	一般工业固体废物	污水处理脱水污泥	SW07	/	第Ⅰ类工业固体废物	半固态(泥态废物,SS)	公共单元 003	委托处置	/
7	危险废物	废矿物油	HW08 900-214-08	T/I	/	液态(高浓度液态废物,L)	制皂生产线 001,甘油(副产品)提取生产线 002	委托处置	设备检修时

自行贮存和自行利用/处置设施信息表

序号	固体废物类别	设施名称	设施编号	设施类型	位置		污染防控技术要求
					经度	纬度	
/	/	/	/	/	/	/	/

①～③同表 7-19。

表 7-52 自行监测及记录信息表

序号	污染源类别/监测类别	排放口编号/监测点位	排放口名称/监测点位名称	监测内容[①]	污染物名称	监测设施	自动监测是否联网	自动监测仪器名称	自动监测设施安装位置	自动监测设施是否符合安装、运行、维护等管理要求	手工监测采样方法及个数[②]	手工监测频次[③]	手工测定方法[④]	其他信息
1	废气	DA001	风送废气排放口	烟气流速、烟气温度、烟气压力、烟气含湿量、烟道截面积	颗粒物	手工	/	/	/	/	非连续采样,至少4个	1次/年	《固定污染源排气中颗粒物测定与气态污染物采样方法》(GB/T 16157—1996)	/

续表

序号	污染源类别/监测类别	排放口编号/监测点位	排放口名称/监测点位名称	监测内容[①]	污染物名称	监测设施	自动监测是否联网	自动监测仪器名称	自动监测设施安装位置	自动监测设施是否符合安装、运行、维护等管理要求	手工监测采样方法及个数[②]	手工监测频次[③]	手工测定方法[④]	其他信息
2	废气	DA002	喷粉废气排放口	烟气流速、烟气温度、烟气压力、烟气含湿量、烟道截面积	颗粒物	手工	/	/	/	/	非连续采样，至少4个	1次/年	《固定污染源排气中颗粒物测定与气态污染物采样方法》(GB/T 16157—1996)	/
2	废气	DA003	污水处理臭气排放口	烟气流速、烟气温度、烟气压力、烟气含湿量、烟道截面积	臭气浓度	手工	/	/	/	/	非连续采样，至少4个	1次/年	/	/
3	废气	厂界	/	风向、风速	臭气浓度	手工	/	/	/	/	非连续采样，至少4个	1次/半年	《空气质量 恶臭的测定 三点比较式臭袋法》(GB/T 14675—1993)	/
4	废水	DW001	厂内综合污水排放口	流量	pH值	自动	是	*******	******	是	瞬时采样，至少3个瞬时样	自动监测故障期间，监测频次每天不少于4次，间隔不小于6小时	《水质 pH值的测定 玻璃电极法》(GB 6920—1986)	自动监测出现故障时开展手工监测
5	废水	DW001	厂内综合污水排放口	流量	悬浮物	手工	/	/	/	/	瞬时采样，至少3个瞬时样	1次/季	《水质 悬浮物的测定 重量法》(GB 11901—1989)	/
6	废水	DW001	厂内综合污水排放口	流量	五日生化需氧量	手工	/	/	/	/	瞬时采样，至少3个瞬时样	1次/季	《水质 五日生化需氧量(BOD_5)的测定 稀释与接种法》(HJ 505—2009)	/

续表

序号	污染源类别/监测类别	排放口编号/监测点位	排放口名称/监测点位名称	监测内容[①]	污染物名称	监测设施	自动监测是否联网	自动监测仪器名称	自动监测设施安装位置	自动监测设施是否符合安装、运行、维护等管理要求	手工监测采样方法及个数[②]	手工监测频次[③]	手工测定方法[④]	其他信息
7	废水	DW001	厂内综合污水排放口	流量	化学需氧量	自动	是	******	*******	是	瞬时采样，至少3个瞬时样	自动监测故障期间，监测频次每天不少于4次，间隔不小于6小时	《水质 化学需氧量的测定 快速消解分光光度法》(HJ/T 399—2007)	自动监测出现故障时开展手工监测
8	废水	DW001	厂内综合污水排放口	流量	氨氮(NH_3-N)	自动	是	*******	*******	是	瞬时采样，至少3个瞬时样	自动监测故障期间，监测频次每天不少于4次，间隔不小于6小时	《水质 氨氮的测定 蒸馏-中和滴定法》(HJ 537—2009)	自动监测出现故障时开展手工监测
9	废水	DW001	厂内综合污水排放口	流量	总磷(以P计)	手工	/	/	/	/	瞬时采样，至少3个瞬时样	1次/季	《水质 总磷的测定 钼酸铵分光光度法》(GB 11893—1989)	/
10	废水	DW001	厂内综合污水排放口	流量	动植物油	手工	/	/	/	/	瞬时采样，至少3个瞬时样	1次/季	《水质 石油类和动植物油类的测定 红外分光光度法》(HJ 637—2018)	/
11	废水	YS001	雨水排放口	流量	化学需氧量	手工	/	/	/	/	瞬时采样，至少3个瞬时样	1次/季	《水质 化学需氧量的测定 快速消解分光光度法》(HJ/T 399—2007)	排放口有流动水排放时开展监测
12	废水	YS001	雨水排放口	流量	总磷(以P计)	手工	/	/	/	/	瞬时采样，至少3个瞬时样	1次/季	《水质 总磷的测定 钼酸铵分光光度法》(GB 11893—1989)	排放口有流动水排放时开展监测

①～④同表7-20。

(14) 环境管理要求：环境管理台账记录要求

环境管理台账记录要求填报内容见表7-53。

表7-53 环境管理台账信息表

序号	类别	记录内容	记录频次	记录形式	其他信息
1	基本信息	单位名称、生产经营场所地址、行业类别、法定代表人、统一社会信用代码、产品名称、年产品产能、环境影响评价文件审批（审核）意见文号、排污权交易文件文号、排污许可证编号等	对于未发生变化的排污单位基本信息，按年记录，1次/年；对于发生变化的基本信息，在发生变化时记录1次	电子台账+纸质台账	台账记录至少保存5年
2	生产设施运行管理信息	(1)正常工况 ①主要产品：名称及产量。 ②主要原辅材料：名称及用量。 ③燃料：名称、用量、灰分、硫分、挥发分、含水率、热值等。 (2)非正常工况 非正常工况生产设施名称及编码、起止时间、产品产量、原辅材料及燃料用量、事件原因、应对措施、是否报告等	(1)正常工况 ①主要产品、原辅材料信息：连续生产的，按日记录，1次/日。非连续生产的，按照生产周期记录，1次/周期；周期小于1日的，按日记录，1次/日。 ②燃料：燃料用量，连续生产的按日记录，1次/日；非连续生产的按生产周期记录，1次/周期。灰分、硫分、挥发分、含水率、热值，按采购批次记录，1次/批。 (2)非正常工况 按照工况期记录，1次/非正常工况期	电子台账+纸质台账	台账记录至少保存5年
3	污染防治设施运行管理信息	(1)正常情况 ①有组织废气、废水污染防治设施运行管理信息 污染防治设施基本信息：污染防治设施名称、编码、规格参数及设计值等。 运行状态：运行起止时间、是否正常运行等。 主要药剂（吸附剂）添加情况：药剂名称、添加（更换）时间、添加（更换）量等。 有组织废气污染防治设施还应记录：废气排放量、排放时间，用电量等。 废水污染防治设施还应记录：处理废水类别，废水处理方式、排放量、排放去向、排放时间，用电量及污泥产生量等。 ②无组织废气污染控制措施管理维护信息 无组织废气排放源、无组织废气污染控制措施、管理维护时间，以及涉及的主要管理维护内容：原辅材料、中间产品及成品贮存场或设施，以及投料系统、筛分系统、包装系统密封或密闭情况；制冷系统密封检查和检测情况；老化阀门和管道更换情况；产臭区域加罩或加盖情况或投放除臭剂种类及数量；露天储煤场等易扬尘区域采取降尘措施情况；皂粒真空干燥废气收集处理情况等。 (2)异常情况 异常情况污染防治设施名称及编码、起止时间、污染物排放浓度、异常原因、应对措施、是否报告等	(1)正常情况 ①有组织废气、废水污染防治设施运行管理信息记录频次 污染防治设施基本信息、废水处理方式、处理废水类别：按年记录，1次/年；对于发生变化的信息，在发生变化时记录1次。 运行状态、污染物排放情况、污泥产生量、用电量：按日记录，1次/日。 主要药剂（吸附剂）添加情况：按日或批次记录，1次/日或1次/批。 ②无组织废气污染控制措施管理维护信息：按日记录，1次/日。 (2)异常情况 按照异常情况期记录，1次/异常情况期	电子台账+纸质台账	台账记录至少保存5年

续表

序号	类别	记录内容	记录频次	记录形式	其他信息
4	监测记录信息	(1)废气污染物排放情况手工监测：排放口编号、排放口名称、排气筒高度、监测大气污染物项目、污染物排放浓度(折算值)、烟气参数(流量、温度、压力等)，以及采样日期、采样时间、采样点位、混合取样的样品数量、采样器名称、采样人姓名等。 (2)废水污染物排放情况手工监测：排放口编号、排放口名称、废水排放去向、监测水污染物项目、污染物排放浓度、流量，以及采样日期、采样时间、采样点位、混合取样的样品数量、采样器名称、采样人姓名等	与自行监测频次要求保持一致，同步进行监测信息记录	电子台账＋纸质台账	台账记录至少保存5年
5	其他环境管理信息	(1)无组织废气污染防治措施管理维护信息：管理维护时间及主要内容等。 (2)特殊时段环境管理信息：具体管理要求及其执行情况。 (3)固体废物管理信息：危险废物按照《危险废物产生单位管理计划制定指南》（环境保护部公告2016年 第7号)等要求，记录危险废物的种类、产生量、流向、贮存、利用/处置等信息；待危险废物环境管理台账相关标准或管理文件发布实施后，从其规定。一般工业固体废物按照《一般工业固体废物管理台账制定指南(试行)》(生态环境部公告 2021年第82号)等要求，记录一般工业固体废物产生信息、流向汇总信息、出厂环节记录信息等。 (4)其他信息：法律法规、标准规范确定的其他信息，排污单位自主记录的环境管理信息	(1)无组织废气污染防治措施管理维护信息：1次/日。 (2)特殊时段环境管理信息：按基本信息、生产设施运行管理信息、污染防治设施运行管理信息、监测记录信息规定频次记录；对于停产或错峰生产的，原则上仅对停产或错峰生产的起止日期各记录1次。 (3)危险废物按照《危险废物产生单位管理计划制定指南》（环境保护部公告2016年 第7号)等规定的频次要求记录；待危险废物环境管理台账相关标准或管理文件发布实施后，从其规定。一般工业固体废物按照《一般工业固体废物管理台账制定指南(试行)》（生态环境部公告2021年 第82号）等规定的频次要求记录。 (4)其他信息：依据法律法规、标准规范或实际生产运行规律等确定记录频次	电子台账＋纸质台账	台账记录至少保存5年

(15) 补充登记信息

补充登记信息如表7-54～表7-62所列。

表7-54 主要产品信息

序号	行业类别	生产工艺名称①	主要产品②	主要产品产能	计量单位	备注
/	/	/	/	/	/	/

注：表中①、②同表7-22。

表7-55 燃料使用信息

序号	燃料类别	燃料名称	使用量	计量单位	备注
/	/	/	/	/	/

表7-56 涉VOCs辅料使用信息

序号	辅料类别	辅料名称	使用量	计量单位	备注
/	/	/	/	/	/

表 7-57　废气排放信息（1）

序号	废气排放形式	废气污染治理设施[①]	治理工艺	数量	备注
/	/	/	/	/	/

注：表中①同表 7-25。

表 7-58　废气排放信息（2）

序号	废气排放口名称[①]	执行标准名称	数量	备注
/	/	/	/	/

注：表中①同表 7-26。

表 7-59　废水排放信息（1）

序号	废水污染治理设施[①]	治理工艺	数量	备注
/	/	/	/	/

注：表中①同表 7-27。

表 7-60　废水排放信息（2）

序号	废水排放口名称	执行标准名称	排放去向[①]	备注
/	/	/	/	/

注：表中①同表 7-28。

表 7-61　工业固体废物排放信息

序号	工业固废废物名称	是否属于危险废物[①]	去向	备注
/	/	/	/	/

注：表中①同表 7-29。

表 7-62　其他需要说明的信息

无

表 7-63　改正规定信息表

序号	整改问题	整改措施	整改时限	整改计划
/	/	/	/	/

表 7-64　排放口设置不符合国家和地方要求整改说明

整改后排放口编号及名称[①]	整改具体措施	备注	时限要求
/	/	/	/

注：表中①同表 7-32。

（16）有核发权的地方生态环境主管部门增加的管理内容（如需）

（17）相关附件及说明

该企业为重点管理企业，系统里必须上传的附件包括守法承诺书（需法人签字）、排污许可证申领信息公开情况说明表、生产工艺流程图、生产厂区总平面布置图、申请年排放量限值计算过程和监测点位示意图，其余附件可根据实际情况选择性上传。

7.2.2 案例2——某重点管理香料制造排污单位

7.2.2.1 排污单位概况

云南省某香料制造有限公司行业类别属于香料、香精制造，主要生产天然香料和合成香料，设6条天然香料生产线，年产2985t；1条合成香料生产线，年产10t。

7.2.2.2 主要生产工艺流程

该企业天然香料产品包括精馏、冷冻、过滤、萃取四个系列产品，主要生产工艺及产排污环节分别如图7-1(a)～(d)所示。

7.2.2.3 排污许可申请信息平台填报及审核

(1) 排污单位基本情况：排污单位基本信息

排污单位基本信息填报内容如表7-65所列。

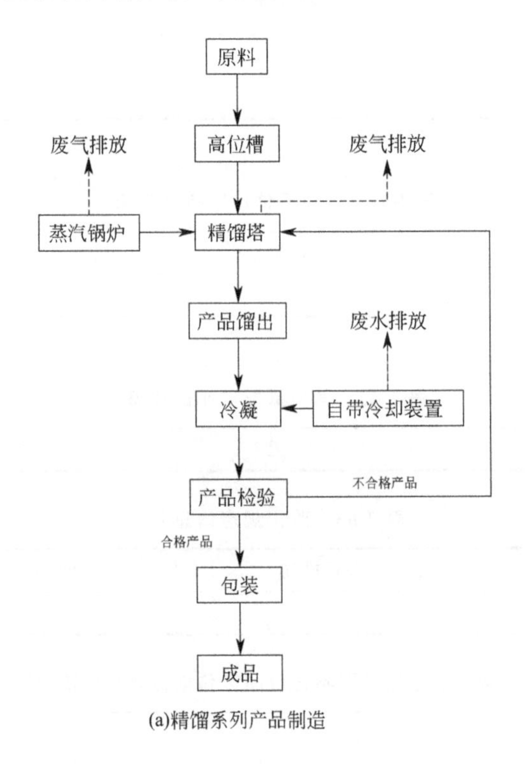

(a)精馏系列产品制造

废气、废水排放

原料 → 碟片式离心机 → 检验 → 包装 → 成品

(b)过滤系列产品制造

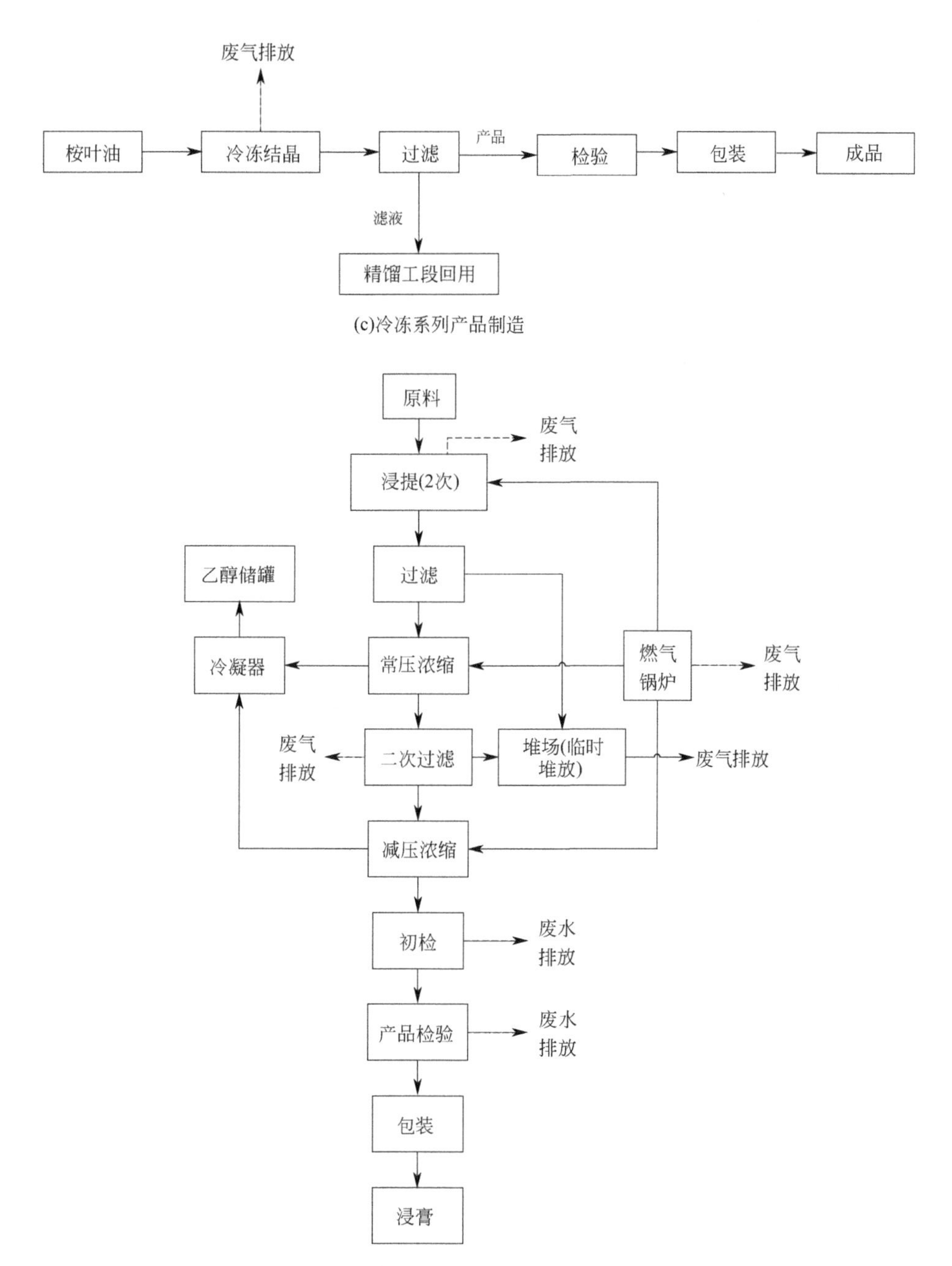

(c)冷冻系列产品制造

(d)萃取系列产品制造

图 7-1　天然香料制造生产工艺流程图

表 7-65　排污单位基本信息表

单位名称	*** 生物科技有限公司	注册地址	云南省 ** 市 ********
生产经营场所地址	云南省 ** 市 ********	邮政编码①	652 ***
行业类别	香料、香精制造，锅炉	是否投产②	是
投产日期③	2014-06-24	/	/
生产经营场所中心经度④	103° ** ′ ** ″	生产经营场所中心纬度⑤	25° ** ′ ** ″
组织机构代码	/	统一社会信用代码	******************

续表

技术负责人	***	联系电话	186 ********
所在地是否属于大气重点控制区⑥	否	所在地是否属于总磷控制区⑦	否
所在地是否属于总氮控制区⑦	否	所在地是否属于重金属污染特别排放限值实施区域⑧	否
是否位于工业园区⑨	是	所属工业园区名称	***** 工业园
是否有环评审批文件	是	环境影响评价审批文件文号或备案编号⑩	* 环建〔201 * 〕** 号
是否有地方政府对违规项目的认定或备案文件⑪	否	认定或备案文件文号	/
是否需要改正⑫	否	排污许可证管理类别⑬	重点管理
是否有主要污染物总量分配计划文件⑭	否	总量分配计划文件文号	/

注：表中①～⑭同表 7-1。

（2）排污单位登记信息：主要产品及产能

主要产品及产能信息填报内容如表 7-66、表 7-67 所列。

表 7-66 主要产品及产能信息表

序号	生产线名称	生产线编号	产品名称	计量单位①	生产能力①	设计年生产时间/h	其他产品信息
1	天然香料生产线	SCX002	香茅醛	t/a	124	7200	精馏类产品
			玫瑰醇	t/a	123	7200	精馏类产品
			松油烯	t/a	123	7200	精馏类产品
			榄香醇	t/a	124	7200	精馏类产品
			柠檬醛	t/a	124	7200	精馏类产品
			香叶醇	t/a	124	7200	精馏类产品
2	合成香料生产线	SCX004	XZ-3	t/a	10	7200	合成类产品
3	天然香料生产线	SCX003	玫瑰醇	t/a	123	7200	精馏类产品
			柠檬醛	t/a	124	7200	精馏类产品
			松油烯	t/a	124	7200	精馏类产品
			香叶醇	t/a	124	7200	精馏类产品
			榄香醇	t/a	124	7200	精馏类产品
			香茅醛	t/a	124	7200	精馏类产品
4	天然香料生产线	SCX001	柠檬醛	t/a	124	7200	精馏类产品
			玫瑰醇	t/a	123	7200	精馏类产品
			香叶醇	t/a	124	7200	精馏类产品
			松油烯	t/a	124	7200	精馏类产品
			香茅醛	t/a	124	7200	精馏类产品
			榄香醇	t/a	124	7200	精馏类产品
5	天然香料生产线	SCX007	桉叶素	t/a	400	7200	冷冻类产品
6	天然香料生产线	SCX005	树苔净油	t/a	5	7200	萃取类产品
			树苔浸膏	t/a	10	7200	萃取类产品
			桂花净油	t/a	0.5	7200	萃取类产品
			桂花浸膏	t/a	1	7200	萃取类产品
7	天然香料生产线	SCX006	澳洲茶树油	t/a	100	7200	过滤类产品
			白千层油	t/a	200	7200	过滤类产品

注：表中①同表 7-2。

表 7-67 主要产品及产能信息补充表

序号	生产线名称	生产线编号	主要生产单元名称	主要工艺名称①	生产设施名称①	生产设施编号②	设施参数③				其他设施信息	其他工艺信息
							参数名称	计量单位	设计值	其他设施参数信息		
1	天然香料生产线	SCX002	精馏系列产品制造	投料	高位槽	MF0002	输送能力	t/h	5	/	/	/
					真空泵	MF0001	输送能力	t/h	5	/	/	
			精馏系列产品制造	精馏	降膜蒸发器	MF0003	加热面积	m^2	45	/	/	/
					搅拌器	MF0004	处理能力	t/h	5	/	/	
					精馏釜	MF0005	处理能力	t/h	2	/	/	
					水换热器	MF0006	换热面积	m^2	15	/	/	
					水循环泵	MF0007	输送能力	t/h	3	/	/	
					塔器	MF0008	容积	m^3	2	/	/	
					塔填料	MF0009	处理能力	t/h	5	/	/	
					油缓冲器	MF0010	容积	m^3	0.5	/	/	
					油换热器	MF0011	换热面积	m^2	15	/	/	
					油循环泵	MF0012	输送能力	t/h	3	/	/	
					蒸汽喷射器	MF0013	处理能力	t/h	2	/	/	
			精馏系列产品制造	冷凝	出料冷却器	MF0014	冷凝面积	m^2	5	/	/	/
					喷射器冷凝器	MF0015	冷凝面积	m^2	22	/	/	
					主冷凝器	MF0016	冷凝面积	m^2	45	/	/	
			精馏系列产品制造	产品馏出	产品出料泵	MF0017	输送能力	t/h	5	/	/	/
					产品受槽	MF0018	容积	m^3	0.1	/	/	
					成品罐	MF0019	容积	m^3	15	/	/	
					湿区受槽	MF0020	容积	m^3	0.1	/	/	
			精馏系列产品制造	包装	包装桶	MF0021	容积	L	50	镀锌铁桶	/	/
							容积	L	200	镀锌铁桶、塑料桶		
					灌装设备	MF0022	处理能力	t/d	40	/	/	

续表

序号	生产线名称	生产线编号	主要生产单元名称	主要工艺名称①	生产设施名称①	生产设施编号②	设施参数③				其他设施信息	其他工艺信息
							参数名称	计量单位	设计值	其他设施参数信息		
2	合成香料生产线	SCX004	合成香料制造	投料	电动葫芦	MF0025	提升能力	T	2	/	/	/
					干溶剂日用罐	MF0029	容积	m^3	5.5	/	/	
					给料泵	MF0027	输送能力	t/h	2	/	/	
					加料罐	MF0023	容积	m^3	0.3	/	/	
					湿溶剂日用罐	MF0028	容积	m^3	5.5	/	/	
					移动计量泵	MF0026	输送能力	t/h	2	/	/	
					真空泵	MF0024	输送产量	t/h	5	/	/	
			合成香料制造	化学反应	反应釜	MF0030	容积	m^3	6	/	/	/
					搅拌器	MF0031	处理能力	t/h	2	/	/	
					塔器	MF0033	容积	m^3	6	/	/	
					塔填料	MF0032	处理能力	t/h	2	/	/	
			合成香料制造	物理处理	粗品储罐	MF0042	容积	m^3	6	/	/	/
					顶槽	MF0039	容积	m^3	6	/	/	
					冷却器	MF0037	冷却面积	m^2	30	/	/	
					冷油循环泵	MF0046	输送能力	t/h	5	/	/	
					喷射真空泵	MF0047	输送能力	t/h	2	/	/	
					汽化器	MF0036	汽化面积	m^2	15	/	/	
					受槽/分离器	MF0041	容积	m^3	0.3	/	/	
					输送泵	MF0043	输送能力	t/h	5	/	/	
					水冷却器	MF0038	冷却面积	m^2	30	/	/	
					物料预混罐	MF0040	容积	m^3	5.5	/	/	
					物料预混输送泵	MF0044	输送能力	t/h	2	/	/	
					循环泵	MF0045	输送能力	t/h	5	/	/	
					真空冷凝器	MF0035	冷凝面积	m^2	20	/	/	
					主冷凝器	MF0034	冷凝面积	m^2	47	/	/	

续表

序号	生产线名称	生产线编号	主要生产单元名称	主要工艺名称①	生产设施名称①	生产设施编号②	设施参数③				其他设施信息	其他工艺信息
							参数名称	计量单位	设计值	其他设施参数信息		
2	合成香料生产线	SCX004	合成香料制造	灌装	包装桶	MF0050	容积	L	50	塑料桶	/	/
					出料泵	MF0049	输送能力	t/h	2	/	/	
					灌装设备	MF0048	处理能力	t/d	40	/	/	
3	公用单元	SCX008	公用单元	污水处理	厂内综合污水处理站	MF0051	处理能力	m^3/d	30	/	/	
			公用单元	贮存	成品贮存场/设施	MF0053	贮存能力	m^3	1768	/	/	/
					原料贮存场/设施	MF0052	贮存能力	m^3	6190	/	/	
			公用单元	产品检验	高效气相色谱仪	MF0054	/	/	/	型号为GC7890，所有生产线共用	/	/
					高效气相色谱仪	MF0055	/	/	/	型号为GC7890，此设备为备用设备	/	
4	天然香料生产线	SCX003	精馏系列产品制造	投料	高位槽	MF0056	输送能力	t/h	5	/	/	/
					真空泵	MF0057	输送能力	t/h	5	/	/	
			精馏系列产品制造	精馏	降膜蒸发器	MF0058	加热面积	m^2	45	/	/	/
					搅拌器	MF0059	处理能力	t/h	5	/	/	
					精馏釜	MF0060	处理能力	t/h	2	/	/	
					水换热器	MF0061	换热面积	m^2	15	/	/	
					水循环泵	MF0062	输送能力	t/h	3	/	/	
					塔器	MF0063	容积	m^3	2	/	/	
					塔填料	MF0064	处理能力	t/h	5	/	/	
					油缓冲器	MF0065	容积	m^3	0.5	/	/	
					油换热器	MF0066	换热面积	m^2	15	/	/	
					油循环泵	MF0067	输送能力	t/h	3	/	/	
					蒸汽喷射器	MF0068	处理能力	t/h	2	/	/	

续表

序号	生产线名称	生产线编号	主要生产单元名称	主要工艺名称[①]	生产设施名称[①]	生产设施编号[②]	设施参数[③]				其他设施信息	其他工艺信息
							参数名称	计量单位	设计值	其他设施参数信息		
4	天然香料生产线	SCX003	精馏系列产品制造	冷凝	出料冷却器	MF0069	冷凝面积	m^2	5	/	/	/
					喷射器冷凝器	MF0070	冷凝面积	m^2	22	/	/	
					主冷凝器	MF0071	冷凝面积	m^2	45	/	/	
			精馏系列产品制造	产品馏出	产品出料泵	MF0072	输送能力	t/h	5	/	/	/
					产品受槽	MF0073	容积	m^3	0.1	/	/	
					成品罐	MF0074	容积	m^3	15	/	/	
					湿区受槽	MF0075	容积	m^3	0.1	/	/	
			精馏系列产品制造	包装	包装桶	MF0076	容积	L	50	镀锌铁桶	/	/
							容积	L	200	镀锌铁桶、塑料桶		
					灌装设备	MF0077	处理能力	t/d	40	/	/	
5	天然香料生产线	SCX001	精馏系列产品制造	精馏	降膜蒸发器	MF0088	加热面积	m^2	45	/	/	/
					搅拌器	MF0079	处理能力	t/h	5	/	/	
					精馏釜	MF0078	处理能力	t/h	2	/	/	
					水换热器	MF0083	换热面积	m^2	15	/	/	
					水循环泵	MF0086	输送能力	t/h	3	/	/	
					塔器	MF0080	容积	m^3	2	/	/	
					塔填料	MF0081	处理能力	t/h	5	/	/	
					油缓冲器	MF0087	容积	m^3	0.5	/	/	
					油换热器	MF0082	换热面积	m^2	15	/	/	
					油循环泵	MF0085	输送能力	t/h	3	/	/	
					蒸汽喷射器	MF0084	处理能力	t/h	2	/	/	

续表

序号	生产线名称	生产线编号	主要生产单元名称	主要工艺名称[①]	生产设施名称[①]	生产设施编号[②]	设施参数[③]				其他设施信息	其他工艺信息
							参数名称	计量单位	设计值	其他设施参数信息		
5	天然香料生产线	SCX001	精馏系列产品制造	投料	高位槽	MF0090	输送能力	t/h	5	/	/	/
					真空泵	MF0089	输送能力	t/h	5	/	/	
			精馏系列产品制造	冷凝	出料冷却器	MF0093	冷凝面积	m^2	5	/	/	/
					喷射器冷凝器	MF0092	冷凝面积	m^2	22	/	/	
					主冷凝器	MF0091	冷凝面积	m^2	45	/	/	
			精馏系列产品制造	产品馏出	产品出料泵	MF0094	输送能力	t/h	5	/	/	/
					产品受槽	MF0095	容积	m^3	0.1	/	/	
					成品罐	MF0097	容积	m^3	15	/	/	
					湿区受槽	MF0096	容积	m^3	0.1	/	/	
			精馏系列产品制造	包装	包装桶	MF0099	容积	L	50	镀锌铁桶	/	/
							容积	L	200	镀锌铁桶、塑料桶		
					灌装设备	MF0098	处理能力	t/d	40	/	/	
6	天然香料生产线	SCX007	冷冻系列产品制造	冷冻结晶	冷冻室	MF0100	面积	m^2	20	/	/	/
			冷冻系列产品制造	过滤	单联过滤器	MF0101	过滤面积	m^2	0.5	/	/	/
			冷冻系列产品制造	包装	包装桶	MF0102	容积	L	200	镀锌铁桶、塑料桶	/	/
							容积	L	50	镀锌铁桶	/	
					灌装设备	MF0103	处理能力	t/d	40	/		

续表

序号	生产线名称	生产线编号	主要生产单元名称	主要工艺名称①	生产设施名称①	生产设施编号②	设施参数③				其他设施信息	其他工艺信息
							参数名称	计量单位	设计值	其他设施参数信息		
7	天然香料生产线	SCX005	萃取系列产品制造	浸提	提取反应釜	MF0104	处理能力	t/h	2	/	/	/
					提取反应釜	MF0105	处理能力	t/h	2	/	/	
					提取反应釜	MF0106	处理能力	t/h	2	/	/	
					提取反应釜冷凝器	MF0111	换热面积	m^2	3	/	/	
					提取反应釜冷凝器	MF0112	换热面积	m^2	6	/	/	
					提取反应釜冷凝器	MF0113	换热面积	m^2	8	/	/	
					提取液中储罐	MF0107	容积	m^3	4	/	/	
					提取液中储罐	MF0108	容积	m^3	8	/	/	
					有机溶剂泵	MF0109	输送能力	t/h	3	/	/	
					有机溶剂储罐	MF0110	容积	m^3	20	/	/	
			萃取系列产品制造	过滤	单联过滤器	MF0114	过滤面积	m^2	0.5	/	/	/
					单联过滤器	MF0115	过滤面积	m^2	0.5	/	/	
					单联过滤器	MF0116	过滤面积	m^2	0.5	/	/	
					香料油水分离器	MF0117	容积	m^3	0.1	/	/	
			萃取系列产品制造	常压浓缩	内循环式蒸发器	MF0118	蒸发面积	m^2	0.5	/	/	/
			萃取系列产品制造	二次过滤	物料离心泵	MF0119	处理能力	t/h	5	/	/	/

续表

序号	生产线名称	生产线编号	主要生产单元名称	主要工艺名称①	生产设施名称①	生产设施编号②	设施参数③				其他设施信息	其他工艺信息
							参数名称	计量单位	设计值	其他设施参数信息		
7	天然香料生产线	SCX005	萃取系列产品制造	减压浓缩	搅拌式真空浓缩器	MF0120	处理能力	t/h	0.1	/	/	/
					真空减压提取反应釜	MF0121	处理能力	t/h	3	/	/	
			萃取系列产品制造	包装	包装桶	MF0122	容积	L	5	镀锌铁桶、塑料桶、铝桶	/	/
							容积	L	10	镀锌铁桶、塑料桶、铝桶		
							容积	L	25	镀锌铁桶、塑料桶、铝桶		
							容积	L	1	镀锌铁桶、塑料桶、铝桶		
					灌装设备	MF0123	处理能力	t/d	40	/	/	
8	天然香料生产线	SCX006	过滤系列产品制造	离心分离	碟片式离心机	MF0124	处理能力	t/h	0.02	/	/	/
			过滤系列产品制造	包装	包装桶	MF0125	容积	L	200	镀锌铁桶、塑料桶	/	/
							容积	L	50	镀锌铁桶		
					灌装设备	MF0126	处理能力	t/d	40	/	/	

①～③同表7-3。

（3）排污单位登记信息：主要原辅材料及燃料

主要原辅材料及燃料信息填报内容如表 7-68 所列。

表 7-68 主要原辅材料及燃料信息表

序号	种类①	名称②	设计年使用量	计量单位	其他信息
原料及辅料					
1	辅料	石蜡油	2.20	t/a	/
2	辅料	碳酸钾	0.89	t/a	/
3	辅料	乙醇	4.60	t/a	/
4	辅料	原甲酸三甲酯	8.07	t/a	/
5	原料	桉叶油原油	2825	t/a	/
6	原料	澳洲茶树油毛油	101	t/a	/
7	原料	白千层油	202	t/a	/
8	原料	冬青油原油	8	t/a	/
9	原料	桂花	82	t/a	/
10	原料	桂油	7	t/a	/
11	原料	山苍子头油	52.50	t/a	/
12	原料	树苔	62.50	t/a	/
13	原料	香茅油原油	61	t/a	/
14	原料	香叶油原油	40.05	t/a	/
15	原料	紫胶桐酸	13.55	t/a	即虫胶酸

燃料③

序号	燃料名称	设计年使用量	计量单位	含水率/%	灰分/%	硫分/%	挥发分/%	低位发热量/(kJ/kg)	其他信息
/	/	/	/	/	/	/	/	/	/

注：表中①～③同表 7-4。

（4）排污单位登记信息：产排污节点、污染物及污染治理设施

废气产排污节点、污染物及污染治理设施信息填报如表 7-69 所列。

废水类别、污染物及污染治理设施信息填报如表 7-70 所列。

表 7-69　废气产排污节点、污染物及污染治理设施信息表

序号	生产线名称及编号	主要生产单元	产污设施编号	产污设施名称①	对应产污环节名称②	污染物种类③	排放形式④	污染治理设施						有组织排放口名称	有组织排放口编号⑥	排放口设置是否符合要求⑦	排放口类型⑧	其他信息
								污染治理设施编号	污染治理设施名称⑤	污染治理设施工艺	设计处理效率/%	是否为可行技术	污染治理设施其他信息					
1	天然香料生产线，SCX001	精馏系列产品制造	MF0078	精馏釜	精馏过程	非甲烷总烃	有组织	TA001	活性炭吸附装置	吸附	90	是	/	活性炭吸附装置排放口	DA001	是	一般排放口	/
2	天然香料生产线，SCX003	精馏系列产品制造	MF0060	精馏釜	精馏过程	非甲烷总烃	有组织	TA001	活性炭吸附装置	吸附	90	是	/	活性炭吸附装置排放口	DA001	是	一般排放口	/
3	天然香料生产线，SCX002	精馏系列产品制造	MF0005	精馏釜	精馏过程	非甲烷总烃	有组织	TA001	活性炭吸附装置	吸附	90	是	/	活性炭吸附装置排放口	DA001	是	一般排放口	/
4	合成香料生产线，SCX004	合成香料制造	MF0030	反应釜	合成反应	非甲烷总烃	有组织	TA001	活性炭吸附装置	吸附	90	是	/	活性炭吸附装置排放口	DA001	是	一般排放口	/
5	天然香料生产线，SCX005	萃取系列产品制造	MF0104	提取反应釜	浸提	非甲烷总烃	无组织	/	/	/	/	/	/	/	/	/	/	厂房封闭
6	天然香料生产线，SCX005	萃取系列产品制造	MF0105	提取反应釜	浸提	非甲烷总烃	无组织	/	/	/	/	/	/	/	/	/	/	厂房封闭

续表

序号	生产线名称及编号	主要生产单元	产污设施编号	产污设施名称①	对应产污环节名称②	污染物种类③	排放形式④	污染治理设施						有组织排放口名称	有组织排放口编号⑥	排放口设置是否符合要求⑦	排放口类型⑧	其他信息
								污染治理设施编号	污染治理设施名称⑤	污染治理设施工艺	设计处理效率/%	是否为可行技术	污染治理设施其他信息					
7	天然香料生产线，SCX005	萃取系列产品制造	MF0106	提取反应釜	浸提	非甲烷总烃	无组织	/	/	/	/	/	/	/	/	/	/	厂房封闭
8	天然香料生产线，SCX005	萃取系列产品制造	MF0114	单联过滤器	过滤	非甲烷总烃	无组织	/	/	/	/	/	/	/	/	/	/	厂房封闭
9	天然香料生产线，SCX005	萃取系列产品制造	MF0115	单联过滤器	过滤	非甲烷总烃	无组织	/	/	/	/	/	/	/	/	/	/	厂房封闭
10	天然香料生产线，SCX005	萃取系列产品制造	MF0116	单联过滤器	过滤	非甲烷总烃	无组织	/	/	/	/	/	/	/	/	/	/	厂房封闭
11	天然香料生产线，SCX005	萃取系列产品制造	MF0118	内循环式蒸发器	常压浓缩	非甲烷总烃	无组织	/	/	/	/	/	/	/	/	/	/	厂房封闭
12	天然香料生产线，SCX005	萃取系列产品制造	MF0119	物料离心泵	二次过滤	非甲烷总烃	无组织	/	/	/	/	/	/	/	/	/	/	厂房封闭
13	天然香料生产线，SCX005	萃取系列产品制造	MF0120	搅拌式真空浓缩器	减压浓缩	非甲烷总烃	无组织	/	/	/	/	/	/	/	/	/	/	厂房封闭
14	公用单元，SCX008	公用单元	MF0051	厂内综合污水处理站	污水站废气	臭气浓度	无组织	/	/	/	/	/	/	/	/	/	/	密封加盖，四周绿化

①～⑧同表 7-5。

表 7-70 废水类别、污染物及污染治理设施信息表

序号	废水类别①	污染物种类①	污染治理设施①						排放去向②	排放方式①	排放规律③	排放口编号④	排放口名称	排放口设置是否符合要求⑤	排放口类型⑥	其他信息
			污染治理设施编号	污染治理设施名称	污染治理设施工艺	设计处理水量/(t/h)	是否为可行技术	污染治理设施其他信息								
1	厂内综合污水处理站的综合污水废水(生产废水、生活污水等)	化学需氧量、氨氮(NH_3-N)、总磷(以P计)、悬浮物、五日生化需氧量、pH值	TW001	厂内综合污水处理站	预处理:粗(细)格栅、沉淀池、气浮;生化法处理:生物接触氧化法;深度处理:膜生物反应器(MBR)法	1.25	是	/	其他(包括回喷、回填、回灌、回用等)	无	/	/	/	/	/	回用于厂区绿化

注:表中①~⑥同表7-6。

(5) 大气污染物排放：排放口

大气污染物排放口基本情况填报内容如表 7-71 所列。

表 7-71 大气污染物排放口基本情况表

序号	排放口编号	排放口名称	污染物种类	排放口地理坐标①		排气筒高度/m	排气筒出口内径②/m	排气温度/℃	其他信息
				经度	纬度				
1	DA001	活性炭吸附装置排放口	非甲烷总烃	103°**′**″	25°**′**″	15	0.2	常温	/

注：表中①、②同表 7-7。

废气污染物排放执行标准情况填报如表 7-72 所列。

表 7-72 废气污染物排放执行标准表

序号	排放口编号	排放口名称	污染物种类	国家或地方污染物排放标准①			环境影响评价批复要求②(标准状态)/(mg/m³)	承诺更加严格排放限值③(标准状态)/(mg/m³)	其他信息
				名称	浓度限值(标准状态)/(mg/m³)	速率限值/(kg/h)			
1	DA001	活性炭吸附装置排放口	非甲烷总烃	《大气污染物综合排放标准》(GB 16297—1996)	120	10	/	/	/

注：表中①～③同表 7-8。

(6) 大气污染物排放：有组织排放信息

大气污染物有组织排放填报内容如表 7-73 所列。

表 7-73 大气污染物有组织排放表

序号	排放口编号	排放口名称	污染物种类	申请许可排放浓度限值	申请许可排放速率限值/(kg/h)	申请年许可排放量限值/(t/a)					申请特殊排放浓度限值	申请特殊时段许可排放量限值
						第一年	第二年	第三年	第四年	第五年		
主要排放口												
主要排放口合计			颗粒物			/	/	/	/	/	/	/
			SO_2			/	/	/	/	/	/	/
			NO_x			/	/	/	/	/	/	/
			VOCs			/	/	/	/	/	/	/
一般排放口												
1	DA001	活性炭吸附装置排放口	非甲烷总烃	120mg/m³	10	/	/	/	/	/	/	/
一般排放口合计			颗粒物			/	/	/	/	/	/	/
			SO_2			/	/	/	/	/	/	/
			NO_x			/	/	/	/	/	/	/
			VOCs			/	/	/	/	/	/	/
全厂有组织排放总计												
全厂有组织排放总计			颗粒物			/	/	/	/	/	/	/
			SO_2			/	/	/	/	/	/	/
			NO_x			/	/	/	/	/	/	/
			VOCs			/	/	/	/	/	/	/

(7) 大气污染物排放：无组织排放信息

大气污染物无组织排放填报内容如表 7-74 所列。

表 7-74 大气污染物无组织排放表

序号	生产设施编号/无组织排放编号	产污环节[1]	污染物种类	主要污染防治措施[2]	国家或地方污染物排放标准		其他信息	许可排放量限值/(t/a)					申请特殊时段许可排放量限值(标准状态)/(mg/m³)
					名称	浓度限值(标准状态)/(mg/m³)		第一年	第二年	第三年	第四年	第五年	
1	厂界	/	臭气浓度	产生恶臭区域加罩或加盖密封	《恶臭污染物排放标准》(GB 14554—93)	20(无量纲)	/	/	/	/	/	/	/(无量纲)
2	厂界	/	非甲烷总烃	及时更换老化阀门和管道,密闭回收	《大气污染物综合排放标准》(GB 16297—1996)	4.0	/	/	/	/	/	/	/
3	MF0118	常压浓缩	非甲烷总烃	/	《大气污染物综合排放标准》(GB 16297—1996)	4	厂房封闭,加强绿化	/	/	/	/	/	/
4	MF0119	二次过滤	非甲烷总烃	/	《大气污染物综合排放标准》(GB 16297—1996)	4	厂房封闭,加强绿化	/	/	/	/	/	/
5	MF0115	过滤	非甲烷总烃	/	《大气污染物综合排放标准》(GB 16297—1996)	4	厂房封闭,加强绿化	/	/	/	/	/	/
6	MF0116	过滤	非甲烷总烃	/	《大气污染物综合排放标准》(GB 16297—1996)	4	厂房封闭,加强绿化	/	/	/	/	/	/
7	MF0114	过滤	非甲烷总烃	/	《大气污染物综合排放标准》(GB 16297—1996)	4	厂房封闭,加强绿化	/	/	/	/	/	/
8	MF0120	减压浓缩	非甲烷总烃	/	《大气污染物综合排放标准》(GB 16297—1996)	4	厂房封闭,加强绿化	/	/	/	/	/	/
9	MF0106	浸提	非甲烷总烃	/	《大气污染物综合排放标准》(GB 16297—1996)	4	厂房封闭,加强绿化	/	/	/	/	/	/
10	MF0104	浸提	非甲烷总烃	/	《大气污染物综合排放标准》(GB 16297—1996)	4	厂房封闭,加强绿化	/	/	/	/	/	/

续表

序号	生产设施编号/无组织排放编号	产污环节[①]	污染物种类	主要污染防治措施[②]	国家或地方污染物排放标准		其他信息	许可排放量限值/(t/a)					申请特殊时段许可排放量限值(标准状态)/(mg/m³)
					名称	浓度限值(标准状态)/(mg/m³)		第一年	第二年	第三年	第四年	第五年	
11	MF0105	浸提	非甲烷总烃	/	《大气污染物综合排放标准》(GB 16297—1996)	4.0	厂房封闭，加强绿化	/	/	/	/	/	/
12	MF0060	精馏过程	非甲烷总烃	及时更换老化阀门和管道，密闭回收	《大气污染物综合排放标准》(GB 16297—1996)	4.0	/	/	/	/	/	/	/
13	MF0078	精馏过程	非甲烷总烃	及时更换老化阀门和管道，密闭回收	《大气污染物综合排放标准》(GB 16297—1996)	4.0	/	/	/	/	/	/	/
14	MF0005	精馏过程	非甲烷总烃	及时更换老化阀门和管道，密闭回收	《大气污染物综合排放标准》(GB 16297—1996)	4.0	/	/	/	/	/	/	/
15	MF0051	污水处理、污泥堆放和处理	臭气浓度	集水池、调节池、厌氧处理设施(无沼气利用)、兼氧处理设施等产生臭气区域加罩或加盖	《恶臭污染物排放标准》(GB 14554—93)	20(无量纲)	污水处理站密封加盖，四周绿化	/	/	/	/	/	/
16	MF0118	常压浓缩	非甲烷总烃	/	《大气污染物综合排放标准》(GB 16297—1996)	4.0	厂房封闭，加强绿化	/	/	/	/	/	/
全厂无组织排放总计													
全厂无组织排放总计			颗粒物					/	/	/	/	/	/
			SO_2					/	/	/	/	/	/
			NO_x					/	/	/	/	/	/
			VOCs					/	/	/	/	/	/
			非甲烷总烃					/	/	/	/	/	/

注：表中①、②同表 7-10。

(8) 大气污染物排放：企业大气排放总许可量

企业大气污染物排放总许可量填报内容如表 7-75 所列。

表 7-75 企业大气污染物排放总许可量

序号	污染物种类	第一年/(t/a)	第二年/(t/a)	第三年/(t/a)	第四年/(t/a)	第五年/(t/a)
1	颗粒物	/	/	/	/	/
2	SO_2	/	/	/	/	/
3	NO_x	/	/	/	/	/
4	VOCs	/	/	/	/	/

(9) 水污染物排放：排放口

废水直接排放口基本情况、入河排污口信息填报内容分别如表 7-76、表 7-77 所列。本案例企业废水为间接排放，故无需填报。

表 7-76 废水直接排放口基本情况表

序号	排放口编号	排放口名称	排放口地理坐标①		排放去向	排放规律	间歇排放时段	受纳自然水体信息		汇入受纳自然水体处地理坐标④		其他信息⑤
			经度	纬度				名称②	受纳水体功能目标③	经度	纬度	
/	/	/	/	/	/	/	/	/	/	/	/	/

注：表中①～⑤同表 7-12。

表 7-77 入河排污口信息表

序号	排放口编号	排放口名称	入河排污口			其他信息
			名称	编号	批复文号	
/	/	/	/	/	/	/

雨水排放口基本情况填报内容如表 7-78 所列。

表 7-78 雨水排放口基本情况表

序号	排放口编号	排放口名称	排放口地理坐标①		排放去向	排放规律	间歇排放时段	受纳自然水体信息		汇入受纳自然水体处地理坐标④		其他信息⑤
			经度	纬度				名称②	受纳水体功能目标③	经度	纬度	
1	YS001	雨水排放口	103°**′**″	25°**′**″	进入城市下水道(再入江河、湖、库)	间断排放，排放期间流量不稳定且无规律，但不属于冲击型排放	下雨形成地表径流时	南盘江	Ⅳ类	103°**′**″	24°**′**″	/

注：表中①～⑤同表 7-12。

废水间接排放口基本情况填报内容如表 7-79 所列。

表 7-79 废水间接排放口基本情况表

序号	排放口编号	排放口名称	排放口地理坐标①		排放去向	排放规律	间歇排放时段	受纳污水处理厂信息			
			经度	纬度				名称②	污染物种类	排水协议规定的浓度限值③	国家或地方污染物排放标准浓度限值④
/	/	/	/	/	/	/	/	/	/	/	/

注：表中①～④同表 7-15。

废水污染物排放执行标准填报表 7-80。

表 7-80 废水污染物排放执行标准表

序号	排放口编号	排放口名称	污染物种类	国家或地方污染物排放标准①		排水协议规定的浓度限值(如有)②	环境影响评价批复要求	承诺更加严格排放限值	其他信息
				名称	浓度限值				
/	/	/	/	/	/	/	/	/	/

注：表中①、②同表 7-16 。

(10) 水污染物排放：申请排放信息

废水污染物申请排放信息包括申请排放浓度限值及申请年排放量限值，填报内容见表 7-81。

表 7-81 废水污染物申请排放表

序号	排放口编号	排放口名称	污染物种类	申请排放浓度限值	申请年排放量限值/(t/a)					申请特殊时段排放量限值
					第一年	第二年	第三年	第四年	第五年	
主要排放口										
主要排放口合计			COD_{Cr}		/	/	/	/	/	/
			氨氮		/	/	/	/	/	/
一般排放口										
一般排放口合计			COD_{Cr}		/	/	/	/	/	/
			氨氮		/	/	/	/	/	/
全厂排放口										
全厂排放口总计			COD_{Cr}		/	/	/	/	/	/
			氨氮		/	/	/	/	/	/

(11) 噪声排放信息

噪声排放信息填报内容见表 7-82。

表 7-82 噪声排放信息

噪声类别	生产时段		执行排放标准名称	厂界噪声排放限值		备注
	昼间	夜间		昼间(A)/dB	夜间(A)/dB	
稳态噪声	6:00～22:00	22:00～6:00	《工业企业厂界环境噪声排放标准》(GB 12348—2008)	65	55	每季度监测一次
频发噪声	否	是	《工业企业厂界环境噪声排放标准》(GB 12348—2008)	/	65	/
偶发噪声	否	是	《工业企业厂界环境噪声排放标准》(GB 12348—2008)	/	70	/

(12) 固体废物管理信息

固体废物管理信息填报内容见表 7-83。

(13) 环境管理要求：自行监测要求

自行监测及记录信息填报内容见表 7-84。

表 7-83 固体废物管理信息

固体废物基础信息表

序号	固体废物类别	固体废物名称	代码[①]	危险特性[②]	类别[③]	物理性状	产生环节	去向	备注
1	一般工业固体废物	精馏釜底液	SW59	/	第Ⅰ类工业固体废物	液态(高浓度液态废物,L)	天然香料生产线 SCX001	委托处置	/
2	一般工业固体废物	废包装材料	SW17	/	第Ⅰ类工业固体废物	固态(固体废物,S)	天然香料生产线 SCX001	委托利用	/
3	一般工业固体废物	萃取滤渣	SW59	/	第Ⅰ类工业固体废物	固态(固体废物,S)	天然香料生产线 SCX005	委托利用	/
4	一般工业固体废物	污水处理站污泥	SW07	/	第Ⅰ类工业固体废物	半固态(泥态废物,SS)	公用单元 SCX008	委托处置	/
5	一般工业固体废物	釜底液	SW59	/	第Ⅰ类工业固体废物	液态(高浓度液态废物,L)	合成香料生产线 SCX004	委托处置	/
6	危险废物	精馏塔废填料	HW11 900-013-11	T	/	固态(固体废物,S)	天然香料生产线 SCX001	委托处置	/
7	危险废物	废弃活性炭	HW49 900-039-49	T	/	固态(固体废物,S)	天然香料生产线 SCX001	委托处置	/

自行贮存和自行利用/处置设施信息表

序号	固体废物类别	设施名称	设施编号	设施类型	位置		污染防控技术要求
					经度	纬度	
1	/	/	/	/	/	/	/
2							

注：表中①～③同表 7-19。

表 7-84 自行监测及记录信息表

序号	污染源类别/监测类别	排放口编号/监测点位	排放口名称/监测点位名称	监测内容①	污染物名称	监测设施	自动监测是否联网	自动监测仪器名称	自动监测设施安装位置	自动监测设施是否符合安装、运行、维护等管理要求	手工监测采样方法及个数②	手工监测频次③	手工测定方法④	其他信息
1	废气	DA001	活性炭吸附装置排放口	烟气流速、烟气温度、烟气压力、烟气含湿量、烟道截面积	非甲烷总烃	手工	/	/	/	/	非连续采样，至少3个	1次/半年	《固定污染源排气总烃、甲烷和非甲烷总烃的测定 气相色谱法》(HJ/T 38—2017)	/
2	废气	厂界	/	风向、风速	臭气浓度	手工	/	/	/	/	非连续采样，至少3个	1次/半年	《空气质量 恶臭的测定 三点比较式臭袋法》(GB/T 14675—1993)	/
3	废气	厂界	/	风向、风速	非甲烷总烃	手工	/	/	/	/	非连续采样，至少3个	1次/半年	《环境空气总烃、甲烷和非甲烷总烃的测定 直接进样-气相色谱法》(HJ 604—2017)	/
4	废水	YS001	雨水排放口	流量	化学需氧量	手工	/	/	/	/	混合采样，至少3个混合样	1次/季	《水质 化学需氧量的测定 重铬酸盐法》(HJ 828—2017)	排放口有流动水排放时开展监测
5	废水	YS001	雨水排放口	流量	总磷(以P计)	手工	/	/	/	/	混合采样，至少3个混合样	1次/季	《水质 总磷的测定 流动注射-钼酸铵分光光度法》(HJ 671—2013)	排放口有流动水排放时开展监测

①～④同表 7-20。

（14）环境管理要求：环境管理台账记录要求

环境管理台账记录要求填报内容见表7-85。

表7-85 环境管理台账信息表

序号	类别	记录内容	记录频次	记录形式	其他信息
1	基本信息	单位名称、生产经营场所地址、行业类别、法定代表人、统一社会信用代码、产品名称、年产品产能、环境影响评价文件审批(审核)意见文号、排污权交易文件文号、排污许可证编号等	对于未发生变化的排污单位基本信息，按年记录，1次/年；对于发生变化的基本信息，在发生变化时记录1次	电子台账＋纸质台账	台账记录至少保存5年
2	监测记录信息	(1)废气污染物排放情况手工监测：排放口编号、排放口名称、排气筒高度、监测大气污染物项目、污染物排放浓度(折算值)、烟气参数(流量、温度、压力等)，以及采样日期、采样时间、采样点位、混合取样的样品数量、采样器名称、采样人姓名等。 (2)废水污染物排放情况手工监测：排放口编号、排放口名称、废水排放去向、监测水污染物项目、污染物排放浓度、流量，以及采样日期、采样时间、采样点位、混合取样的样品数量、采样器名称、采样人姓名等	与自行监测频次要求保持一致，同步进行监测信息记录	电子台账＋纸质台账	台账记录至少保存5年
3	其他环境管理信息	(1)无组织废气污染防治措施管理维护信息：管理维护时间及主要内容等。 (2)特殊时段环境管理信息：具体管理要求及其执行情况。 (3)固体废物管理信息：危险废物按照《危险废物产生单位管理计划制定指南》（环境保护部公告2016年第7号）等要求，记录危险废物的种类、产生量、流向、贮存、利用/处置等信息；待危险废物环境管理台账相关标准或管理文件发布实施后，从其规定。一般工业固体废物按照《一般工业固体废物管理台账制定指南(试行)》（生态环境部公告2021年第82号）等要求，记录一般工业固体废物产生信息、流向汇总信息、出厂环节记录信息等。 (4)其他信息：法律法规、标准规范确定的其他信息，排污单位自主记录的环境管理信息	(1)无组织废气污染防治措施管理维护信息：1次/日。 (2)特殊时段环境管理信息：按基本信息、生产设施运行管理信息、污染防治设施运行管理信息、监测记录信息规定频次记录；对于停产或错峰生产的，原则上仅对停产或错峰生产的起止日期各记录1次。 (3)危险废物按照《危险废物产生单位管理计划制定指南》（环境保护部公告2016年第7号）等规定的频次要求记录；待危险废物环境管理台账相关标准或管理文件发布实施后，从其规定。一般工业固体废物按照《一般工业固体废物管理台账制定指南(试行)》(生态环境部公告2021年第82号)等频次要求记录。 (4)其他信息：依据法律法规、标准规范或实际生产运行规律等确定记录频次	电子台账＋纸质台账	台账记录至少保存5年
4	生产设施运行管理信息	(1)正常工况 ①主要产品：名称及产量。 ②主要原辅材料：名称及用量。 ③燃料：名称、用量、灰分、硫分、挥发分、含水率、热值等。 (2)非正常工况 非正常工况生产设施名称及编码、起止时间、产品产量、原辅材料及燃料用量、事件原因、应对措施、是否报告等	(1)正常工况 ①主要产品、原辅材料信息：连续生产的，按日记录，1次/日。非连续生产的，按照生产周期记录，1次/周期；周期小于1日的，按日记录，1次/日。 ②燃料信息：燃料用量，连续生产的按日记录，1次/日；非连续生产的按生产周期记录，1次/周期。灰分、硫分、挥发分、含水率、热值，按采购批次记录，1次/批。 (2)非正常工况 按照工况期记录，1次/非正常工况期	电子台账＋纸质台账	台账记录至少保存5年

续表

序号	类别	记录内容	记录频次	记录形式	其他信息
5	污染防治设施运行管理信息	(1)正常情况 ①有组织废气、废水污染防治设施运行管理信息 污染防治设施基本信息：污染防治设施名称、编码、规格参数及设计值等。 运行状态：运行起止时间、是否正常运行等。 主要药剂(吸附剂)添加情况：药剂名称、添加(更换)时间、添加(更换)量等。 有组织废气污染防治设施还应记录：废气排放量、排放时间，用电量等。 废水污染防治设施还应记录：处理废水类别，废水处理方式、排放量、排放去向、排放时间，用电量及污泥产生量等。 ②无组织废气污染控制措施管理维护信息 无组织废气排放源、无组织废气污染控制措施、管理维护时间，以及涉及的主要管理维护内容：原辅材料、中间产品及成品贮存场或设施，以及投料系统、筛分系统、包装系统密封或密闭情况；制冷系统密封检查和检测情况；老化阀门和管道更换情况；产臭区域加罩或加盖情况或投放除臭剂种类及数量；露天储煤场等易起扬尘区域采取降尘措施情况。 (2)异常情况 异常情况污染防治设施名称及编码、起止时间、污染物排放浓度、异常原因、应对措施、是否报告等	(1)正常情况 ①有组织废气、废水污染防治设施运行管理信息记录频次 污染防治设施基本信息、废水处理方式、处理废水类别：按年记录，1次/年；对于发生变化的信息，在发生变化时记录1次。 运行状态、污染物排放情况、污泥产生量、用电量：按日记录，1次/日。 主要药剂(吸附剂)添加情况：按日或批次记录，1次/日或1次/批。 ②无组织废气污染控制措施管理维护信息：按日记录，1次/日。 (2)异常情况 按照异常情况期记录，1次/异常情况期	电子台账＋纸质台账	台账记录至少保存5年

(15) 补充登记信息

本案例企业不涉及补充登记信息。

(16) 有核发权的地方生态环境主管部门增加的管理内容（如需）

改正规定信息表如表7-86所列。

表7-86 改正规定信息表

序号	整改问题	整改措施	整改时限	整改计划
/	/	/	/	/

(17) 锅炉申请信息

锅炉排污单位申请信息表如表7-87所列。

表7-87 实施简化管理的气体燃料锅炉排污单位申请信息

锅炉编号	容量	容量单位	年运行时间/h	燃料种类	燃料使用量/($10^4 m^3/a$)	备注
MF0127	24	t/h	7200	天然气	180	/
主要产品(介质)		蒸汽		主要污染物类别		废气、废水
大气污染物排放形式		有组织		废水污染物排放去向		不外排

续表

废气排放口编号	废气排放口名称	污染物项目	污染物排放执行标准名称	浓度限值/(mg/m^3)
DA002	燃气锅炉排放口	颗粒物	《锅炉大气污染物排放标准》(GB 13271—2014)	20
		氮氧化物		200
		林格曼黑度		1
		二氧化硫		50
废水排放口编号	废水排放口名称	污染物项目	污染物排放执行标准名称	浓度限值/(mg/L)
/				

自行监测要求		废气			
污染源类型	排放口编号	排放口名称	监测点位	监测指标	监测频次
废气	DA002	燃气锅炉排放口	烟道	氮氧化物	自动监测
				颗粒物、二氧化硫、林格曼黑度	1次/季

注：1. 排污单位逐台填报锅炉编号、容量、年运行时间和燃料信息等。

2. 不同气体燃料混烧的锅炉分别填写不同气体燃料种类及消耗量。

3. 废气、废水不同污染物项目根据执行的污染物排放标准分类填写。

易错问题及其审核要点如下：

① 锅炉未逐台填报；燃料消耗量与锅炉容量不匹配；运行时间不合逻辑（如运行时间＞8760h）；蒸汽锅炉容量单位误填为MW或热水锅炉容量单位误填为t/h；

② 主要污染物类别漏选废气或者废水；大气污染物排放形式误填为无组织；废水外排入市政污水管网误选不外排；

③ 污染物项目错填漏填；浓度限值填报有误；污染物执行标准未选更严格的地方标准；

④ 监测点位为烟道的误填为烟囱；监测频次不符合《排污单位自行监测技术指南 火力发电及锅炉》（HJ 820—2017）要求。

（18）相关附件及说明

该企业为重点管理企业，系统里必须上传的附件包括守法承诺书（需法人签字）、排污许可证申领信息公开情况说明表、生产工艺流程图、生产厂区总平面布置图、申请年排放量限值计算过程和监测点位示意图，其余附件可根据实际情况选择性上传。

7.3 排污许可简化管理典型案例

7.3.1 案例1——某简化管理高塔喷粉洗衣粉制造排污单位

7.3.1.1 排污单位概况

四川省某洗涤用品公司主体及公辅设施主要包括洗衣粉车间、液洗车间、泡花碱车间及公用单元仓库、食堂、浴室、废水处理站等，行业类别属于肥皂及洗涤剂制造，主要生产洗衣粉和液体洗涤剂产品，其中洗衣粉年产5万吨，液体洗涤剂年产2.5万吨。

7.3.1.2 主要生产工艺流程

该企业高塔喷粉洗衣粉主要生产工艺及产排污环节如图1-10所示。

7.3.1.3 排污许可申请信息平台填报及审核

（1）排污单位基本情况：排污单位基本信息

排污单位基本信息填报内容如表7-88所列。

表7-88 排污单位基本信息表

单位名称	**洗涤用品公司	注册地址	四川省**市********
生产经营场所地址	四川省**市********	邮政编码①	523***
行业类别	肥皂及洗涤剂制造，锅炉	是否投产②	是
投产日期③	2007-05-10	/	/
生产经营场所中心经度④	103°**′**″	生产经营场所中心纬度⑤	30°**′**″
组织机构代码	/	统一社会信用代码	******************
技术负责人	***	联系电话	186********
所在地是否属于大气重点控制区⑥	是	所在地是否属于总磷控制区⑦	是
所在地是否属于总氮控制区⑦	否	所在地是否属于重金属污染特别排放限值实施区域⑧	否
是否位于工业园区⑨	否	所属工业园区名称	/
是否有环评审批文件	是	环境影响评价审批文件文号或备案编号⑩	*环建〔201*〕**号 *环建〔200*〕**号
是否有地方政府对违规项目的认定或备案文件⑪	否	认定或备案文件文号	/
是否需要改正⑫	否	排污许可证管理类别⑬	简化管理
是否有主要污染物总量分配计划文件⑭	否	总量分配计划文件文号	/

注：表中①～⑭同表7-1。

（2）排污单位登记信息：主要产品及产能

主要产品及产能信息填报内容如表7-89和表7-90所列。

表7-89 主要产品及产能信息表

序号	生产线名称	生产线编号	产品名称	计量单位①	生产能力①	设计年生产时间/h	其他产品信息
1	高塔喷粉洗衣粉生产线	001	合成洗衣粉	t/a	50000	7200	/

注：表中①同表7-2。

（3）排污单位登记信息：主要原辅材料及燃料

主要原辅材料及燃料信息填报内容如表7-91所列。

（4）排污单位登记信息：产排污节点、污染物及污染治理设施

废气产排污节点、污染物及污染治理设施信息填报如表7-92所列。

废水类别、污染物及污染治理设施信息填报如表7-93所列。

表 7-90 主要产品及产能信息补充表

序号	生产线名称	生产线编号	主要生产单元名称	主要工艺名称[①]	生产设施名称[①]	生产设施编号[②]	设施参数[③]				其他设施信息	其他工艺信息
							参数名称	计量单位	设计值	其他设施参数信息		
1	高塔喷粉洗衣粉生产线	001	前配料	粉体原料计量及输送	物料输送	MF0001	处理能力	t/批	3	/	/	/
			喷粉工段	喷粉系统	喷粉塔	MF0002	处理能力	t/h	12	/	/	/
			喷粉工段	热风系统	热风装置	MF0003	发热量	kJ/h	29300960	/	/	/
			后配料	成品粉终混	成品粉输送设备	MF0004	处理能力	t/h	18	/	/	/
					后配混合器	MF0005	处理能力	t/h	15	/	/	/
			包装	成品储存及包装	包装机	MF0006	处理能力	t/h	15	/	/	/
			浆料制备	混合制浆	老化罐	MF0007	容积	m^3	12	/	/	/
			浆料制备	混合制浆	抽风机	MF0008	处理能力	m^3/h	5	/	/	
					配料罐	MF0009	容积	m^3	5	/	/	/
2	公用单元	002	公用单元	污水处理	厂内综合污水处理站	MF0010	处理能力	m^3/h	40	/	/	/

注：表中①～③同表 7-3。

表 7-91 主要原辅材料及燃料信息表

序号	种类[①]	名称[②]	设计年使用量	计量单位	其他信息
原料及辅料					
1	原料	元明粉	19000	t/a	/
2	原料	丙烯腈-EPDM 橡胶-苯乙烯共聚物	16000	t/a	/
3	原料	烷基苯磺酸钠	4500	t/a	/
4	原料	烧碱	4000	t/a	/
5	原料	五钠	9000	t/a	/

续表

序号	种类[①]	名称[②]	设计年使用量	计量单位	其他信息
6	原料	泡花碱	12000	t/a	/
7	原料	纯碱	4000	t/a	/
8	原料	次氯酸钠	1000	t/a	/
9	原料	非离子表面活性剂	250	t/a	/
10	原料	磺酸	8000	t/a	/
11	原料	酶制剂	1500	t/a	/
12	辅料	水	18000	t/a	/
13	辅料	漂白剂	100	t/a	/
14	辅料	氯化钠	225	t/a	/
15	辅料	脂肪醇聚氧乙烯醚	250	t/a	/
16	辅料	羧甲基纤维素	250	t/a	/
17	辅料	增白粉	50	t/a	/
18	辅料	香精	75	t/a	/

燃料[③]

序号	燃料名称	设计年使用量	计量单位	含水率/%	灰分/%	硫分/%	挥发分/%	低位发热量/(kJ/kg)	其他信息
1	燃煤	41600	t	13.6	8.6	0.29	35.1	25686.76	高塔喷粉洗衣粉生产线
/	/	/	/	/	/	/	/	/	/

注：表中①～③同表7-4。

表 7-92 废气产排污节点、污染物及污染治理设施信息表

序号	生产线名称及编号	主要生产单元	产污设施编号	产污设施名称[①]	对应产污环节名称[②]	污染物种类[③]	排放形式[④]	污染治理设施						有组织排放口名称	有组织排放口编号[⑥]	排放口设置是否符合要求[⑦]	排放口类型[⑧]	其他信息
								污染治理设施编号	污染治理设施名称[⑤]	污染治理设施工艺	设计处理效率/%	是否为可行技术	污染治理设施其他信息					
1	高塔喷粉洗衣粉生产线,001	浆料制备	MF0009	配料罐	配料	颗粒物	有组织	TA001	布袋除尘器	布袋除尘	95	是	/	配料废气排放口	DA001	是	一般排放口	/
2	高塔喷粉洗衣粉生产线,001	后配料	MF0005	后配混合器	配料	颗粒物	有组织	TA001	布袋除尘器	布袋除尘	95	是	/	配料废气排放口	DA001	是	一般排放口	/
3	高塔喷粉洗衣粉生产线,001	后配料	MF0004	成品粉输送设备	输送	颗粒物	无组织	/	/	/	/	/	/	/	/	/	/	/
4	高塔喷粉洗衣粉生产线,001	喷粉工段	MF0002	喷粉塔	浆料干燥	颗粒物	有组织	TA002	除尘系统	袋式除尘	95	是	/	喷粉工序排气筒	DA002	是	一般排放口	/
					浆料干燥	二氧化硫	有组织	TA002	除尘系统	袋式除尘	/	否	/	喷粉工序排气筒	DA002	是	一般排放口	/
					浆料干燥	氮氧化物	有组织	TA002	除尘系统	袋式除尘	/	否	/	喷粉工序排气筒	DA002	是	一般排放口	/
5	高塔喷粉洗衣粉生产线,001	前配料	MF0001	物料输送	输送	颗粒物	无组织	/	/	/	/	/	/	/	/	/	/	/
6	公用单元,002	公用单元	MF0010	厂内综合污水处理站	污水处理、污泥堆放和处理	臭气浓度	无组织	/	/	/	/	/	加强管理、加盖、绿化等	/	/	/	/	/

续表

序号	生产线名称及编号	主要生产单元	产污设施编号	产污设施名称①	对应产污环节名称②	污染物种类③	排放形式④	污染治理设施						有组织排放口名称	有组织排放口编号⑥	排放口设置是否符合要求⑦	排放口类型⑧	其他信息
								污染治理设施编号	污染治理设施名称⑤	污染治理设施工艺	设计处理效率/%	是否为可行技术	污染治理设施其他信息					
7	高塔喷粉洗衣粉生产线,001	包装	MF0006	包装机	包装	颗粒物	有组织	TA003	布袋除尘器	布袋除尘	95	是	/	包装废气排放口	DA003	是	一般排放口	/
8	高塔喷粉洗衣粉生产线,001	浆料制备	MF0007	老化罐	配料	颗粒物	无组织	/	/	/	/	/	/	/	/	/	/	/
9	高塔喷粉洗衣粉生产线,001	喷粉工段	MF0003	热风装置	气提	颗粒物	有组织	TA004	除尘系统	旋风除尘+布袋除尘	95	是	/	风送尾气排放口	DA004	是	一般排放口	/
10	高塔喷粉洗衣粉生产线,001	浆料制备	MF0008	抽风机	混合制浆	颗粒物	无组织	/	/	/	/	/	/	/	/	/	/	/

注：表中①～⑧同表 7-5。

表 7-93 废水类别、污染物及污染治理设施信息表

序号	废水类别①	污染物种类①	污染治理设施①						排放去向②	排放方式①	排放规律③	排放口编号④	排放口名称	排放口设置是否符合要求⑤	排放口类型⑥	其他信息
			污染治理设施编号	污染治理设施名称	污染治理设施工艺	设计处理水量/(t/h)	是否为可行技术	污染治理设施其他信息								
1	厂内综合污水处理站的综合污水废水(生产废水、生活污水等)	化学需氧量、氨氮(NH_3-N)、总磷(以P计)、悬浮物、五日生化需氧量、pH值、阴离子表面活性剂	TW001	厂内综合污水处理站	预处理:粗(细)格栅、混凝沉淀、气浮; 生化法处理:生物接触氧化法; 除磷处理:生物除磷; 表面活性剂处理:高级氧化、二级生化	40	是	/	直接进入江河、湖、库等水环境	直接排放	间断排放,排放期间流量不稳定且无规律,但不属于冲击型排放	DW001	厂区废水排放口	是	一般排放口-总排口	/

注：表中①～⑥同表 7-6。

（5）大气污染物排放：排放口

大气污染物排放口基本情况填报内容如表 7-94 所列。

表 7-94　大气污染物排放口基本情况表

序号	排放口编号	排放口名称	污染物种类	排放口地理坐标[①]		排气筒高度/m	排气筒出口内径[②]/m	排气温度/℃	其他信息
				经度	纬度				
1	DA001	配料废气排放口	颗粒物	103°**′**″	30°**′**″	15	0.5	常温	/
2	DA002	喷粉工序排气筒	二氧化硫、颗粒物、氮氧化物	103°**′**″	30°**′**″	20	0.8	常温	/
3	DA003	包装废气排放口	颗粒物	103°**′**″	30°**′**″	15	0.5	常温	/
4	DA004	风送尾气排放口	颗粒物	103°**′**″	30°**′**″	25	0.5	常温	/

注：表中①、②同表 7-7。

废气污染物排放执行标准情况填报如表 7-95 所列。

表 7-95　废气污染物排放执行标准表

序号	排放口编号	排放口名称	污染物种类	国家或地方污染物排放标准[①]			环境影响评价批复要求[②]	承诺更加严格排放限值[③]	其他信息
				名称	浓度限值(标准状态)/(mg/m³)	速率限值/(kg/h)			
1	DA001	配料废气排放口	颗粒物	《大气污染物综合排放标准》(GB 16297—1996)	120	3.5	/	/	/
2	DA002	喷粉工序排气筒	二氧化硫	《大气污染物综合排放标准》(GB 16297—1996)	550	4.3	/	/	/
3	DA002	喷粉工序排气筒	颗粒物	《大气污染物综合排放标准》(GB 16297—1996)	120	5.9	/	/	/
4	DA002	喷粉工序排气筒	氮氧化物	《大气污染物综合排放标准》(GB 16297—1996)	240	1.3	/	/	/
5	DA003	包装废气排放口	颗粒物	《大气污染物综合排放标准》(GB 16297—1996)	120	3.5	/	/	/
6	DA004	风送尾气排放口	颗粒物	《大气污染物综合排放标准》(GB 16297—1996)	120	14.5	/	/	/

注：表中①～③同表 7-8。

（6）大气污染物排放：有组织排放信息

大气污染物有组织排放填报内容如表 7-96 所列。

（7）大气污染物排放：无组织排放信息

大气污染物无组织排放填报内容如表 7-97 所列。

表 7-96　大气污染物有组织排放表

序号	排放口编号	排放口名称	污染物种类	申请许可排放浓度限值(标准状态)/(mg/m^3)	申请许可排放速率限值/(kg/h)	申请年许可排放量限值/(t/a)					申请特殊排放浓度限值(标准状态)/(mg/m^3)	申请特殊时段许可排放量限值
						第一年	第二年	第三年	第四年	第五年		
主要排放口												
主要排放口合计			颗粒物			/	/	/	/	/	/	/
			SO_2			/	/	/	/	/	/	/
			NO_x			/	/	/	/	/	/	/
			VOCs			/	/	/	/	/	/	/
一般排放口												
1	DA001	配料废气排放口	颗粒物	120	3.5	/	/	/	/	/	/	/
2	DA002	喷粉工序排气筒	氮氧化物	240	1.3	/	/	/	/	/	/	/
3	DA002	喷粉工序排气筒	颗粒物	120	5.9	/	/	/	/	/	/	/
4	DA002	喷粉工序排气筒	二氧化硫	550	4.3	/	/	/	/	/	/	/
5	DA003	包装废气排放口	颗粒物	120	3.5	/	/	/	/	/	/	/
6	DA004	风送尾气排放口	颗粒物	120	14.5	/	/	/	/	/	/	/
一般排放口合计			颗粒物			/	/	/	/	/	/	/
			SO_2			/	/	/	/	/	/	/
			NO_x			/	/	/	/	/	/	/
			VOCs			/	/	/	/	/	/	/
全厂有组织排放总计												
全厂有组织排放合计			颗粒物			/	/	/	/	/	/	/
			SO_2			/	/	/	/	/	/	/
			NO_x			/	/	/	/	/	/	/
			VOCs			/	/	/	/	/	/	/

注：同表 7-9。

表 7-97　大气污染物无组织排放表

序号	生产设施编号/无组织排放编号	产污环节①	污染物种类	主要污染防治措施②	国家或地方污染物排放标准		其他信息	年许可排放量限值/(t/a)					申请特殊时段许可排放量限值
					名称	浓度限值(标准状态)/(mg/m^3)		第一年	第二年	第三年	第四年	第五年	
1	厂界	/	臭气浓度	加强密闭	《恶臭污染物排放标准》(GB 14554—1993)	20(无量纲)		/	/	/	/	/	/

续表

序号	生产设施编号/无组织排放编号	产污环节①	污染物种类	主要污染防治措施②	国家或地方污染物排放标准		其他信息	年许可排放量限值/(t/a)					申请特殊时段许可排放量限值
					名称	浓度限值(标准状态)/(mg/m³)		第一年	第二年	第三年	第四年	第五年	
2	厂界	/	颗粒物	加强密闭	《大气污染物综合排放标准》(GB 16297—1996)	1.0	/	/	/	/	/	/	/
3	MF0008	混合制浆	颗粒物	/	《大气污染物综合排放标准》(GB 16297—1996)	1.0	/	/	/	/	/	/	/
4	MF0007	配料	颗粒物	/	《大气污染物综合排放标准》(GB 16297—1996)	1.0	/	/	/	/	/	/	/
5	MF0004	输送	颗粒物	/	《大气污染物综合排放标准》(GB 16297—1996)	1.0	/	/	/	/	/	/	/
6	MF0001	输送	颗粒物	/	《大气污染物综合排放标准》(GB 16297—1996)	1.0	/	/	/	/	/	/	/
全厂无组织排放总计													
全厂无组织排放总计			颗粒物					/	/	/	/	/	/
			SO_2					/	/	/	/	/	/
			NO_x					/	/	/	/	/	/
			VOCs					/	/	/	/	/	/

注：表中①、②同表7-10。

（8）大气污染物排放：企业大气排放总许可量

企业大气污染物排放总许可量填报内容如表7-98所列。

表7-98　企业大气污染物排放总许可量

序号	污染物种类	第一年/(t/a)	第二年/(t/a)	第三年/(t/a)	第四年/(t/a)	第五年/(t/a)
1	颗粒物	/	/	/	/	/
2	SO_2	/	/	/	/	/
3	NO_x	/	/	/	/	/
4	VOCs	/	/	/	/	/

（9）水污染物排放：排放口

本案例企业废水经厂内污水处理站处理后排入梓桐河，属于直接排放，需填报废水直接排放口基本情况、入河排污口信息及雨水排放口基本情况，如表7-99～表7-101所列。

废水间接排放口基本情况填报内容如表7-102所列。

表 7-99 废水直接排放口基本情况表

序号	排放口编号	排放口名称	排放口地理坐标①		排放去向	排放规律	间歇排放时段	受纳自然水体信息		汇入受纳自然水体处地理坐标④		其他信息⑤
			经度	纬度				名称②	受纳水体功能目标③	经度	纬度	
1	DW001	厂区废水排放口	103°**′**″	30°**′**″	直接进入江河、湖、库等水环境	连续排放，流量稳定	/	梓桐河	Ⅲ类	103°**′**″	30°**′**″	/

注：表中①～⑤同表 7-12。

表 7-100 入河排污口信息表

序号	排放口编号	排放口名称	入河排污口			其他信息
			名称	编号	批复文号	
1	DW001	厂区废水排放口	四川***洗涤用品有限责任公司入河排污口	******B08	**环函〔2014〕238 号	/

表 7-101 雨水排放口基本情况表

序号	排放口编号	排放口名称	排放口地理坐标①		排放去向	排放规律	间歇排放时段	受纳自然水体信息		汇入受纳自然水体处地理坐标④		其他信息⑤
			经度	纬度				名称②	受纳水体功能目标③	经度	纬度	
1	YS001	雨水排放口	103°**′**″	30°**′**″	直接进入江河、湖、库等水环境	间断排放，排放期间流量不稳定且无规律，但不属于冲击型排放	下雨形成地表径流时	梓桐河	Ⅲ类	103°**′**″	30°**′**″	/

注：表中①～⑤同表 7-12。

表 7-102 废水间接排放口基本情况表

序号	排放口编号	排放口名称	排放口地理坐标①		排放去向	排放规律	间歇排放时段	受纳污水处理厂信息			
			经度	纬度				名称②	污染物种类	排水协议规定的浓度限值③	国家或地方污染物排放标准浓度限值④
/	/	/	/	/	/	/	/	/	/	/	/

注：表中①～④同表 7-15。

废水污染物排放执行标准填报内容如表7-103所列。

表7-103 废水污染物排放执行标准表

序号	排放口编号	排放口名称	污染物种类	国家或地方污染物排放标准[①]		排水协议规定的浓度限值(如有)[②]/(mg/L)	环境影响评价批复要求/(mg/L)	承诺更加严格排放限值/(mg/L)	其他信息
				名称	浓度限值/(mg/L)				
1	DW001	厂内综合污水排放口	氨氮(NH_3-N)	《污水综合排放标准》(GB 8978—1996)	15	/	/	/	/
2	DW001	厂内综合污水排放口	悬浮物	《污水综合排放标准》(GB 8978—1996)	70	/	/	/	/
3	DW001	厂内综合污水排放口	pH值	《污水综合排放标准》(GB 8978—1996)	6～9(无量纲)	/	/	/	/
4	DW001	厂内综合污水排放口	五日生化需氧量	《污水综合排放标准》(GB 8978—1996)	20	/	/	/	/
5	DW001	厂内综合污水排放口	阴离子表面活性剂	《污水综合排放标准》(GB 8978—1996)	5.0	/	/	/	/
6	DW001	厂内综合污水排放口	化学需氧量	《污水综合排放标准》(GB 8978—1996)	100	/	/	/	/
7	DW001	厂内综合污水排放口	总磷(以P计)	《污水综合排放标准》(GB 8978—1996)	0.5	/	/	/	/

注：表中①、②同表7-16。

（10）水污染物排放：申请排放信息

该企业为排污许可简化管理类别，排放水污染物仅许可排放浓度，填报内容见表7-104。

表7-104 废水污染物申请排放表

序号	排放口编号	排放口名称	污染物种类	申请排放浓度限值	申请年排放量限值/(t/a)					申请特殊时段排放量限值
					第一年	第二年	第三年	第四年	第五年	
主要排放口										
主要排放口合计			COD_{Cr}	/	/	/	/	/	/	/
			氨氮	/	/	/	/	/	/	/
一般排放口										
1	DW001	厂区废水排放口	氨氮(NH_3-N)	15mg/L	/	/	/	/	/	/
2	DW001	厂区废水排放口	悬浮物	70mg/L	/	/	/	/	/	/
3	DW001	厂区废水排放口	pH值	6～9	/	/	/	/	/	/

续表

序号	排放口编号	排放口名称	污染物种类	申请排放浓度限值	申请年排放量限值/(t/a)					申请特殊时段排放量限值
					第一年	第二年	第三年	第四年	第五年	
一般排放口										
4	DW001	厂区废水排放口	五日生化需氧量	20mg/L	/	/	/	/	/	/
5	DW001	厂区废水排放口	阴离子表面活性剂	5.0mg/L	/	/	/	/	/	/
6	DW001	厂区废水排放口	化学需氧量	100mg/L	/	/	/	/	/	/
7	DW001	厂区废水排放口	总磷(以P计)	0.5mg/L	/	/	/	/	/	/
一般排放口合计			COD_{Cr}	/	/	/	/	/	/	/
			氨氮	/	/	/	/	/	/	/
全厂排放口										
全厂排放口总计			COD_{Cr}	/	/	/	/	/	/	/
			氨氮	/	/	/	/	/	/	/

注：同表7-17。

(11) 噪声排放信息

噪声排放信息填报内容见表7-105。

表7-105　噪声排放信息

噪声类别	生产时段		执行排放标准名称	厂界噪声排放限值		备注
	昼间	夜间		昼间(A)/dB	夜间(A)/dB	
稳态噪声	至	至	/	/	/	/
频发噪声	/	/	/	/	/	/
偶发噪声	/	/	/	/	/	/

(12) 固体废物管理信息

固体废物管理信息填报内容见表7-106。

表7-106　固体废物管理信息

固体废物基础信息表									
序号	固体废物类别	固体废物名称	代码①	危险特性②	类别③	物理性状	产生环节	去向	备注
1	一般工业固体废物	废包装材料	SW17	/	第Ⅰ类工业固体废物	固态(固体废物,S)	高塔喷粉洗衣粉生产线001	委托利用	由供应商回收利用
2	一般工业固体废物	炉渣	SW03	/	第Ⅱ类工业固体废物	固态(固体废物,S)	高塔喷粉洗衣粉生产线001	委托利用	/
3	一般工业固体废物	污水处理站污泥	SW07	/	第Ⅰ类工业固体废物	半固态(泥态废物,SS)	公用单元002	委托处置	/

自行贮存和自行利用/处置设施信息表							
序号	固体废物类别	设施名称	设施编号	设施类型	位置		污染防控技术要求
					经度	纬度	
1	/	/	/	/	/	/	/
2							

注：表中①～③同表7-19。

(13) 环境管理要求：自行监测要求

自行监测及记录信息填报内容见表7-107。

表 7-107 自行监测及记录信息表

序号	污染源类别/监测类别	排放口编号/监测点位	排放口名称/监测点位名称	监测内容①	污染物名称	监测设施	自动监测是否联网	自动监测仪器名称	自动监测设施安装位置	自动监测设施是否符合安装、运行、维护等管理要求	手工监测采样方法及个数②	手工监测频次③	手工测定方法④	其他信息
1	废气	DA001	配料废气排放口	烟气流速、烟气温度、烟气压力、烟气含湿量、烟道截面积	颗粒物	手工	/	/	/	/	非连续采样，至少3个	1次/年	《固定污染源排气中颗粒物测定与气态污染物采样方法》(GB/T 16157—1996)	/
2	废气	DA002	喷粉工序排气筒	烟气流速、烟气温度、烟气压力、烟气含湿量、烟道截面积	氮氧化物	手工	/	/	/	/	非连续采样，至少3个	1次/季	《固定污染源废气 氮氧化物的测定 定电位电解法》(HJ 693—2014)	/
3	废气	DA002	喷粉工序排气筒	烟气流速、烟气温度、烟气压力、烟气含湿量、烟道截面积	二氧化硫	手工	/	/	/	/	非连续采样，至少3个	1次/季	《固定污染源排气中二氧化硫的测定 碘量法》(HJ/T 56—2000)	/
4	废气	DA002	喷粉工序排气筒	烟气流速、烟气温度、烟气压力、烟气含湿量、烟道截面积	颗粒物	手工	/	/	/	/	非连续采样，至少3个	1次/季	《固定污染源排气中颗粒物测定与气态污染物采样方法》(GB/T 16157—1996)	/
5	废气	DA003	包装废气排放口	烟气流速、烟气温度、烟气压力、烟气含湿量、烟道截面积	颗粒物	手工	/	/	/	/	非连续采样，至少3个	1次/年	《固定污染源排气中颗粒物测定与气态污染物采样方法》(GB/T 16157—1996)	/
6	废气	DA004	风送尾气排放口	烟气流速、烟气温度、烟气压力、烟气含湿量、烟道截面积	颗粒物	手工	/	/	/	/	非连续采样，至少3个	1次/半年	《固定污染源排气中颗粒物测定与气态污染物采样方法》(GB/T 16157—1996)	产污环节为气提

续表

序号	污染源类别/监测类别	排放口编号/监测点位	排放口名称/监测点位名称	监测内容①	污染物名称	监测设施	自动监测是否联网	自动监测仪器名称	自动监测设施安装位置	自动监测设施是否符合安装、运行、维护等管理要求	手工监测采样方法及个数②	手工监测频次③	手工测定方法④	其他信息
7	废气	厂界	/	风向、风速	臭气浓度	手工	/	/	/	/	非连续采样，至少4个	1次/半年	《空气质量 恶臭的测定 三点比较式臭袋法》(GB/T 14675—1993)	/
8	废气	厂界	/	风向、风速	颗粒物	手工	/	/	/	/	非连续采样，至少4个	1次/半年	《环境空气 总悬浮颗粒物的测定 重量法》(GB/T 15432—1995)	/
9	废水	DW001	厂区废水排放口	流量	pH值	手工	/	/	/	/	瞬时采样，至少3个瞬时样	1次/季	《水质 pH值的测定 玻璃电极法》(GB 6920—1986)	/
10	废水	DW001	厂区废水排放口	流量	悬浮物	手工	/	/	/	/	瞬时采样，至少3个瞬时样	1次/季	《水质 悬浮物的测定 重量法》(GB 11901—1989)	/
11	废水	DW001	厂区废水排放口	流量	五日生化需氧量	手工	/	/	/	/	瞬时采样，至少3个瞬时样	1次/季	《水质 五日生化需氧量(BOD_5)的测定 稀释与接种法》(HJ 505—2009)	/
12	废水	DW001	厂区废水排放口	流量	化学需氧量	手工	/	/	/	/	瞬时采样，至少3个瞬时样	1次/季	《水质 化学需氧量的测定 快速消解分光光度法》(HJ/T 399—2007)	/
13	废水	DW001	厂区废水排放口	流量	阴离子表面活性剂	手工	/	/	/	/	瞬时采样，至少3个瞬时样	1次/季	《水质 阴离子表面活性剂的测定 流动注射-亚甲基蓝分光光度法》(HJ 826—2017)	/
14	废水	DW001	厂区废水排放口	流量	氨氮(NH_3-N)	手工	/	/	/	/	瞬时采样，至少3个瞬时样	1次/季	《水质 氨氮的测定 纳氏试剂分光光度法》(HJ 535—2009)	/
15	废水	DW001	厂区废水排放口	流量	总磷(以P计)	手工	/	/	/	/	瞬时采样，至少3个瞬时样	1次/季	《水质 总磷的测定 钼酸铵分光光度法》(GB 11893—1989)	/

注：表中①～④同表7-20。

（14）环境管理要求：环境管理台账记录要求

环境管理台账记录要求填报内容见表 7-108。

表 7-108　环境管理台账信息表

序号	类别	记录内容	记录频次	记录形式	其他信息
1	基本信息	单位名称、生产经营场所地址、行业类别、法定代表人、统一社会信用代码、产品名称、年产品产能、环境影响评价文件审批（审核）意见文号、排污权交易文件文号、排污许可证编号等	对于未发生变化的排污单位基本信息，按年记录，1 次/年；对于发生变化的基本信息，在发生变化时记录 1 次	电子台账＋纸质台账	台账记录至少保存 5 年
2	监测记录信息	（1）废气污染物排放情况手工监测：排放口编号、排放口名称、排气筒高度、监测大气污染物项目、污染物排放浓度（折算值）、烟气参数（流量、温度、压力等），以及采样日期、采样时间、采样点位、混合取样的样品数量、采样器名称、采样人姓名等。 （2）废水污染物排放情况手工监测：排放口编号、排放口名称、废水排放去向、监测水污染物项目、污染物排放浓度、流量，以及采样日期、采样时间、采样点位、混合取样的样品数量、采样器名称、采样人姓名等	与自行监测频次要求保持一致，同步进行监测信息记录	电子台账＋纸质台账	台账记录至少保存 5 年
3	其他环境管理信息	（1）无组织废气污染防治措施管理维护信息：管理维护时间及主要内容等。 （2）特殊时段环境管理信息：具体管理要求及其执行情况。 （3）固体废物管理信息：危险废物按照《危险废物产生单位管理计划制定指南》（环境保护部公告 2016 年第 7 号）等要求，记录危险废物的种类、产生量、流向、贮存、利用/处置等信息；待危险废物环境管理台账相关标准或管理文件发布实施后，从其规定。一般工业固体废物按照《一般工业固体废物管理台账制定指南（试行）》（生态环境部公告 2021 年 第 82 号）等要求，记录一般工业固体废物产生信息、流向汇总信息、出厂环节记录信息等。 （4）其他信息：法律法规、标准规范确定的其他信息，排污单位自主记录的环境管理信息	（1）无组织废气污染防治措施管理维护信息：1 次/月。 （2）特殊时段环境管理信息：按基本信息、生产设施运行管理信息、污染防治设施运行管理信息、监测记录信息规定频次记录；对于停产或错峰生产的，原则上仅对停产或错峰生产的起止日期各记录 1 次。 （3）危险废物按照《危险废物产生单位管理计划制定指南》（环境保护部公告 2016 年 第 7 号）等规定的频次要求记录；待危险废物环境管理台账相关标准或管理文件发布实施后，从其规定。一般工业固体废物按照《一般工业固体废物管理台账制定指南（试行）》 生态环境部公告 2021 年 第 82 号）等规定的频次要求记录。 （4）其他信息：依据法律法规、标准规范或实际生产运行规律等确定记录频次	电子台账＋纸质台账	台账记录至少保存 5 年

续表

序号	类别	记录内容	记录频次	记录形式	其他信息
4	生产设施运行管理信息	(1)正常工况 ① 主要产品：名称及产量。 ② 主要原辅材料：名称及用量。 ③ 燃料：名称、用量、灰分、硫分、挥发分、含水率、热值等。 (2)非正常工况 非正常工况生产设施名称及编码、起止时间、产品产量、原辅材料及燃料用量、事件原因、应对措施、是否报告等	(1)正常工况 ① 主要产品、原辅材料信息：连续生产的，按周记录，1次/周。非连续生产的，按照生产周期记录，1次/周期；周期小于1周的，按周记录，1次/周。 ② 燃料信息：燃料用量，连续生产的按周记录，1次/周；非连续生产的按生产周期记录，1次/周期。灰分、硫分、挥发分、含水率、热值，按采购批次记录，1次/批。 (2)非正常工况 按照工况期记录，1次/非正常工况期	电子台账＋纸质台账	台账记录至少保存5年
5	污染防治设施运行管理信息	(1)正常情况 ① 有组织废气、废水污染防治设施运行管理信息 污染防治设施基本信息：污染防治设施名称、编码、规格参数及设计值等。 运行状态：运行起止时间、是否正常运行等。 主要药剂(吸附剂)添加情况：药剂名称、添加(更换)时间、添加(更换)量等。 有组织废气污染防治设施还应记录：废气排放量、排放时间，用电量等。 废水污染防治设施还应记录：处理废水类别，废水处理方式、排放量、排放去向、排放时间，用电量及污泥产生量等。 ② 无组织废气污染控制措施管理维护信息 无组织废气排放源、无组织废气污染控制措施、管理维护时间，以及涉及的主要管理维护内容：原辅材料、中间产品及成品贮存场或设施，以及投料系统、筛分系统、包装系统密封或密闭情况；制冷系统密封检查和检测情况；老化阀门和管道更换情况；产臭区域加罩或加盖情况或投放除臭剂种类及数量；露天储煤场等易扬尘区域采取降尘措施情况等。 (2)异常情况 异常情况污染防治设施名称及编码、起止时间、污染物排放浓度、异常原因、应对措施、是否报告等	(1)正常情况 ① 有组织废气、废水污染防治设施运行管理信息记录频次 污染防治设施基本信息、废水处理方式、处理废水类别：按年记录，1次/年；对于发生变化的信息，在发生变化时记录1次。 运行状态、污染物排放情况、污泥产生量、用电量：按日记录，1次/日。 主要药剂(吸附剂)添加情况：按日或批次记录，1次/日或1次/批。 ② 无组织废气污染控制措施管理维护信息：按周记录，1次/周。 (2)异常情况 按照异常情况期记录，1次/异常情况期	电子台账＋纸质台账	台账记录至少保存5年

（15）补充登记信息

本案例企业液体洗涤剂制造和燃气锅炉均为登记管理范围，需填写表 7-109～表 7-113。

表 7-109　主要产品信息

序号	行业类别	生产工艺名称①	主要产品②	主要产品产能	计量单位	备注
1	肥皂及洗涤剂制造	复配工艺	液体洗涤剂	25000	t	年产量
2	锅炉	燃气锅炉-其他	蒸汽	4	t	年产量

注：表中①、②同表 7-22。

表 7-110　燃料使用信息

序号	燃料类别	燃料名称	使用量	计量单位	备注
1	气体燃料	天然气	350000	m^3/a	/

表 7-111　废气排放信息（1）

序号	废气排放形式	废气污染治理设施	治理工艺	数量	备注
1	有组织	低氮燃烧器	低氮燃烧	1	/

表 7-112　废气排放信息（2）

序号	废气排放口名称	执行标准名称	数量	备注
1	燃气锅炉排放口	《锅炉大气污染物排放标准》(GB 13271—2014)	1	/

表 7-113　工业固体废物排放信息

序号	工业固废废物名称	是否属于危险废物	去向	备注
1	泡花碱渣	否	委托利用	液体洗涤剂生产过程中产生

（16）有核发权的地方生态环境主管部门增加的管理内容（如需）

改正规定信息表如表 7-114 所列。

表 7-114　改正规定信息表

序号	整改问题	整改措施	整改时限	整改计划
/	/	/	/	/

（17）相关附件及说明

该企业为简化管理企业，系统里必须上传的附件包括守法承诺书（需法人签字）、生产工艺流程图、生产厂区总平面布置图和监测点位示意图，其余附件可根据实际情况选择性上传。

7.3.2　案例 2——某简化管理热反应香精制造排污单位

7.3.2.1　排污单位概况

北京市某食品科技有限公司，主体及公辅设施主要包括香精车间、公用单元仓库、污水处理站、危废仓库等，行业类别属于香料、香精制造，主要生产热反应香精和液体香精产品，产能分别为2800t/a、575t/a。

7.3.2.2 主要生产工艺流程

该企业热反应香精生产工艺及产排污节点示意见图7-2。

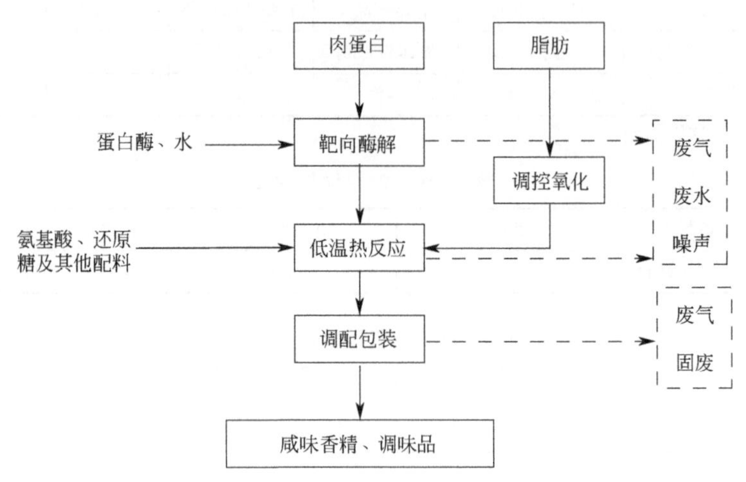

图7-2 热反应香精生产工艺流程图

7.3.2.3 排污许可申请信息平台填报及审核

(1) 排污单位基本情况：排污单位基本信息

排污单位基本信息填报内容如表7-115所列。

表7-115 排污单位基本信息表

单位名称	****食品科技有限责任公司	注册地址	北京市 ********
生产经营场所地址	北京市 ********	邮政编码①	101 ***
行业类别	香料、香精制造	是否投产②	是
投产日期③	2016-07-25	/	/
生产经营场所中心经度④	117°**′**″	生产经营场所中心纬度⑤	40°**′**″
组织机构代码	/	统一社会信用代码	**********
技术负责人	***	联系电话	133 ********
所在地是否属于大气重点控制区⑥	是	所在地是否属于总磷控制区⑦	否
所在地是否属于总氮控制区⑦	否	所在地是否属于重金属污染特别排放限值实施区域⑧	否
是否位于工业园区⑨	是	所属工业园区名称	北京 ****开发区
是否有环评审批文件	是	环境影响评价审批文件文号或备案编号⑩	***环保审****号
是否有地方政府对违规项目的认定或备案文件⑪	否	认定或备案文件文号	/

续表

是否需要改正⑫	否	排污许可证管理类别⑬	简化管理
是否有主要污染物总量分配计划文件⑭	否	总量分配计划文件文号	/

注：表中①～⑭同表 7-1。

（2）排污单位登记信息：主要产品及产能

主要产品及产能信息填报内容如表 7-116 和表 7-117 所列。

表 7-116　主要产品及产能信息表

序号	生产线名称	生产线编号	产品名称	计量单位①	生产能力①	设计年生产时间/h	其他产品信息
1	热反应香精生产线	1	热反应香精	t/a	2800	6000	/

注：表中①同表 7-2。

表 7-117　主要产品及产能信息补充表

序号	生产线名称	生产线编号	主要生产单元名称	主要工艺名称①	生产设施名称①	生产设施编号②	设施参数③				其他设施信息	其他工艺信息
							参数名称	计量单位	设计值	其他设施参数信息		
1	公用单元	2	公用单元	污水处理	厂内综合污水处理站	MF0023	处理能力	m^3/d	150	/	/	/
2	热反应香精生产线	1	浆膏状香精制造	预加工	冻肉绞肉机	MF0003	处理量	t/h	5	/	/	/
					骨泥磨	MF0002	处理量	t/h	3	/	/	
					强力破骨机	MF0001	处理量	t/h	2	/	/	
					斩拌机	MF0004	容积	m^3	0.125	/	/	
			浆膏状香精制造	热加工	反应器	MF0007	容积	m^3	2	/	/	/
					反应器	MF0008	容积	m^3	5	/	/	
					反应器	MF0009	容积	m^3	1	/	/	
					反应器	MF0010	容积	m^3	1	/	/	
					反应器	MF0011	容积	m^3	2	/	/	
					酶解罐	MF0005	容积	m^3	2	/	/	
					酶解罐	MF0006	容积	m^3	1	/	/	
			浆膏状香精制造	灌装	包装机	MF0012	包装能力	t/d	8	/	/	/
					包装机	MF0013	包装能力	t/d	8	/	/	
					包装机	MF0014	包装能力	t/d	8	/	/	
			胶囊型粉末香精制造	干燥	高压均质机	MF0016	处理量	t/h	1.5	/	/	/
					冷热缸	MF0017	容积	m^3	2	/	/	

续表

序号	生产线名称	生产线编号	主要生产单元名称	主要工艺名称①	生产设施名称①	生产设施编号②	设施参数③				其他设施信息	其他工艺信息
							参数名称	计量单位	设计值	其他设施参数信息		
2	热反应香精生产线	1	胶囊型粉末香精制造	干燥	喷雾干燥塔	MF0015	处理能力	t/h	0.35	/	/	/
					振动输送机	MF0018	处理量	t/h	0.35	/	/	
					振动输送机	MF0019	处理量	t/h	0.35	/	/	
			胶囊型粉末香精制造	混合	混合设备	MF0020	处理能力	t/d	8	/	/	/
			胶囊型粉末香精制造	包装	包装机	MF0021	包装能力	t/d	8	/	/	/

注：表中①～③同表7-3。

（3）排污单位登记信息：主要原辅材料及燃料

主要原辅材料及燃料信息填报内容如表7-118所列。

表7-118 主要原辅材料及燃料信息表

序号	种类①	名称②	设计年使用量	计量单位	其他信息
原料及辅料					
1	辅料	抗结剂	8	t/a	/
2	辅料	抗氧剂	0.1	t/a	/
3	辅料	溶剂	530	t/a	/
4	辅料	乳化剂	15	t/a	/
5	辅料	稳定剂	0.1	t/a	/
6	辅料	增稠剂	40	t/a	/
7	辅料	着色剂	0.1	t/a	/
8	原料	动物提取物	380	t/a	/
9	原料	合成香料	60	t/a	/
10	原料	肉、盐、糖、味精、麦芽糊精等	1800	t/a	/
11	原料	天然香料	60	t/a	/
12	原料	微生物提取物	100	t/a	/
13	原料	植物提取物	370	t/a	/

燃料③

序号	燃料名称	设计年使用量	计量单位	含水率/%	灰分/%	硫分/%	挥发分/%	低位发热量/(MJ/m³)	其他信息
1	天然气	50000	m^3	1.2	/	0	/	34.62	/

注：表中①～③同表7-4。

（4）排污单位登记信息：产排污节点、污染物及污染治理设施

1）废气

废气产排污节点、污染物及污染治理设施信息填报如表7-119所列。

2）废水

废水类别、污染物及污染治理设施信息填报如表7-120所列。

表 7-119 废气产排污节点、污染物及污染治理设施信息表

序号	生产线名称及编号	主要生产单元	产污设施编号	产污设施名称[1]	对应产污环节名称[2]	污染物种类[3]	排放形式[4]	污染治理设施						有组织排放口名称	有组织排放口编号[6]	排放口设置是否符合要求[7]	排放口类型[8]	其他信息
								污染治理设施编号	污染治理设施名称[5]	污染治理设施工艺	设计处理效率/%	是否为可行技术	污染治理设施其他信息					
1	热反应香精生产线,1	浆膏状香精制造	MF0009	反应器	热加工	非甲烷总烃	有组织	TA002	其他	微负压收集+喷淋塔+高级氧化除味	90	是	/	车间废气排放口(东)	DA002	是	一般排放口	/
2	热反应香精生产线,1	浆膏状香精制造	MF0010	反应器	热加工	非甲烷总烃	有组织	TA002	其他	微负压收集+喷淋塔+高级氧化除味	90	是	/	车间废气排放口(东)	DA002	是	一般排放口	/
3	热反应香精生产线,1	浆膏状香精制造	MF0011	反应器	热加工	非甲烷总烃	有组织	TA002	其他	微负压收集+喷淋塔+高级氧化除味	90	是	/	车间废气排放口(东)	DA002	是	一般排放口	/
4	热反应香精生产线,1	浆膏状香精制造	MF0007	反应器	热加工	非甲烷总烃	有组织	TA002	其他	微负压收集+喷淋塔+高级氧化除味	90	是	/	车间废气排放口(东)	DA002	是	一般排放口	/
5	热反应香精生产线,1	浆膏状香精制造	MF0008	反应器	热加工	非甲烷总烃	有组织	TA002	其他	微负压收集+喷淋塔+高级氧化除味	90	是	/	车间废气排放口(东)	DA002	是	一般排放口	/
6	热反应香精生产线,1	胶囊型粉末香精制造	MF0015	喷雾干燥塔	干燥	颗粒物	有组织	TA002	其他	微负压收集+喷淋塔+高级氧化除味	90	是	/	车间废气排放口(东)	DA002	是	一般排放口	/
					干燥	非甲烷总烃	有组织	TA002	其他	微负压收集+喷淋塔+高级氧化除味	90	是	/	车间废气排放口(东)	DA002	是	一般排放口	/

续表

序号	生产线名称及编号	主要生产单元	产污设施编号	产污设施名称①	对应产污环节名称②	污染物种类③	排放形式④	污染治理设施						有组织排放口名称	有组织排放口编号⑥	排放口设置是否符合要求⑦	排放口类型⑧	其他信息
								污染治理设施编号	污染治理设施名称⑤	污染治理设施工艺	设计处理效率/%	是否为可行技术	污染治理设施其他信息					
7	热反应香精生产线，1	胶囊型粉末香精制造	MF0020	混合设备	混合	颗粒物	有组织	TA001	其他	微负压收集+喷淋塔+高级氧化除味	90	是	/	车间废气排放口(西)	DA001	是	一般排放口	/
					混合	非甲烷总烃	有组织	TA001	其他	微负压收集+喷淋塔+高级氧化除味	90	是	/	车间废气排放口(西)	DA001	是	一般排放口	/

注：表中①～⑧同表 7-5。

表 7-120　废水类别、污染物及污染治理设施信息表

序号	废水类别①	污染物种类①	污染治理设施①						排放去向②	排放方式①	排放规律③	排放口编号④	排放口名称	排放口设置是否符合要求⑤	排放口类型⑥	其他信息
			污染治理设施编号	污染治理设施名称	污染治理设施工艺	设计处理水量/(t/h)	是否为可行技术	污染治理设施其他信息								
1	厂内综合污水处理站的综合污水废水(生产废水、生活污水等)	化学需氧量、氨氮(NH_3-N)、总磷(以P计)、悬浮物、五日生化需氧量、pH值	TW001	厂内综合污水处理站	预处理：粗(细)格栅、沉淀池、气浮；生化法处理：生物接触氧化法	6.25	是	/	进入城市污水处理厂	间接排放	连续排放，流量不稳定且无规律，但不属于冲击型排放	DW002	生产废水总排口	是	一般排放口-总排口	/
	生活污水(仅单独排放时填报)	化学需氧量、氨氮(NH_3-N)、总磷(以P计)、悬浮物、五日生化需氧量、pH值	/	/	/	/	/	/	进入城市污水处理厂	间接排放	连续排放，流量不稳定且无规律，但不属于冲击型排放	DW001	生活污水排放口	是	一般排放口-其他	/

注：表中①～⑥同表 7-6。

（5）大气污染物排放：排放口

大气污染物排放口基本情况填报内容如表 7-121 所列。

表 7-121　大气污染物排放口基本情况表

序号	排放口编号	排放口名称	污染物种类	排放口地理坐标[①]		排气筒高度/m	排气筒出口内径[②]/m	排气温度/℃	其他信息
				经度	纬度				
1	DA001	车间废气排放口(西)	颗粒物、非甲烷总烃	117°**′**″	40°**′**″	25	0.9	常温	/
2	DA002	车间废气排放口(东)	非甲烷总烃、颗粒物	117°**′**″	40°**′**″	25	0.9	常温	/

注：表中①、②同表 7-7。

废气污染物排放执行标准情况填报如表 7-122 所列。

表 7-122　废气污染物排放执行标准表

序号	排放口编号	排放口名称	污染物种类	国家或地方污染物排放标准[①]			环境影响评价批复要求[②]（标准状态）/(mg/m^3)	承诺更加严格排放限值[③]（标准状态）/(mg/m^3)	其他信息
				名称	浓度限值（标准状态）/(mg/m^3)	速率限值/(kg/h)			
1	DA001	车间废气排放口(西)	颗粒物	《大气污染物综合排放标准》(DB 11/ 501—2017)	10	3.15	/	/	/
2	DA001	车间废气排放口(西)	非甲烷总烃	《大气污染物综合排放标准》(DB 11/ 501—2017)	50	13	/	/	/
3	DA002	车间废气排放口(东)	非甲烷总烃	《大气污染物综合排放标准》(DB 11/ 501—2017)	50	13	/	/	/
4	DA002	车间废气排放口(东)	颗粒物	《大气污染物综合排放标准》(DB 11/ 501—2017)	10	3.15	/	/	/

注：表中①～③同表 7-8。

（6）大气污染物排放：有组织排放信息

大气污染物有组织排放填报内容如表 7-123 所列。

（7）大气污染物排放：无组织排放信息

大气污染物无组织排放填报内容如表 7-124 所列。

表 7-123　大气污染物有组织排放表

序号	排放口编号	排放口名称	污染物种类	申请许可排放浓度限值（标准状态）/(mg/m^3)	申请许可排放速率限值/(kg/h)	申请年许可排放量限值/(t/a)					申请特殊排放浓度限值	申请特殊时段许可排放量限值
						第一年	第二年	第三年	第四年	第五年		
主要排放口												
主要排放口合计			颗粒物			/	/	/	/	/	/	/
			SO_2			/	/	/	/	/	/	/
			NO_x			/	/	/	/	/	/	/
			VOCs			/	/	/	/	/	/	/

续表

序号	排放口编号	排放口名称	污染物种类	申请许可排放浓度限值（标准状态）/(mg/m³)	申请许可排放速率限值/(kg/h)	申请年许可排放量限值/(t/a)					申请特殊排放浓度限值	申请特殊时段许可排放量限值
						第一年	第二年	第三年	第四年	第五年		
一般排放口												
1	DA001	车间废气排放口(西)	颗粒物	10	3.15	/	/	/	/	/	/	/
2	DA001	车间废气排放口(西)	非甲烷总烃	50	13	/	/	/	/	/	/	/
3	DA002	车间废气排放口(东)	非甲烷总烃	50	13	/	/	/	/	/	/	/
4	DA002	车间废气排放口(东)	颗粒物	10	3.15	/	/	/	/	/	/	/
一般排放口合计			颗粒物			/	/	/	/	/	/	/
			SO_2			/	/	/	/	/	/	/
			NO_x			/	/	/	/	/	/	/
			VOCs			/	/	/	/	/	/	/
全厂有组织排放总计												
全厂有组织排放总计			颗粒物			/	/	/	/	/	/	/
			SO_2			/	/	/	/	/	/	/
			NO_x			/	/	/	/	/	/	/
			VOCs			/	/	/	/	/	/	/

注：同表7-9。

表7-124 大气污染物无组织排放表

序号	生产设施编号/无组织排放编号	产污环节[①]	污染物种类	主要污染防治措施[②]	国家或地方污染物排放标准		其他信息	年许可排放量限值/(t/a)					申请特殊时段许可排放量限值
					名称	浓度限值（标准状态）/(mg/m³)		第一年	第二年	第三年	第四年	第五年	
1	厂界	污水处理、污泥堆放和处理	臭气浓度	/	《大气污染物综合排放标准》(DB 11/ 501—2017)	20(无量纲)	/	/	/	/	/	/	/
2	厂界	车间	非甲烷总烃	/	《大气污染物综合排放标准》(DB 11/ 501—2017)	1.0	/	/	/	/	/	/	/
全厂无组织排放总计													
全厂无组织排放总计					颗粒物			/	/	/	/	/	/
					SO_2			/	/	/	/	/	/

续表

序号	生产设施编号/无组织排放编号	产污环节①	污染物种类	主要污染防治措施②	国家或地方污染物排放标准		其他信息	年许可排放量限值/(t/a)					申请特殊时段许可排放量限值
					名称	浓度限值(标准状态)/(mg/m^3)		第一年	第二年	第三年	第四年	第五年	
全厂无组织排放总计													
全厂无组织排放总计					NO_x			/	/	/	/	/	/
					VOCs			/	/	/	/	/	/

注：表中①、②同表7-10。

(8) 大气污染物排放：企业大气排放总许可量

企业大气污染物排放总许可量填报内容如表7-125所列。

表7-125 企业大气污染物排放总许可量

序号	污染物种类	第一年/(t/a)	第二年/(t/a)	第三年/(t/a)	第四年/(t/a)	第五年/(t/a)
1	颗粒物	/	/	/	/	/
2	SO_2	/	/	/	/	/
3	NO_x	/	/	/	/	/
4	VOCs	/	/	/	/	/
5	非甲烷总烃	/	/	/	/	/

(9) 水污染物排放：排放口

废水直接排放口基本情况及入河排污口信息填报内容如表7-126、表7-127所列。本案例企业废水为间接排放，故无需填写该表。

表7-126 废水直接排放口基本情况表

序号	排放口编号	排放口名称	排放口地理坐标①		排放去向	排放规律	间歇排放时段	受纳自然水体信息		汇入受纳自然水体处地理坐标④		其他信息⑤
			经度	纬度				名称②	受纳水体功能目标③	经度	纬度	
/	/	/	/	/	/	/	/	/	/	/	/	/

注：表中①～⑤同表7-12。

表7-127 入河排污口信息表

序号	排放口编号	排放口名称	入河排污口			其他信息
			名称	编号	批复文号	
/	/	/	/	/	/	/

企业雨水排放口、废水间接排放口基本情况填报内容如表7-128、表7-129所列。

废水污染物排放执行标准填报内容如表7-130所列。

表 7-128　雨水排放口基本情况表

序号	排放口编号	排放口名称	排放口地理坐标①		排放去向	排放规律	间歇排放时段	受纳自然水体信息		汇入受纳自然水体处地理坐标④		其他信息⑤
			经度	纬度				名称②	受纳水体功能目标③	经度	纬度	
1	YS001	1＃雨水排放口	117°**′**″	40°**′**″	进入城市下水道（再入江河、湖、库）	连续排放，流量不稳定且无规律，但不属于冲击型排放	下雨形成地表径流时	泃河上段	Ⅳ类	117°**′**″	40°**′**″	/
2	YS002	2＃雨水排放口	117°**′**″	40°**′**″	进入城市下水道（再入江河、湖、库）	连续排放，流量不稳定且无规律，但不属于冲击型排放	下雨形成地表径流时	泃河上段	Ⅳ类	117°**′**″	40°**′**″	/

注：表中①～⑤同表 7-12。

表 7-129　废水间接排放口基本情况表

序号	排放口编号	排放口名称	排放口地理坐标①		排放去向	排放规律	间歇排放时段	受纳污水处理厂信息			
			经度	纬度				名称②	污染物种类	排水协议规定的浓度限值③/(mg/L)	国家或地方污染物排放标准浓度限值④/(mg/L)
1	DW001	生活污水排放口	117°**′**″	40°**′**″	进入城市污水处理厂	连续排放，流量不稳定且无规律，但不属于冲击型排放	/	平谷泃河污水处理厂	五日生化需氧量	/	20
									pH 值	/	6～9
									悬浮物	/	20
									氨氮（NH_3-N）	/	8
									化学需氧量	/	60
									总磷（以 P 计）	/	1.0
2	DW002	生产废水总排口	117°**′**″	40°**′**″	进入城市污水处理厂	连续排放，流量不稳定且无规律，但不属于冲击型排放	/	平谷泃河污水处理厂	总磷（以 P 计）	/	1.0
									化学需氧量	/	60
									五日生化需氧量	/	20

续表

序号	排放口编号	排放口名称	排放口地理坐标[①]		排放去向	排放规律	间歇排放时段	受纳污水处理厂信息			
			经度	纬度				名称[②]	污染物种类	排水协议规定的浓度限值[③]/(mg/L)	国家或地方污染物排放标准浓度限值[④]/(mg/L)
2	DW002	生产废水总排口	117°**′**″	40°**′**″	进入城市污水处理厂	连续排放，流量不稳定且无规律，但不属于冲击型排放	/	平谷洳河污水处理厂	悬浮物	/	20
									pH值	/	6～9
									氨氮(NH_3-N)	/	8

注：表中①～④同表7-15。

表7-130 废水污染物排放执行标准表

序号	排放口编号	排放口名称	污染物种类	国家或地方污染物排放标准[①]		排水协议规定的浓度限值(如有)[②]/(mg/L)	环境影响评价批复要求/(mg/L)	承诺更加严格排放限值/(mg/L)	其他信息
				名称	浓度限值/(mg/L)				
1	DW001	生活污水排放口	化学需氧量	/	/	/	/	/	/
2			氨氮(NH_3-N)	/	/	/	/	/	/
3			总磷(以P计)	/	/	/	/	/	/
4			悬浮物	/	/	/	/	/	/
5			五日生化需氧量	/	/	/	/	/	/
6			pH值	/	/	/	/	/	/
7	DW002	生产废水总排口	化学需氧量	《水污染物综合排放标准》(DB 11/307—2013)	500	/	/	/	/
8			氨氮(NH_3-N)	《水污染物综合排放标准》(DB 11/307—2013)	45	/	/	/	/
9			总磷(以P计)	《水污染物综合排放标准》(DB 11/307—2013)	8.0	/	/	/	/
10			悬浮物	《水污染物综合排放标准》(DB 11/307—2013)	400	/	/	/	/
11			五日生化需氧量	《水污染物综合排放标准》(DB 11/307—2013)	300	/	/	/	/
12			pH值	《水污染物综合排放标准》(DB 11/307—2013)	6.5～9	/	/	/	/

注：表中①～②同表7-16。

（10）水污染物排放：申请排放信息

废水污染物申请排放信息包括申请排放浓度限值及申请年排放量限值，填报内容见表 7-131。

表 7-131　废水污染物申请排放表

序号	排放口编号	排放口名称	污染物种类	申请排放浓度限值/(mg/L)	申请年排放量限值/(t/a)					申请特殊时段排放量限值
					第一年	第二年	第三年	第四年	第五年	
主要排放口										
主要排放口合计			COD_{Cr}		/	/	/	/	/	/
			氨氮		/	/	/	/	/	/
一般排放口										
1	DW001	生活污水排放口	化学需氧量	/	/	/	/	/	/	/
2			氨氮(NH_3-N)	/	/	/	/	/	/	/
3			总磷(以 P 计)	/	/	/	/	/	/	/
4			悬浮物	/	/	/	/	/	/	/
5			五日生化需氧量	/	/	/	/	/	/	/
6			pH 值	/	/	/	/	/	/	/
7	DW002	生产废水总排口	化学需氧量	500	/	/	/	/	/	/
8			氨氮(NH_3-N)	45	/	/	/	/	/	/
9			总磷(以 P 计)	8.0	/	/	/	/	/	/
10			悬浮物	400	/	/	/	/	/	/
11			五日生化需氧量	300	/	/	/	/	/	/
12			pH 值	6.5～9(无量纲)	/	/	/	/	/	/
一般排放口合计			COD_{Cr}		/	/	/	/	/	/
			氨氮		/	/	/	/	/	/
全厂排放口										
全厂排放口总计			COD_{Cr}		/	/	/	/	/	/
			氨氮		/	/	/	/	/	/

注：同表 7-17。

（11）噪声排放信息

噪声排放信息填报内容见表 7-132。

表 7-132　噪声排放信息

噪声类别	生产时段		执行排放标准名称	厂界噪声排放限值		备注
	昼间	夜间		昼间(A)/dB	夜间(A)/dB	
稳态噪声	至	至	/	/	/	/
频发噪声	/	/	/	/	/	/
偶发噪声	/	/	/	/	/	/

（12）固体废物管理信息

固体废物管理信息填报内容见表 7-133。

（13）环境管理要求-自行监测要求

自行监测及记录信息填报内容见表 7-134。

表 7-133　固体废物管理信息

固体废物基础信息表									
序号	固体废物类别	固体废物名称	代码[①]	危险特性[②]	类别[③]	物理性状	产生环节	去向	备注
1	一般工业固体废物	废包装材料	SW17	/	第Ⅰ类工业固体废物	固态(固体废物,S)	热反应香精生产线 1	委托处置	/
2	一般工业固体废物	污水处理站污泥	SW07	/	第Ⅰ类工业固体废物	半固态(泥态废物,SS)	公用单元 2	委托处置	/

自行贮存和自行利用/处置设施信息表							
序号	固体废物类别	设施名称	设施编号	设施类型	位置		污染防控技术要求
					经度	纬度	
1	/	/	/	/	/	/	/

注：表中①～③同表 7-19。

表 7-134　自行监测及记录信息表

序号	污染源类别/监测类别	排放口编号/监测点位	排放口名称/监测点位名称	监测内容[①]	污染物名称	监测设施	自动监测是否联网	自动监测仪器名称	自动监测设施安装位置	自动监测设施是否符合安装、运行、维护等管理要求	手工监测采样方法及个数[②]	手工监测频次[③]	手工测定方法[④]	其他信息
1	废气	DA001	车间废气排放口(西)	烟气流速、烟气温度、烟气压力、烟气含湿量、烟道截面积	颗粒物	手工	/	/	/	/	非连续采样，至少 3 个	1 次/半年	《固定污染源排气中颗粒物测定与气态污染物采样方法》(GB/T 16157—1996)	/
2	废气	DA001	车间废气排放口(西)	烟气流速、烟气温度、烟气压力、烟气含湿量、烟道截面积	非甲烷总烃	手工	/	/	/	/	非连续采样，至少 3 个	1 次/半年	《固定污染源废气 总烃、甲烷和非甲烷总烃的测定 气相色谱法》(HJ 38—2017)	/

续表

序号	污染源类别/监测类别	排放口编号/监测点位	排放口名称/监测点位名称	监测内容[①]	污染物名称	监测设施	自动监测是否联网	自动监测仪器名称	自动监测设施安装位置	自动监测设施是否符合安装、运行、维护等管理要求	手工监测采样方法及个数[②]	手工监测频次[③]	手工测定方法[④]	其他信息
3	废气	DA002	车间废气排放口(东)	烟气流速、烟气温度、烟气压力、烟气含湿量、烟道截面积	颗粒物	手工	/	/	/	/	非连续采样，至少3个	1次/半年	《固定污染源排气中颗粒物测定与气态污染物采样方法》(GB/T 16157—1996)	/
4	废气	DA002	车间废气排放口(东)	烟气流速、烟气温度、烟气压力、烟气含湿量、烟道截面积	非甲烷总烃	手工	/	/	/	/	非连续采样，至少3个	1次/半年	《固定污染源废气 总烃、甲烷和非甲烷总烃的测定 气相色谱法》(HJ 38—2017)	/
5	废气	厂界	/	风向、风速	臭气浓度	手工	/	/	/	/	非连续采样，至少3个	1次/半年	《空气质量 恶臭的测定 三点比较式臭袋法》(GB/T 14675—1993)	/
6	废气	厂界	/	风向、风速	非甲烷总烃	手工	/	/	/	/	非连续采样，至少3个	1次/半年	《环境空气总烃、甲烷和非甲烷总烃的测定 直接进样-气相色谱法》(HJ 604—2017)	/
7	废水	DW002	生产废水总排口	流量	pH值	手工	/	/	/	/	混合采样，至少3个混合样	1次/半年	《水质 pH值的测定 玻璃电极法》(GB 6920—1986)	/
8	废水	DW002	生产废水总排口	流量	悬浮物	手工	/	/	/	/	混合采样，至少3个混合样	1次/半年	《水质 悬浮物的测定 重量法》(GB 11901—1989)	/

续表

序号	污染源类别/监测类别	排放口编号/监测点位	排放口名称/监测点位名称	监测内容[①]	污染物名称	监测设施	自动监测是否联网	自动监测仪器名称	自动监测设施安装位置	自动监测设施是否符合安装、运行、维护等管理要求	手工监测采样方法及个数[②]	手工监测频次[③]	手工测定方法[④]	其他信息
9	废水	DW002	生产废水总排口	流量	五日生化需氧量	手工	/	/	/	/	混合采样，至少3个混合样	1次/半年	《水质 五日生化需氧量(BOD_5)的测定 稀释与接种法》(HJ 505—2009)	/
10	废水	DW002	生产废水总排口	流量	化学需氧量	手工	/	/	/	/	混合采样，至少3个混合样	1次/半年	《水质 化学需氧量的测定 重铬酸盐法》(HJ 828—2017)	/
11	废水	DW002	生产废水总排口	流量	阴离子表面活性剂	手工	/	/	/	/	瞬时采样，至少3个瞬时样	1次/半年	《水质 阴离子表面活性剂的测定 流动注射-亚甲基蓝分光光度法》(HJ 826—2017)	/
12	废水	DW002	生产废水总排口	流量	氨氮(NH_3-N)	手工	/	/	/	/	混合采样，至少3个混合样	1次/半年	《水质 氨氮的测定 流动注射-水杨酸分光光度法》(HJ 666—2013)	/
13	废水	DW002	生产废水总排口	流量	总磷(以P计)	手工	/	/	/	/	混合采样，至少3个混合样	1次/半年	《水质 总磷的测定 流动注射-钼酸铵分光光度法》(HJ 671—2013)	/
14	废水	DW002	生产废水总排口	流量	动植物油	手工	/	/	/	/	混合采样，至少3个混合样	1次/半年	《水质 石油类和动植物油类的测定 红外分光光度法》(HJ 637—2018)	/

注：表中①～④同表7-20。

(14) 环境管理要求：环境管理台账记录要求

环境管理台账记录要求填报内容见表 7-135。

表 7-135 环境管理台账信息表

序号	类别	记录内容	记录频次	记录形式	其他信息
1	基本信息	单位名称、生产经营场所地址、行业类别、法定代表人、统一社会信用代码、产品名称、年产品产能、环境影响评价文件审批(审核)意见文号、排污权交易文件文号、排污许可证编号等	对于未发生变化的排污单位基本信息，按年记录，1 次/年；对于发生变化的基本信息，在发生变化时记录 1 次	电子台账＋纸质台账	台账记录至少保存 5 年
2	监测记录信息	(1)废气污染物排放情况手工监测：排放口编号、排放口名称、排气筒高度、监测大气污染物项目、污染物排放浓度(折算值)、烟气参数(流量、温度、压力等)，以及采样日期、采样时间、采样点位、混合取样的样品数量、采样器名称、采样人姓名等。 (2)废水污染物排放情况手工监测：排放口编号、排放口名称、废水排放去向、监测水污染物项目、污染物排放浓度、流量，以及采样日期、采样时间、采样点位、混合取样的样品数量、采样器名称、采样人姓名等	与自行监测频次要求保持一致，同步进行监测信息记录	电子台账＋纸质台账	台账记录至少保存 5 年
3	其他环境管理信息	(1)无组织废气污染防治措施管理维护信息：管理维护时间及主要内容等。 (2)特殊时段环境管理信息：具体管理要求及其执行情况。 (3)固体废物管理信息：危险废物按照《危险废物产生单位管理计划制定指南》(环境保护部公告 2016 年 第 7 号)等要求，记录危险废物的种类、产生量、流向、贮存、利用/处置等信息；待危险废物环境管理台账相关标准或管理文件发布实施后，从其规定。一般工业固体废物按照《一般工业固体废物管理台账制定指南(试行)》(生态环境部公告 2021 年 第 82 号)等要求，记录一般工业固体废物产生信息、流向汇总信息、出厂环节记录信息等。 (4)其他信息：法律法规、标准规范确定的其他信息，排污单位自主记录的环境管理信息	(1)无组织废气污染防治措施管理维护信息：1 次/月。 (2)特殊时段环境管理信息：按基本信息、生产设施运行管理信息、污染防治设施运行管理信息、监测记录信息规定频次记录；对于停产或错峰生产的，原则上仅对停产或错峰生产的起止日期各记录 1 次。 (3)危险废物按照《危险废物产生单位管理计划制定指南》(环境保护部公告 2016 年 第 7 号)等规定的频次要求记录；待危险废物环境管理台账相关标准或管理文件发布实施后，从其规定。一般工业固体废物按照《一般工业固体废物管理台账制定指南(试行)》(生态环境部公告 2021 年 第 82 号)等频次要求记录。 (4)其他信息：依据法律法规、标准规范或实际生产运行规律等确定记录频次	电子台账＋纸质台账	台账记录至少保存 5 年

续表

序号	类别	记录内容	记录频次	记录形式	其他信息
4	生产设施运行管理信息	(1)正常工况 ① 主要产品:名称及产量。 ② 主要原辅材料:名称及用量。 ③ 燃料:名称、用量、灰分、硫分、挥发分、含水率、热值等。 (2)非正常工况 非正常工况生产设施名称及编码、起止时间、产品产量、原辅材料及燃料用量、事件原因、应对措施、是否报告等	(1)正常工况 ① 主要产品、原辅材料信息:连续生产的,按周记录,1次/周。非连续生产的,按照生产周期记录,1次/周期;周期小于1周的,按周记录,1次/周。 ② 燃料信息:燃料用量,连续生产的按周记录,1次/周;非连续生产的按生产周期记录,1次/周期。灰分、硫分、挥发分、含水率、热值,按采购批次记录,1次/批。 (2)非正常工况 按照工况期记录,1次/非正常工况期	电子台账+纸质台账	台账记录至少保存5年
5	污染防治设施运行管理信息	(1)正常情况 ① 有组织废气、废水污染防治设施运行管理信息 污染防治设施基本信息:污染防治设施名称、编码、规格参数及设计值等。 运行状态:运行起止时间、是否正常运行等。 主要药剂(吸附剂)添加情况:药剂名称、添加(更换)时间、添加(更换)量等。 有组织废气污染防治设施还应记录:废气排放量、排放时间,用电量等。 废水污染防治设施还应记录:处理废水类别,废水处理方式、排放量、排放去向、排放时间,用电量及污泥产生量等。 ② 无组织废气污染控制措施管理维护信息 无组织废气排放源、无组织废气污染控制措施、管理维护时间,以及涉及的主要管理维护内容:原辅材料、中间产品及成品贮存场或设施,以及投料系统、筛分系统、包装系统密封或密闭情况;制冷系统密封检查和检测情况;老化阀门和管道更换情况;产臭区域加罩或加盖情况或投放除臭剂种类及数量;露天储煤场等易扬尘区域采取降尘措施情况等。 (2)异常情况 异常情况污染防治设施名称及编码、起止时间、污染物排放浓度、异常原因、应对措施、是否报告等	(1)正常情况 ① 有组织废气、废水污染防治设施运行管理信息记录频次 污染防治设施基本信息、废水处理方式、处理废水类别:按年记录,1次/年;对于发生变化的信息,在发生变化时记录1次。 运行状态、污染物排放情况、污泥产生量、用电量:按日记录,1次/日。 主要药剂(吸附剂)添加情况:按日或批次记录,1次/日或1次/批。 ② 无组织废气污染控制措施管理维护信息:按日记录,1次/日。 (2)异常情况 按照异常情况期记录,1次/异常情况期	电子台账+纸质台账	台账记录至少保存5年

（15）补充登记信息

本案例企业不涉及补充登记信息。

（16）有核发权的地方生态环境主管部门增加的管理内容（如需）

改正规定信息表见表 7-136。

表 7-136 改正规定信息表

序号	整改问题	整改措施	整改时限	整改计划
/	/	/	/	/

（17）相关附件及说明

该企业为简化管理企业，系统里必须上传的附件包括守法承诺书（需法人签字）、生产工艺流程图、生产厂区总平面布置图和监测点位示意图，其余附件可根据实际情况选择性上传。

7.4 排污登记管理典型案例

7.4.1 案例 1——某排污登记管理液体洗涤剂制造排污单位

排污登记管理液体洗涤剂制造排污单位固定污染源排污登记表如表 7-137 所列。

表 7-137 固定污染源排污登记表

<table>
<tr><td colspan="2">单位名称①</td><td colspan="4">＊＊＊＊化妆品有限公司</td></tr>
<tr><td>省份②</td><td>广东省</td><td>市③</td><td>惠州市</td><td>（区）县④</td><td>****</td></tr>
<tr><td colspan="2">注册地址⑤</td><td colspan="4">广东省惠州市 ********</td></tr>
<tr><td colspan="2">生产经营场所地址⑥</td><td colspan="4">广东省惠州市 ********</td></tr>
<tr><td colspan="2">行业类别⑦</td><td colspan="4">肥皂及洗涤剂制造</td></tr>
<tr><td colspan="2">其他行业类别</td><td colspan="4">锅炉</td></tr>
<tr><td colspan="2">生产经营场所中心经度⑧</td><td>114° **′ **″</td><td colspan="2">生产经营场所中心纬度⑨</td><td>23° **′ **″</td></tr>
<tr><td colspan="2">统一社会信用代码⑩</td><td>*************</td><td colspan="2">组织机构代码/其他注册号⑪</td><td>/</td></tr>
<tr><td colspan="2">法定代表人/实际负责人⑫</td><td>***</td><td colspan="2">联系方式</td><td>139 ********</td></tr>
<tr><td colspan="2">生产工艺名称⑬</td><td>主要产品⑭</td><td colspan="2">主要产品产能</td><td>计量单位</td></tr>
<tr><td colspan="2" rowspan="2">混合搅拌-检验-灌料-包装</td><td>沐浴露</td><td colspan="2">5</td><td>t</td></tr>
<tr><td>洗发水</td><td colspan="2">50</td><td>t</td></tr>
<tr><td colspan="2">燃气锅炉</td><td>蒸汽</td><td colspan="2">2</td><td>t/h</td></tr>
<tr><td colspan="6">燃料使用信息 ☑有 □无</td></tr>
</table>

续表

燃料类别	燃料名称	使用量	单位
☐固体燃料 ☐液体燃料 ☑气体燃料 ☐其他	天然气	3500	☐t/a ☑m^3/a

涉 VOCs 辅料使用信息(使用涉 VOCs 辅料 1t/a 以上填写)[15] ☐有 ☑无
废气 ☑有组织排放 ☐无组织排放 ☐无

废气污染治理设施[16]	治理工艺	数量
低氮燃烧器	低氮燃烧	1
除臭设施	活性炭吸附	1
排放口名称[17]	执行标准名称	数量
锅炉废气排放口	《锅炉大气污染物排放标准》(DB 44/765—2019)	1

废水 ☑有 ☐无

废水污染治理设施[18]	治理工艺	数量
生活污水处理系统	好氧-厌氧生物处理法	1

排放口名称	执行标准名称	排放去向[19]
生活污水排放口	《水污染物排放限值》 (DB 44/26—2001)	☐不外排 ☑间接排放:排入 * * 污水处理厂 ☐直接排放:排入

工业固体废物 ☑有 ☐无

工业固体废物名称	是否属于危险废物[20]	去向
废包装桶、罐	☑是☐否	☐贮存:☐本单位/☐送 ☐处置:☐本单位/☐送 进行☐焚烧/☐填埋/☐其他 方式处置 ☑利用:☐本单位/☑送 **公司(供应商)回收
清洗废水	☑是☐否	☐贮存:☐本单位/☐送 ☑处置:☐本单位/☑送 * * 环保科技有限公司 进行☑焚烧/☐填埋/☐其他方式处置 ☐利用:☐本单位/☐送

是否应当申领排污许可证,但长期停产	☐是 ☑否

续表

其他需要说明的信息	/

① 按经工商行政管理部门核准，进行法人登记的名称填写，填写时应使用规范化汉字全称，与企业（单位）盖章所使用的名称一致。二级单位须同时用括号注明二级单位的名称。

②、③、④指生产经营场所地址所在地省份、城市、区县。

⑤ 经工商行政管理部门核准，营业执照所载明的注册地址。

⑥ 排污单位实际生产经营场所所在地。

⑦ 企业主营业务所属行业类别，按照2017年《国民经济行业分类》（GB/T 4754—2017）填报。尽量细化到四级行业类别，如“A0311 牛的饲养”。

⑧、⑨指生产经营场所中心经纬度坐标，应通过全国排污许可证管理信息平台中的GIS系统点选后自动生成经纬度。

⑩ 有统一社会信用代码的，此项为必填项。统一社会信用代码是一组长度为18位的用于法人和其他组织身份的代码，依据《法人和其他组织统一社会信用代码编码规则》（GB 32100—2015）编制，由登记管理部门负责在法人和其他组织注册登记时发放。

⑪ 无统一社会信用代码的，此项为必填项。组织机构代码是根据中华人民共和国国家标准《全国组织机构代码编制规则》（GB 11714—1997），由组织机构代码登记主管部门给每个企业、事业单位、机关、社会、团体和民办非企业单位颁发的，在全国范围内唯一的、始终不变的法定代码。组织机构代码由8位无属性的数字和一位校验码组成。填写时，应按照技术监督部门颁发的《中华人民共和国组织机构代码证》上的代码填写。其他注册号包括未办理三证合一的旧版营业执照注册号（15位代码）等。

⑫ 分公司可填写实际负责人。

⑬ 指与产品、产能相对应的生产工艺，填写内容应与排污单位环境影响评价文件一致。非生产类单位可不填。

⑭ 填报主要某种或某类产品及其生产能力。生产能力填写设计产能，无设计产能的可填写上一年实际产量。非生产类单位可不填。

⑮ 涉VOCs辅料包括涂料、油漆、胶黏剂、油墨、有机溶剂和其他含挥发性有机物的辅料，分为水性辅料和油性辅料，使用量应包含稀释剂、固化剂等添加剂的量。

⑯ 污染治理设施名称，对于有组织废气，污染治理设施名称包括除尘器、脱硫设施、脱硝设施、VOCs治理设施等；对于无组织废气，污染治理设施名称包括分散式除尘器、移动式焊烟净化器等。

⑰ 指有组织的排放口，不含无组织排放。排放同类污染物、执行相同排放标准的排放口可合并填报，否则应分开填报。

⑱ 指主要污水处理设施名称，如“综合污水处理站”“生活污水处理系统”等。

⑲ 指废水出厂界后的排放去向，不外排包括全部在工序内部循环使用、全厂废水经处理后全部回用不向外环境排放（畜禽养殖行业废水用于农田灌溉也属于不外排）；间接排放去向包括进入工业园区集中污水处理厂、市政污水处理厂、其他企业污水处理厂等；直接排放包括进入海域、进入江河、湖、库等水环境。

⑳ 根据危险废物鉴别相关标准GB 5085.1—2017～GB 5085.7—2017判定是否属于危险废物。

7.4.2 案例2——某排污登记管理化妆品制造排污单位

排污登记管理化妆品制造排污单位固定污染源排污登记表如表7-138所列。

表7-138 固定污染源排污登记表

单位名称①		****化妆品有限公司			
省份②	江苏省	市③	无锡市	（区）县④	****
注册地址⑤		江苏省无锡市 ********			
生产经营场所地址⑥		江苏省无锡市 ********			

续表

行业类别[7]	化妆品制造		
其他行业类别	/		
生产经营场所中心经度[8]	120°**′**″	生产经营场所中心纬度[9]	31°**′**″
统一社会信用代码[10]	*************	/组织机构代码/其他注册号[11]	/
法定代表人/实际负责人[12]	***	联系方式	0510-*******
生产工艺名称[13]	主要产品[14]	主要产品产能	计量单位
混拌分装	化妆品	13229	万个
燃料使用信息 □有 ☑无			
涉VOCs辅料使用信息(使用涉VOCs辅料1t/a以上填写)[15] □有 ☑无			
废气 ☑有组织排放 □无组织排放 □无			
废气污染治理设施[16]	治理工艺		数量
除尘设施	滤筒除尘		8
挥发性有机物处理设施	活性炭吸附		1
排放口名称[17]	执行标准名称		数量
粉尘废气排放口	《大气污染物综合排放标准》(GB 16927—1996)		8
挥发性有机物废气排放口	《大气污染物综合排放标准》(GB 16927—1996)		1
废水 ☑有 □无			
废水污染治理设施[18]	治理工艺		数量
综合污水处理站	好氧生物处理法		1
生活污水处理系统	化粪池		1
排放口名称	执行标准名称	排放去向[19]	
生产废水排放口	/	☑不外排 □间接排放:排入 □直接排放:排入	
生活污水排放口	《污水综合排放标准》(GB 8978—1996)	□不外排 ☑间接排放:排入无锡市**水务有限公司**污水处理厂 □直接排放:排入	
工业固体废物 ☑有 □无			
工业固体废物名称	是否属于危险废物[20]	去向	
废包装容器	□是 ☑否	□贮存:□本单位/□送 □处置:□本单位/□送____________ 进行□焚烧/□填埋/□其他方式处置 ☑利用:□本单位/☑送**公司(供应商回收)	
废包装袋	□是☑否	□贮存:□本单位/□送 □处置:□本单位/□送____________ 进行□焚烧/□填埋/□其他方式处置 ☑利用:□本单位/☑送**公司(供应商回收)	

续表

不合格品	□是☑否	□贮存：□本单位/□送 ☑处置：□本单位/☑送苏州市**环保科技有限公司 进行☑焚烧/□填埋/□其他方式处置 □利用：□本单位/□送
滤渣	☑是□否	□贮存：□本单位/□送 □处置：□本单位/☑送苏州市**环保科技有限公司 进行☑焚烧/□填埋/□其他方式处置 □利用：□本单位/□送
废活性炭	☑是□否	□贮存：□本单位/□送 ☑处置：□本单位/☑送苏州市**环保科技有限公司 进行☑焚烧/□填埋/□其他方式处置 □利用：□本单位/□送
粉尘	□是☑否	□贮存：□本单位/□送 ☑处置：□本单位/☑送苏州市**环保科技有限公司 进行□焚烧/☑填埋/□其他方式处置 □利用：□本单位/□送
水处理污泥	□是☑否	□贮存：□本单位/□送 □处置：□本单位/□送 进行□焚烧/□填埋/□其他方式处置 ☑利用：□本单位/☑送无锡市**建材有限公司
200L废空桶	☑是□否	□贮存：□本单位/□送 □处置：□本单位/□送 进行□焚烧/□填埋/□其他方式处置 ☑利用：□本单位/☑送**废旧容器再生有限公司
200L以下废空桶	☑是□否	□贮存：□本单位/□送 □处置：□本单位/□送 进行□焚烧/□填埋/□其他方式处置 ☑利用：□本单位/☑送**废旧容器再生有限公司
是否应当申领排污许可证，但长期停产	□是　　☑否	
其他需要说明的信息	/	

注：表中①～⑳同表7-137。

7.4.3　案例3——某排污登记管理口腔清洁用品制造排污单位

排污登记管理口腔清洁用品制造排污单位固定污染源排污登记表如表7-139所列。

表 7-139 固定污染源排污登记表

<table>
<tr><td colspan="2">单位名称[1]</td><td colspan="4">****日用化工有限公司</td></tr>
<tr><td>省份[2]</td><td>广东省</td><td>市[3]</td><td>广州市</td><td>(区)县[4]</td><td>* * * *</td></tr>
<tr><td colspan="2">注册地址[5]</td><td colspan="4">广东省广州市 ********</td></tr>
<tr><td colspan="2">生产经营场所地址[6]</td><td colspan="4">广东省广州市 ********</td></tr>
<tr><td colspan="2">行业类别[7]</td><td colspan="4">口腔清洁用品制造</td></tr>
<tr><td colspan="2">其他行业类别</td><td colspan="4">/</td></tr>
<tr><td colspan="2">生产经营场所中心经度[8]</td><td>113° **′ **″</td><td colspan="2">生产经营场所中心纬度[9]</td><td>23° **′ **″</td></tr>
<tr><td colspan="2">统一社会信用代码[10]</td><td>*************</td><td colspan="2">组织机构代码/其他注册号[11]</td><td></td></tr>
<tr><td colspan="2">法定代表人/实际负责人[12]</td><td>* * *</td><td colspan="2">联系方式</td><td>137 *******</td></tr>
<tr><td colspan="2">生产工艺名称[13]</td><td>主要产品[14]</td><td colspan="2">主要产品产能</td><td>计量单位</td></tr>
<tr><td colspan="2">投料-制膏-静置-灌装封尾-成品入库</td><td>牙膏</td><td colspan="2">80</td><td>t</td></tr>
<tr><td colspan="6">燃料使用信息 □有 ☑无</td></tr>
<tr><td colspan="6">涉 VOCs 辅料使用信息(使用涉 VOCs 辅料 1t/a 以上填写)[15] ☑有 □无</td></tr>
<tr><td colspan="2">辅料类别</td><td>辅料名称</td><td colspan="2">使用量</td><td>单位</td></tr>
<tr><td colspan="2">□涂料、漆 □胶 □有机溶剂 □油墨 ☑其他</td><td>山梨醇</td><td colspan="2">20</td><td>☑t/a</td></tr>
<tr><td colspan="2">□涂料、漆 □胶 □有机溶剂 □油墨 ☑其他</td><td>聚乙二醇</td><td colspan="2">1.8</td><td>☑t/a</td></tr>
<tr><td colspan="6">废气 ☑有组织排放 ☑无组织排放 □无</td></tr>
<tr><td colspan="2">废气污染治理设施[16]</td><td colspan="3">治理工艺</td><td>数量</td></tr>
<tr><td colspan="2">除尘设施</td><td colspan="3">布袋除尘</td><td>1</td></tr>
<tr><td colspan="2">通风设施</td><td colspan="3">/</td><td>1</td></tr>
<tr><td colspan="2">排放口名称[17]</td><td colspan="3">执行标准名称</td><td>数量</td></tr>
<tr><td colspan="2">粉尘废气排放口</td><td colspan="3">《大气污染物排放限值》(DB 44/27—2001)</td><td>1</td></tr>
<tr><td colspan="6">废水 ☑有 □无</td></tr>
<tr><td colspan="2">废水污染治理设施[18]</td><td colspan="3">治理工艺</td><td>数量</td></tr>
<tr><td colspan="2">三级化粪池</td><td colspan="3">厌氧生物处理法</td><td>1</td></tr>
<tr><td colspan="2">自建污水处理设施</td><td colspan="3">混凝沉淀+水解酸化+接触氧化</td><td>1</td></tr>
<tr><td colspan="2">排放口名称</td><td>执行标准名称</td><td colspan="3">排放去向[19]</td></tr>
<tr><td colspan="2">生产废水排放口</td><td>《水污染物排放限值》(DB 44/26—2001)</td><td colspan="3">□不外排
☑间接排放:排入 * * 污水处理厂
□直接排放:排入</td></tr>
<tr><td colspan="2">生活污水排放口</td><td>《水污染物排放限值》(DB 44/26—2001)</td><td colspan="3">□不外排
☑间接排放:排入 * * 污水处理厂
□直接排放:排入</td></tr>
<tr><td colspan="6">工业固体废物 ☑有 □无</td></tr>
<tr><td colspan="2">工业固体废物名称</td><td>是否属于危险废物[20]</td><td colspan="3">去向</td></tr>
</table>

续表

包装废物	□是☑否	□贮存：□本单位/□送其他单位综合利用 □处置：□本单位/□送 进行□焚烧/□填埋/□其他方式处置 ☑利用：□本单位/□送 **物资回收公司
除尘系统收集的粉尘	□是☑否	□贮存：□本单位/□送 □处置：□本单位/□送 进行□焚烧/□填埋/□其他方式处置 ☑利用：□本单位/□送 **粉尘回收公司
污水处理站污泥	□是☑否	□贮存：□本单位/□送 ☑处置：□本单位/☑送 **发电厂 进行☑焚烧/□填埋/□其他方式处置 □利用：□本单位/□送
是否应当申领排污许可证，但长期停产	□是　　☑否	
其他需要说明的信息	/	

注：表中①～⑳同表 7-137。

7.4.4 案例 4——某排污登记管理香精制造排污单位

排污登记管理香精制造排污单位固定污染源排污登记表如表 7-140 所列。

表 7-140　固定污染源排污登记表

<table>
<tr><td colspan="2">单位名称①</td><td colspan="4">****香精科技有限公司</td></tr>
<tr><td>省份②</td><td>广东省</td><td>市③</td><td>广州市</td><td>(区)县④</td><td>****</td></tr>
<tr><td colspan="2">注册地址⑤</td><td colspan="4">广东省广州市 ********</td></tr>
<tr><td colspan="2">生产经营场所地址⑥</td><td colspan="4">广东省广州市 ********</td></tr>
<tr><td colspan="2">行业类别⑦</td><td colspan="4">香料、香精制造</td></tr>
<tr><td colspan="2">其他行业类别</td><td colspan="4">/</td></tr>
<tr><td colspan="2">生产经营场所中心经度⑧</td><td>113°**′**″</td><td colspan="2">生产经营场所中心纬度⑨</td><td>24°**′**″</td></tr>
<tr><td colspan="2">统一社会信用代码⑩</td><td>**************</td><td colspan="2">组织机构代码/其他注册号⑪</td><td>/</td></tr>
<tr><td colspan="2">法定代表人/实际负责人⑫</td><td>* * *</td><td colspan="2">联系方式</td><td>187 ********</td></tr>
<tr><td colspan="2">生产工艺名称⑬</td><td>主要产品⑭</td><td colspan="2">主要产品产能</td><td>计量单位</td></tr>
<tr><td colspan="2">调配工艺</td><td>香精</td><td colspan="2">500000</td><td>t</td></tr>
<tr><td colspan="6">燃料使用信息　□有 ☑无</td></tr>
<tr><td colspan="6">涉 VOCs 辅料使用信息(使用涉 VOCs 辅料 1t/a 以上填写)⑮　□有 ☑无</td></tr>
<tr><td colspan="6">废气　□有组织排放 □无组织排放 ☑无</td></tr>
<tr><td colspan="6">废水　☑有 □无</td></tr>
<tr><td colspan="2">废水污染治理设施⑯</td><td colspan="3">治理工艺</td><td>数量</td></tr>
<tr><td colspan="2">生活污水处理系统</td><td colspan="3">物理处理法</td><td>1</td></tr>
</table>

续表

排放口名称	执行标准名称	排放去向[17]
生活污水排放口	《水污染物排放限值》（DB 44/26—2001）	□不外排 ☑间接排放：排入 ***污水处理厂 □直接排放：排入
工业固体废物　☑有 □无		
工业固体废物名称	是否属于危险废物[18]	去向
废包装材料	□是☑否	□贮存：□本单位/□送 □处置：□本单位/□送 进行□焚烧/□填埋/□其他方式处置 ☑利用：□本单位/☑送 **物资回收公司
是否应当申领排污许可证，但长期停产	□是　☑否	
其他需要说明的信息	/	

① 按经工商行政管理部门核准，进行法人登记的名称填写，填写时应使用规范化汉字全称，与企业（单位）盖章所使用的名称一致。二级单位须同时用括号注明二级单位的名称。

②、③、④指生产经营场所所在地省份、城市、区县。

⑤ 经工商行政管理部门核准，营业执照所载明的注册地址。

⑥ 排污单位实际生产经营场所所在地。

⑦ 企业主营业务所属行业类别，按照2017年《国民经济行业分类》（GB/T 4754—2017）填报。尽量细化到四级行业类别，如“A0311 牛的饲养”。

⑧、⑨指生产经营场所中心经纬度坐标，应通过全国排污许可证管理信息平台中的GIS系统点选后自动生成经纬度。

⑩ 有统一社会信用代码的，此项为必填项。统一社会信用代码是一组长度为18位的用于法人和其他组织身份的代码，依据《法人和其他组织统一社会信用代码编码规则》（GB 32100—2015）编制，由登记管理部门负责在法人和其他组织注册登记时发放。

⑪ 无统一社会信用代码的，此项为必填项。组织机构代码是根据中华人民共和国国家标准《全国组织机构代码编制规则》（GB 11714—1997），由组织机构代码登记主管部门给每个企业、事业单位、机关、社会、团体和民办非企业单位颁发的，在全国范围内唯一的、始终不变的法定代码。组织机构代码由8位无属性的数字和一位校验码组成。填写时，应按照技术监督部门颁发的《中华人民共和国组织机构代码证》上的代码填写。其他注册号包括未办理三证合一的旧版营业执照注册号（15位代码）等。

⑫ 分公司可填写实际负责人。

⑬ 指与产品、产能相对应的生产工艺，填写内容应与排污单位环境影响评价文件一致。非生产类单位可不填。

⑭ 填报主要某种或某类产品及其生产能力。生产能力填写设计产能，无设计产能的可填写上一年实际产量。非生产类单位可不填。

⑮ 涉VOCs辅料包括涂料、油漆、胶黏剂、油墨、有机溶剂和其他含挥发性有机物的辅料，分为水性辅料和油性辅料，使用量应包含稀释剂、固化剂等添加剂的量。

⑯ 指主要污水处理设施名称，如“综合污水处理站”“生活污水处理系统”等。

⑰ 指废水出厂界后的排放去向，不外排包括全部在工序内部循环使用、全厂废水经处理后全部回用不向外环境排放（畜禽养殖行业废水用于农田灌溉也属于不外排）；间接排放去向包括进入工业园区集中污水处理厂、市政污水处理厂、其他企业污水处理厂等；直接排放包括进入海域，进入江河、湖、库等水环境。

⑱ 根据危险废物鉴别相关标准GB 5085.1—2007～GB 5085.7—2007判定是否属于危险废物。

7.4.5 案例5——某排污登记管理其他日用化学产品制造排污单位

排污登记管理其他日用化学产品制造排污单位固定污染源排污登记表如表7-141所列。

表 7-141 固定污染源排污登记表

<table>
<tr><td colspan="2">单位名称①</td><td colspan="4">****包装材料有限公司</td></tr>
<tr><td>省份②</td><td>浙江省</td><td>市③</td><td>杭州市</td><td>(区)县④</td><td>****</td></tr>
<tr><td colspan="2">注册地址⑤</td><td colspan="4">浙江省杭州市********</td></tr>
<tr><td colspan="2">生产经营场所地址⑥</td><td colspan="4">浙江省杭州市********</td></tr>
<tr><td colspan="2">行业类别⑦</td><td colspan="4">其他日用化学产品制造</td></tr>
<tr><td colspan="2">其他行业类别</td><td colspan="4">/</td></tr>
<tr><td colspan="2">生产经营场所中心经度⑧</td><td>119° **′ **″</td><td colspan="2">中心纬度⑨</td><td>30° **′ **″</td></tr>
<tr><td colspan="2">统一社会信用代码⑩</td><td>*************</td><td colspan="2">组织机构代码/其他注册号⑪</td><td></td></tr>
<tr><td colspan="2">法定代表人/实际负责人⑫</td><td>***</td><td colspan="2">联系方式</td><td>187 ********</td></tr>
<tr><td colspan="2">生产工艺名称⑬</td><td>主要产品⑭</td><td colspan="2">主要产品产能</td><td>计量单位</td></tr>
<tr><td colspan="2" rowspan="4">复配工艺</td><td>保鲜剂</td><td colspan="2">0.5</td><td>亿包</td></tr>
<tr><td>脱氧剂</td><td colspan="2">1</td><td>亿包</td></tr>
<tr><td>除臭剂</td><td colspan="2">0.5</td><td>亿包</td></tr>
<tr><td>干燥剂</td><td colspan="2">1</td><td>亿包</td></tr>
<tr><td colspan="6">燃料使用信息　□有 ☑无</td></tr>
<tr><td colspan="6">涉 VOCs 辅料使用信息(使用涉 VOCs 辅料 1t/a 以上填写)⑮　□有 ☑无</td></tr>
<tr><td colspan="6">废气　□有组织排放 □无组织排放 ☑无</td></tr>
<tr><td colspan="6">废水　☑有 □无</td></tr>
<tr><td colspan="2">废水污染治理设施⑯</td><td colspan="3">治理工艺</td><td>数量</td></tr>
<tr><td colspan="2">生活污水处理系统</td><td colspan="3">物理处理法</td><td>1</td></tr>
<tr><td colspan="2">排放口名称</td><td>执行标准名称</td><td colspan="3">排放去向⑰</td></tr>
<tr><td colspan="2">生活污水排放口</td><td>《污水综合排放标准》(GB 8978—1996)</td><td colspan="3">□不外排
☑间接排放:排入***污水处理公司
□直接排放:排入</td></tr>
<tr><td colspan="6">工业固体废物　☑有 □无</td></tr>
<tr><td colspan="2">工业固体废物名称</td><td>是否属于危险废物⑱</td><td colspan="3">去向</td></tr>
<tr><td colspan="2">废包装材料</td><td>□是☑否</td><td colspan="3">□贮存:□本单位/□送
□处置:□本单位/□送
进行□焚烧/□填埋/□其他方式处置
☑利用:□本单位/☑送**物资回收公司</td></tr>
<tr><td colspan="2">落地粉尘</td><td>□是☑否</td><td colspan="3">□贮存:□本单位/□送
☑处置:□本单位/☑送环卫部门
进行☑焚烧/□填埋/□其他方式处置
□利用:□本单位/□送</td></tr>
<tr><td colspan="2">是否应当申领排污许可证,但长期停产</td><td colspan="4">□是　☑否</td></tr>
<tr><td colspan="2">其他需要说明的信息</td><td colspan="4">/</td></tr>
</table>

注：表中①～⑱同表7-140。

第8章

日化工业排污许可证后执行与监管

排污许可证作为企事业单位生产运营期间排污行为的唯一行政许可，明确了其依法应当遵守的环境管理要求和承担的法律责任与义务。同时，排污许可证也是企事业单位在生产运营期间接受生态环境监管和生态环境主管部门实施监管的主要法律文书。申请与核发排污许可证只是"一证式"管理的基础和开端，排污单位取得排污许可证后应严格按证排污，落实排污许可证的各项要求，生态环境主管部门应当加强对排污许可的事中、事后监管，推动排污许可制度有效实施，落实排污单位生态环境保护主体责任。

8.1 日化工业排污单位证后执行

8.1.1 证后执行要求与路径

8.1.1.1 证照管理

排污单位应当在生产经营场所内方便公众监督的位置悬挂排污许可证正本。禁止伪造、变造、转让排污许可证。

8.1.1.2 延续、变更、重新申请和补办

（1）排污许可证延续

排污许可证5年有效期届满，排污单位需继续排放污染物的，应于有效期届满60日前向其生产经营场所所在地设区的市级以上人民政府生态环境主管部门（以下称审批部门）申请延续，否则将被视为"无证排污"。申请延续排污许可证应当提交的材料：

① 延续排污许可证申请表；

② 由排污单位法定代表人或者主要负责人签字或者盖章的承诺书；

③ 与延续排污许可事项有关的其他材料。

（2）排污许可证变更

排污单位变更名称、住所、法定代表人或者主要负责人的，应当自变更之日起 30 日内向审批部门申请变更。另外，排污单位适用的污染物排放标准、重点污染物总量控制要求发生变化，需要对排污许可证进行变更的，审批部门可以依法对排污许可证相应事项进行变更。变更排污许可证应当提交的申请材料：

① 变更排污许可证申请表；

② 由排污单位法定代表人或者主要负责人签字或者盖章的承诺书；

③ 与变更排污许可事项有关的其他材料。

（3）排污许可证重新申请

在排污许可证有效期内，排污单位有下列情形之一的，应当通过全国排污许可证管理信息平台相应模块重新申请取得排污许可证：

① 新建、改建、扩建排放污染物的项目；

② 生产经营场所、污染物排放口位置或者污染物排放方式、排放去向发生变化；

③ 污染物排放口数量或者污染物排放种类、排放量、排放浓度增加。

（4）排污许可证补办

排污许可证发生遗失、损毁的，排污单位应当在 30 个工作日内向审批部门申请补领排污许可证；遗失排污许可证的，在申请补领前应当在全国排污许可证管理信息平台上发布遗失声明；损毁排污许可证的，应当同时交回被损毁的排污许可证。

排污单位应区分不同情形，按照规定的期限和方式，在全国排污许可证管理信息平台延续、变更、重新申请或补办排污许可证，具体办理流程如下：登录企业端，在业务办理首页对应选择“许可证延续”/“许可证变更”/“许可证重新申请”/“许可证补办”，在原填报信息基础上进行修改，并按要求上传有关附件、附图等，之后进行提交，等待审批，如图 8-1 所示。

图 8-1　许可证延续/变更/重新申请/补办业务模块

8.1.1.3　规范排污

排污单位按照排污许可证要求规范排污行为，主要包括以下几个方面：

① 不超过排污许可证规定的许可排放浓度和许可排放量排放污染物，以及不能以逃避监管的方式违法排放污染物。

② 按照排污许可证规定，控制大气污染物无组织排放，以及特殊时段停止或者限制排放污染物。

③ 污染物排放口位置或者数量、污染物排放方式或者排放去向符合排污许可证规定。

④ 排污单位应当按照生态环境管理要求运行和维护污染防治设施，建立内部环境管理制度，按照《排污口规范化整治技术要求（试行）》、地方相关管理要求和执行的排放标准中有关排污口规范化设置的规定建设排污口，并设置标志牌。

⑤ 实施新改建、扩建项目和技术改造的排污单位，应当在建设污染防治设施的同时，建设规范化排污口等。

8.1.1.4　自行监测

排污单位应当按照排污许可证规定和有关标准规范，开展自行监测并保存原始监测记录，保存期限不得少于 5 年，并对自行监测数据的真实性、准确性负责，不得篡改、伪造。实行排污许可重点管理的排污单位，应当依法安装、使用、维护污染物排放自动监测设备，并与生态环境主管部门的监控设备联网。排污单位发现污染物排放自动监测设备传输数据异常的，应当及时报告生态环境主管部门，并进行检查、修复。

日化工业排污单位开展自行监测的监测内容、监测点位、监测指标、监测频次等要求，按照 HJ 1104—2020 执行，其中未包括的按 HJ 819—2017 执行。监测采样方法、监测分析方法、监测质量保证与质量控制、监测期间手工监测的记录和自动监测运维记录、自行监测信息公开等按照 HJ 819—2017 执行。废水自动监测系统的安装、验收、运行、数据有效性判别等要求参照 HJ 353—2019、HJ 354—2019、HJ 355—2019、HJ 356—2019 等执行。废气自动监测相关要求参照《固定污染源烟气（SO_2、NO_x、颗粒物）排放连续监测技术规范》（HJ 75—2017）、《固定污染源烟气（SO_2、NO_x、颗粒物）排放连续监测系统技术要求及检测方法》（HJ 76—2017）和《关于加强京津冀高架源污染物自动监控有关问题的通知》等执行。

8.1.1.5　台账记录

环境管理台账是排污单位自证守法的主要原始依据。排污单位应当建立环境管理台账记录制度，按照排污许可证规定，如实记录主要生产设施、污染防治设施运行情况以及污染物排放浓度、排放量，台账记录保存期限不得少于 5 年。排污单位发现污染物排放超标等异常情况时，应当立即采取措施消除、减轻危害，如实进行环境管理台账记录，并报告生态环境主管部门，说明原因。

日化工业排污单位环境管理台账记录格式、内容、频次，以及记录保存形式等要求，依据 HJ 1104—2020 和《排污单位环境管理台账及排污许可证执行报告技术规范总则（试行）》（HJ 944—2019）确定，并在排污许可证副本环境管理要求中环境管理台账记录部分予以明确。日化工业排污单位环境管理台账具体记录内容及频次要求，详见本书第4章表4-4，环境管理台账记录参考表详见HJ 1104—2020附录B。排污单位环境管理台账可通过全国排污许可证管理信息平台或自行按照排污许可证规定进行记录，保存环境管理台账，并对记录内容的真实性和有效性负责。另外，日化工业排污单位在《排污许可管理条例》实施前已申领排污许可证，且依据HJ 1104—2020确定环境管理台账记录保存期限不少于3年的，按照“法不溯及既往”的法治原则，现有排污许可证中规定的台账记录保存期限依然有效。

8.1.1.6 执行报告

排污许可证执行报告是排污单位自证守法的重要载体，能够较为全面地反映排污单位污染物排放和各项环境管理要求落实情况。排污单位应当按照排污许可证规定向审批部门提交排污许可证执行报告，如实报告污染物排放行为、排放浓度、排放量等。排污单位如在排污许可证有效期内发生停产，也应当提交执行报告，并如实报告污染物排放变化情况并说明原因。

日化工业排污单位排污许可证执行报告内容、频次和时间等要求，依据HJ 1104—2020和HJ 944—2019确定，并在排污许可证副本执行报告要求部分予以明确。排污许可证执行报告通过全国排污许可证管理信息平台执行报告模块按期提交，并确保报告内容的真实性、完整性、准确性。其中，对应许可排放量合规性判定，应填报排污单位在核算时段内的污染物实际排放量。目前，日化工业排污单位废水、废气实际排放量按照HJ 1104—2020中实际排放量核算方法进行计算。鉴于排污许可证执行报告中报告的污染物排放量可为相关环境管理工作提供依据，同时也是各职能部门数据共享和核对的重要内容，排污单位在生态环境统计、环境保护税应税污染物排放量核算等相关工作中，应保持核算方法的统一。

以年报为例，排污许可证执行报告填报流程如下。

（1）生成年报表

如图8-2所示，排污单位登录全国排污许可证管理信息平台企业端，进入业务办理首页界面，点击“执行报告”，然后再弹出界面选择“年报”，进入排污许可执行报告界面。点击“新增”，在弹出页面选择“年报”及“年份”，再点击“确定”，则生成新的年报表。点击“编辑”，则进入年报表填报界面，排污单位可根据实际情况进行填报。

（2）排污许可执行情况汇总表

如图8-3所示，排污单位在报告周期内，排污许可执行情况汇总表中所列项目如未变化，则直接点击页面下方“保存”按钮。排污单位在报告周期内执行情况如有变化，则在对应项中点选“变化”，并在“备注”栏中填写变化后的实际情况信息，最后点击页面最下方的“保存”按钮。

（3）企业基本信息表

如图8-4所示，在企业基本信息表界面点击“编辑”按钮填报“原料”“辅料”“主要产品”等内容。“能源消耗”“运行时间和生产负荷”“主要产品产量”“取排水”“污染治理设施计划投资情况”等内容直接填报数量并勾选单位，需要说明的情况可填写

“备注”栏，最后点击页面最下方的“保存”。

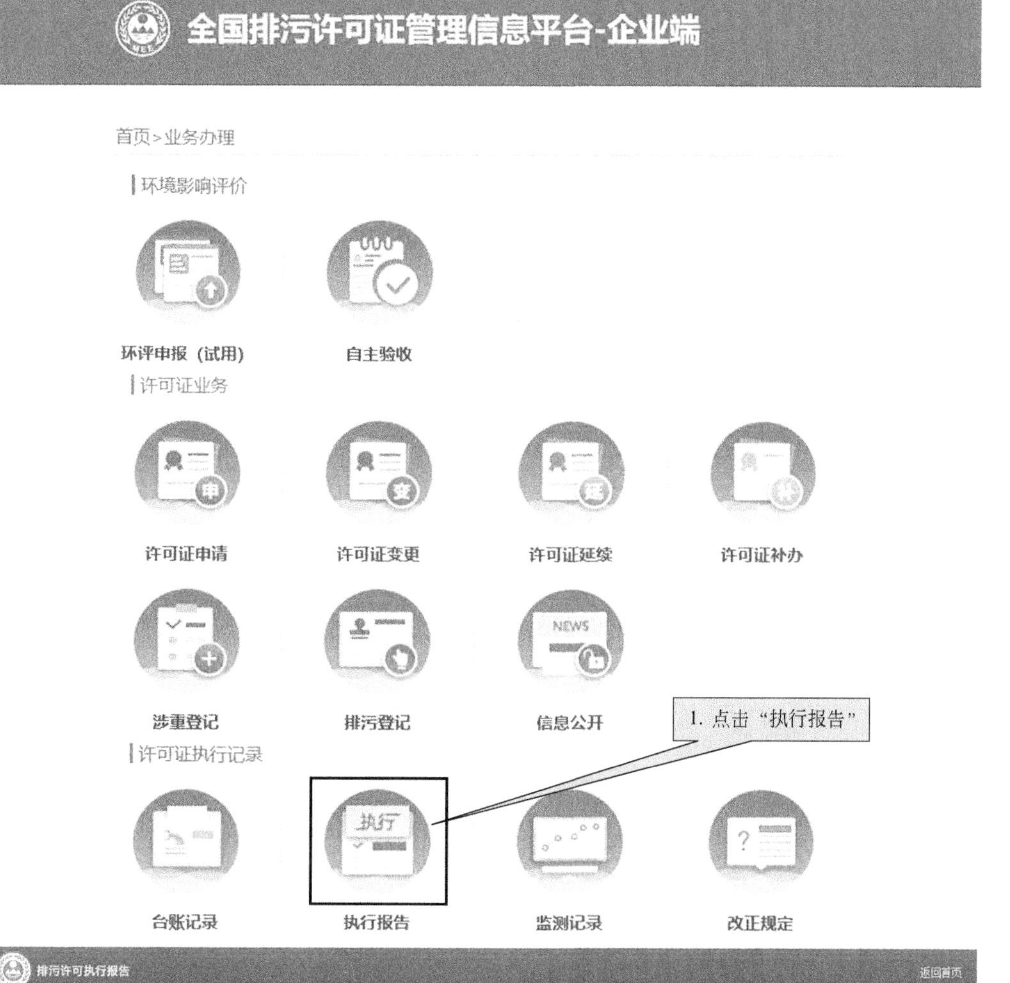

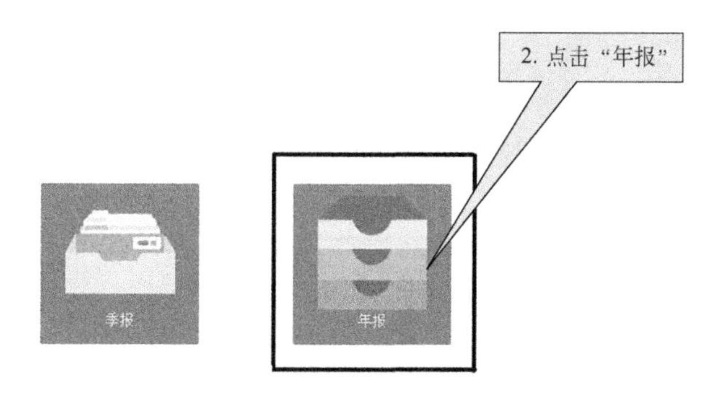

图 8-2

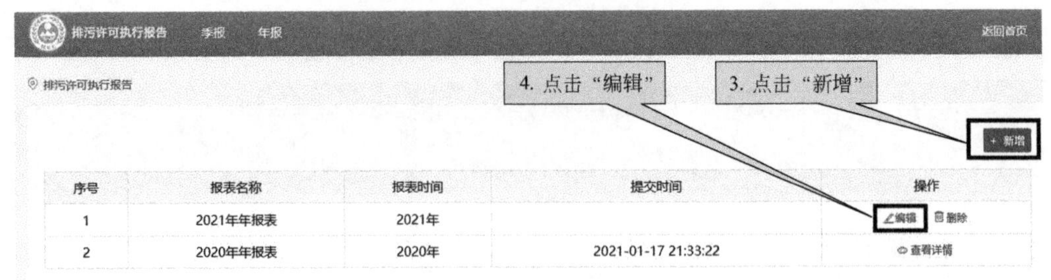

序号	报表名称	报表时间	提交时间	操作
1	2021年年报表	2021年		编辑 删除
2	2020年年报表	2020年	2021-01-17 21:33:22	查看详情

图 8-2　生成年报表流程

执行报告信息
一、排污许可执行情况汇总表
二、企业基本信息表
三、污染防治设施运行情况
四、自行监测情况
五、台账管理情况
六、实际排放情况及达标判…
七、其他需要说明的情况
八、附件
九、提交报告

排污许可执行报告 > 年报 > 2021年年报告 > 排污许可执行情况汇总表　　导出word　+ 重新同步数据

注：对于选择“变化”的，应在“备注”中详细说明。

企业总体情况

是否按照排污许可证执行　◉是　○否

项目	内容			报告周期内执行情况	备注
排污单位基本情况	（一）排污单位基本信息	单位名称		○变化 ◉未变化	
		注册地址		○变化 ◉未变化	
		邮政编码		○变化 ◉未变化	
		生产经营场所地址		○变化 ◉未变化	
		行业类别		○变化 ◉未变化	
		生产经营场所中心经度		○变化 ◉未变化	
		生产经营场所中心纬度		○变化 ◉未变化	
		组织机构代码		○变化 ◉未变化	
		统一社会信用代码		○变化 ◉未变化	
		技术负责人		○变化 ◉未变化	
		联系电话		○变化 ◉未变化	
		所在地是否属于重点区域		○变化 ◉未变化	
		主要污染物类别		○变化 ◉未变化	
		主要污染物种类		○变化 ◉未变化	
		大气污染物排放方式		○变化 ◉未变化	
		废水污染物排放规律		○变化 ◉未变化	
		大气污染物排放执行标准名称		○变化 ◉未变化	
		水污染物排放执行标准名称		○变化 ◉未变化	
		设计生产能力		○变化 ◉未变化	
		TA001-除味装置	污染物种类	○变化 ◉未变化	
			污染治理设施工艺	○变化 ◉未变化	
			排放形式	○变化 ◉未变化	

图 8-3　排污许可执行情况汇总表

执行报告信息
一、排污许可执行情况汇总表
二、企业基本信息表
排污单位基本信息
三、污染防治设施运行情况
四、自行监测情况
五、台账管理情况
六、实际排放情况及达标判…
七、其他需要说明的情况
八、附件
九、提交报告

排污许可执行报告 > 年报 > 2021年年报告 > 企业基本信息表 > 排污单位基本信息　　导出word　+ 重新同步数据

排污单位基本信息（香料、香精制造+其他调味品、发酵制品制造）　+ 新增

注 1：计量单位选择其它时，请在备注写明具体单位名称

序号	记录内容	生产单元	名称		数量或内容	计量单位	备注	操作
1	原料	浆膏状香精制造						编辑
		粉末香精制造						编辑
		调味油制造						编辑
		调味粉制造						编辑
		调味酱制造						编辑
		风味酱制造						编辑
2	辅料	公用单元						编辑
		浆膏状香精制造						编辑
		粉末香精制造						编辑
		调味油制造						编辑
		调味粉制造						编辑
		调味酱制造						编辑
		风味酱制造						编辑
		公用单元	天然气	用量		t		删除
				硫分		%		
				灰分		%		
				挥发分		%		
				热值		MJ/kg		
			用电量			kWh		删除
			蒸汽消耗量			MJ		删除

图 8-4　企业基本信息表

（4）污染防治设施运行情况

如图 8-5 所示，在“废水污染治理设施正常运转情况表”及“废气污染治理设施正常运转情况表”页面，点击“编辑”按钮填报污染治理设施的“数量”“单位”，需要说明的情况可填写“备注”栏。点击“保存”进入“污染治理设施异常情况汇总表”界面。如有污染治理设施异常情况需要上报，则在“污染治理设施异常情况汇总表”界面点击右上角“新增”按钮（图 8-6），选择“类型”“故障设施”及“排放因子”，填写“异常开始时间”“故障原因”“应对措施”及“浓度”。如涉及多个排放因子，可点击“添加因子”，进行添加（图 8-7）。如没有污染治理设施异常情况，则直接点击“保存”按钮（图 8-6）。随后进入“小结”界面，排污单位就年报周期内污染防治设施运行情况进行小结，点击“保存”（图 8-8）。

图 8-5　污染防治设施正常运行情况表

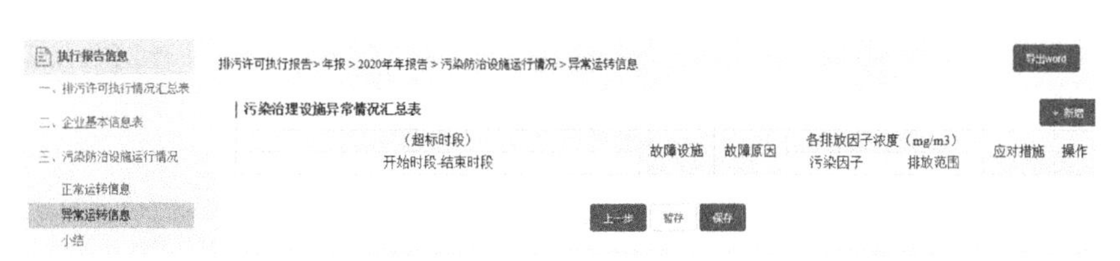

图 8-6　污染防治设施异常运行情况表（一）

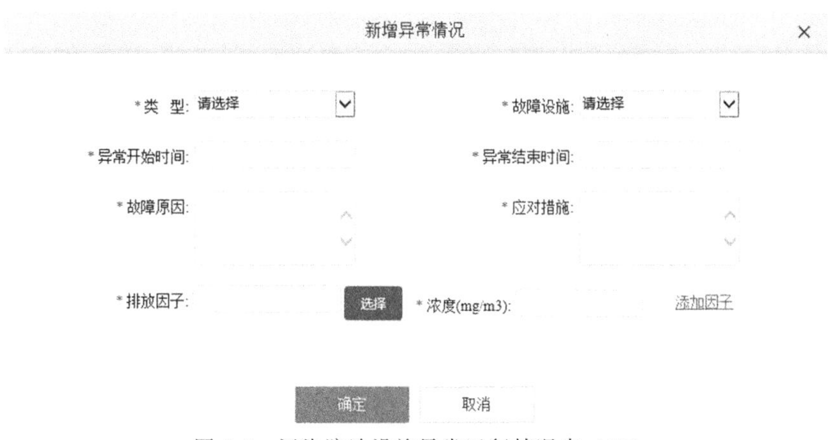

图 8-7　污染防治设施异常运行情况表（二）

图 8-8 污染防治设施运行情况小结表

（5）自行监测情况

如图 8-9 所示，排污单位根据自行监测数据（包括手工监测和自动监测）填报“有组织废气污染物排放浓度监测数据统计表”“有组织废气污染物排放速率监测数据统计表”“无组织废气污染物排放浓度监测数据统计表”和“废水污染物排放浓度监测数据统计表”。监测要求与排污许可证不一致的原因以及污染物浓度超标原因等可在“备注”中进行说明。排污许可证未许可排放速率的企业，可不填报“有组织废气污染物排放速率监测数据统计表”。填报时应注意：采用自动和手工联合监测，有效监测数据数量为两者有效数据数量的总和；超标率是指超标的监测数据个数占总有效监测数据个数的比例。点击“保存”，进入“非正常时段排放信息”界面，如图 8-10 所示。如排污单位在报告周期内出现非正常工况下排污，则点击右上角“新增”按钮，添加相关监测数据，之后点击“保存”。如没有非正常工况下排污的情况发生，则直接点击“保存”按钮，进入“小结”页面。排污单位就年报周期内自行监测情况进行小结，点击“保存”（图 8-11）。

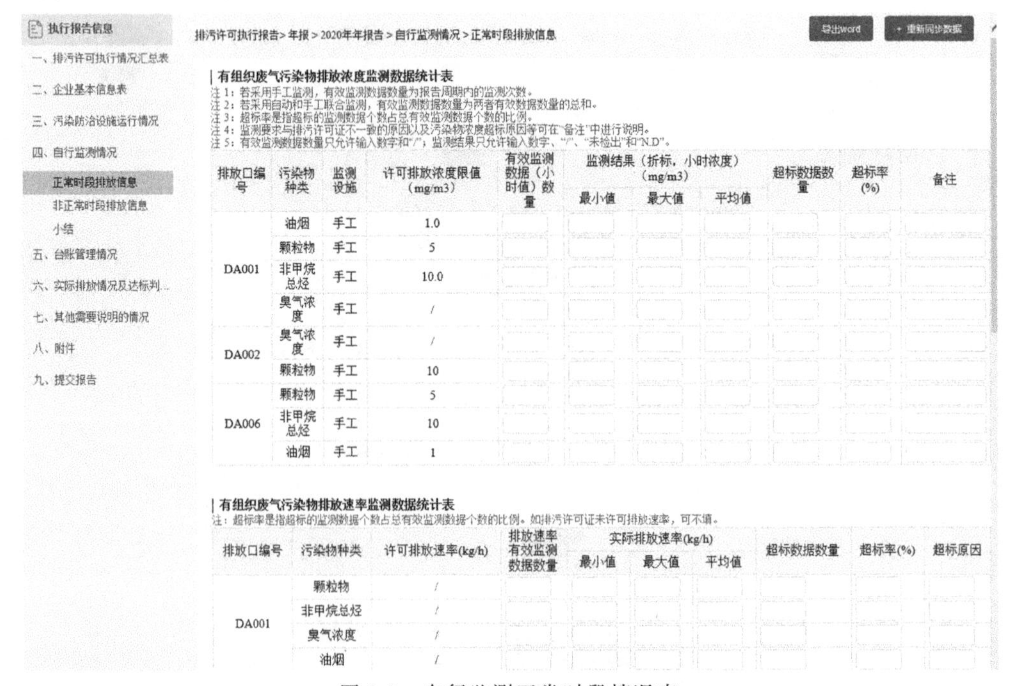
执行报告信息
一、排污许可执行情况汇总表
二、企业基本信息表
三、污染防治设施运行情况
四、自行监测情况
正常时段排放信息
非正常时段排放信息
小结
五、台账管理情况
六、实际排放情况及达标判...
七、其他需要说明的情况
八、附件
九、提交报告

排污许可执行报告 > 年报 > 2020年年报告 > 自行监测情况 > 正常时段排放信息

导出word　+ 重新同步数据

有组织废气污染物排放浓度监测数据统计表

注 1：若采用手工监测，有效监测数据数量为报告周期内的监测次数。
注 2：若采用自动和手工联合监测，有效监测数据数量为两者有效数据数量的总和。
注 3：超标率是指超标的监测数据个数占总有效监测数据个数的比例。
注 4：监测要求与排污许可证不一致的原因以及污染物浓度超标原因等可在"备注"中进行说明。
注 5：有效监测数据数量只允许输入数字和"/"；监测结果只允许输入数字、"/"、"未检出"和"N.D"。

排放口编号	污染物种类	监测设施	许可排放浓度限值（mg/m3）	有效监测数据（小时值）数量	监测结果（折标，小时浓度）（mg/m3）			超标数据数量	超标率(%)	备注
					最小值	最大值	平均值			
DA001	油烟	手工	1.0							
	颗粒物	手工	5							
	非甲烷总烃	手工	10.0							
	臭气浓度	手工	/							
DA002	臭气浓度	手工	/							
	颗粒物	手工	10							
DA006	颗粒物	手工	5							
	非甲烷总烃	手工	10							
	油烟	手工	1							

有组织废气污染物排放速率监测数据统计表

注：超标率是指超标的监测数据个数占总有效监测数据个数的比例。如排污许可证未许可排放速率，可不填。

排放口编号	污染物种类	许可排放速率(kg/h)	排放速率有效监测数据数量	实际排放速率(kg/h)			超标数据数量	超标率(%)	超标原因
				最小值	最大值	平均值			
DA001	颗粒物	/							
	非甲烷总烃	/							
	臭气浓度	/							
	油烟	/							

图 8-9 自行监测正常时段情况表

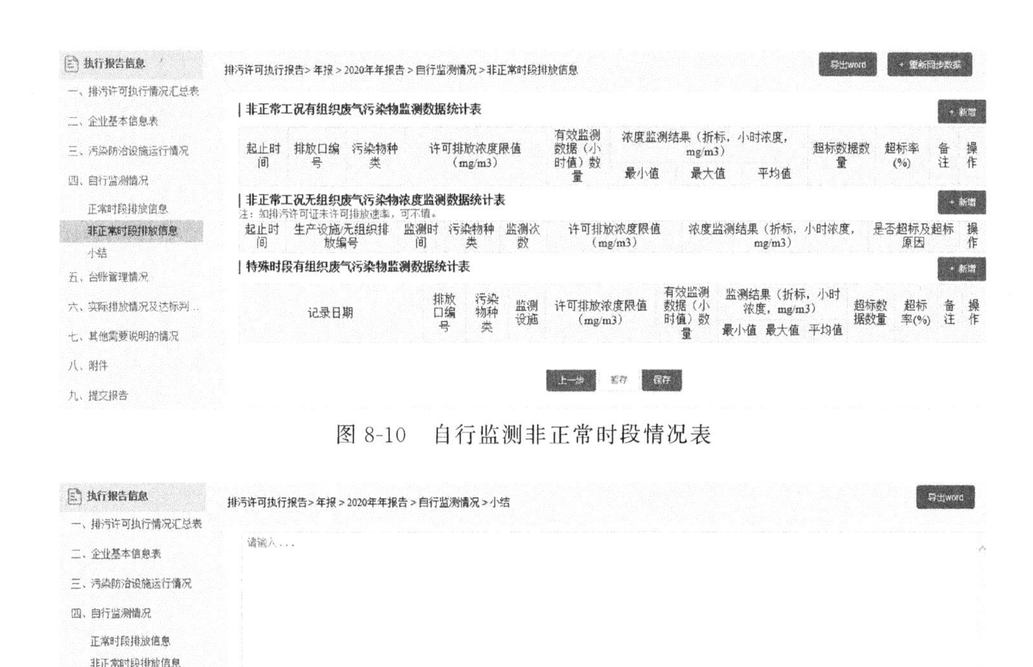

图 8-10　自行监测非正常时段情况表

图 8-11　自行监测情况小结表

（6）台账管理情况

如图 8-12 所示，排污单位就“台账管理情况表”中所列记录内容是否完整进行勾选，在“说明”栏填写未记录完整原因，点击“保存”，进入“小结”页面。排污单位就年报周期内台账管理情况进行小结，点击“保存”（图 8-13）。

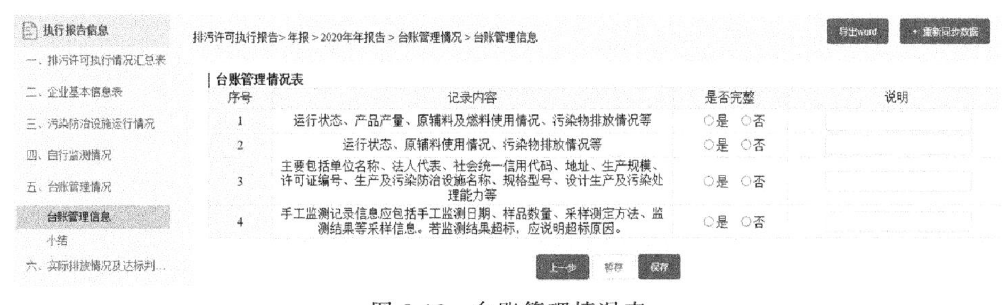

图 8-12　台账管理情况表

图 8-13　台账管理情况小结表

（7）实际排放情况及达标判定分析

如图 8-14 所示，排污单位在“实际排放量信息”界面填报报告执行期内全年实际污染物的排放量，点击“保存”。企业如有超标排放的情况发生，则点击右上角“新增”按钮，填报超标排放信息（图 8-15）。如在报告执行期内没有发生超标排放情况，则直接点击“保存”。如在重污染天气应急预警期间等特殊时段有废气污染物排放，则填报“特殊时段废气污染物实际排放量表”（图 8-16）。排污许可证未许可排放量的企业，可不填报“特殊时段废气污染物实际排放量表”。点击“保存”，进入“小结”页面。排污单位就年报周期内污染物实际排放量的情况进行小结，点击“保存”（图 8-17）。

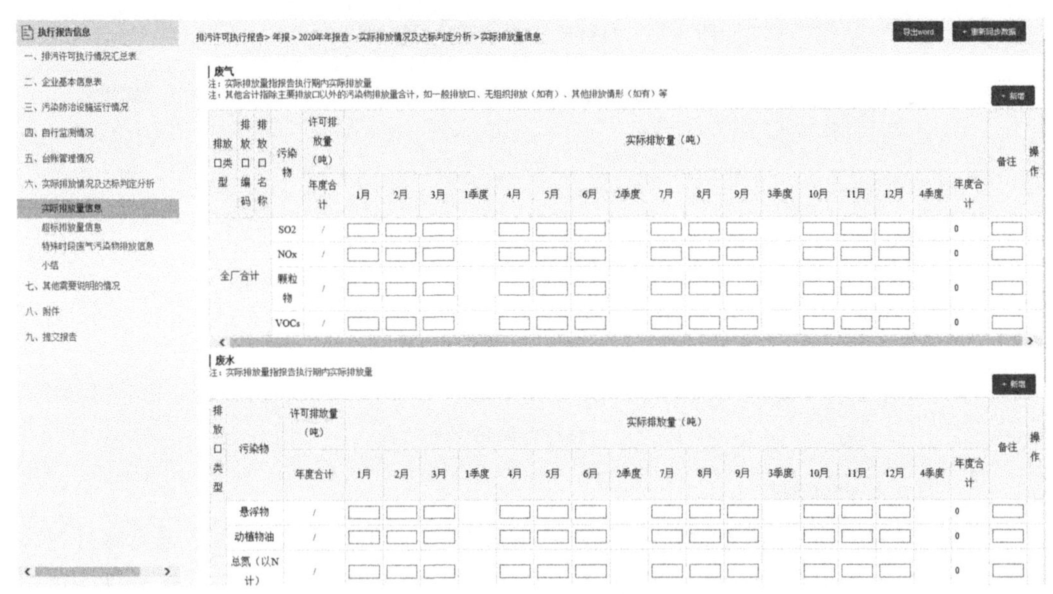

排放口类型	排放口编码	排放口名称	污染物	许可排放量（吨）年度合计	实际排放量（吨） 1月	2月	3月	1季度	4月	5月	6月	2季度	7月	8月	9月	3季度	10月	11月	12月	4季度	年度合计	备注	操作
全厂合计			SO2	/																	0		
			NOx	/																	0		
			颗粒物	/																	0		
			VOCs	/																	0		

排放口类型	污染物	许可排放量（吨）年度合计	实际排放量（吨） 1月	2月	3月	1季度	4月	5月	6月	2季度	7月	8月	9月	3季度	10月	11月	12月	4季度	年度合计	备注	操作
	悬浮物	/																	0		
	动植物油	/																	0		
	总氮（以N计）	/																	0		

图 8-14　实际排放量信息表

图 8-15　超标排放量信息表

图 8-16　特殊时段废气污染物实际排放量信息表

执行报告信息
一、排污许可执行情况汇总表
二、企业基本信息表
三、污染防治设施运行情况
四、自行监测情况
五、台账管理情况
六、实际排放情况及达标判定分析
实际排放量信息
超标排放量信息
特殊时段废气污染物排放信息
小结
七、其他需要说明的情况
八、附件
九、提交报告
排污许可执行报告> 年报 > 2020年年报告 > 实际排放情况及达标判定分析 > 小结
导出word
请输入...
上一步
暂存
保存

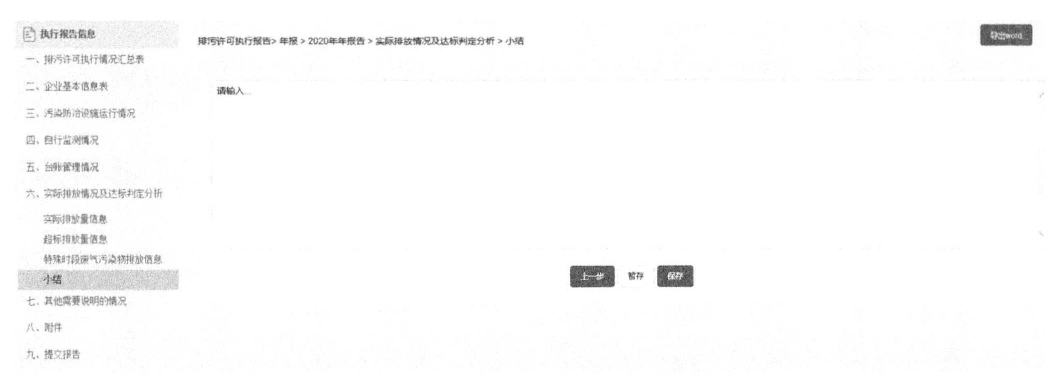

图 8-17　实际排放量信息小结表

（8）其他需要说明的情况

如图 8-18 所示，如无其他情况需要说明，则可填写“无”，点击“保存”。

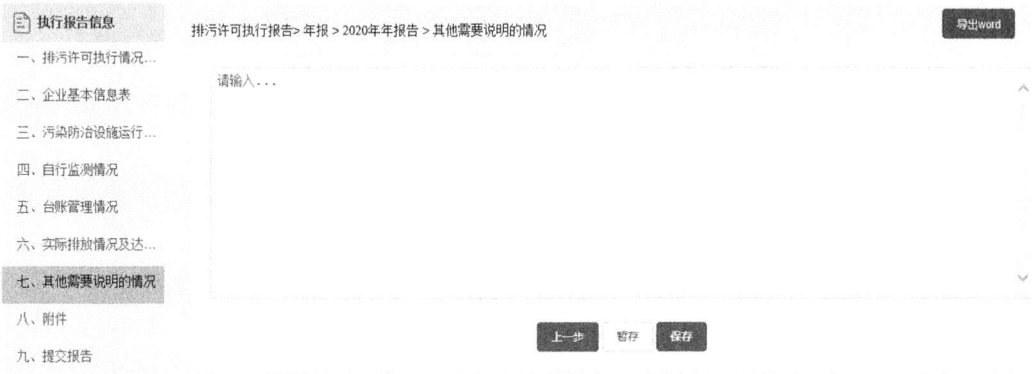

执行报告信息
一、排污许可执行情况...
二、企业基本信息表
三、污染防治设施运行...
四、自行监测情况
五、台账管理情况
六、实际排放情况及达...
七、其他需要说明的情况
八、附件
九、提交报告
排污许可执行报告> 年报 > 2020年年报告 > 其他需要说明的情况
导出word
请输入...
上一步
暂存
保存

图 8-18　其他需要说明的情况

（9）附件

如图 8-19，上传相关附图、污染物实际排放量计算过程、非正常工况证明材料等附件，点击“下一步”。

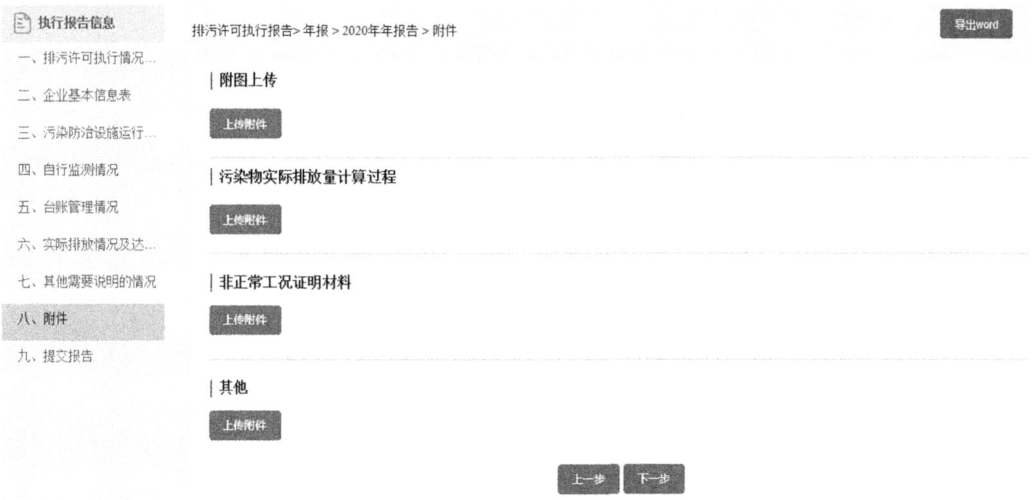

执行报告信息
一、排污许可执行情况...
二、企业基本信息表
三、污染防治设施运行...
四、自行监测情况
五、台账管理情况
六、实际排放情况及达...
七、其他需要说明的情况
八、附件
九、提交报告
排污许可执行报告> 年报 > 2020年年报告 > 附件
导出word
附图上传
上传附件
污染物实际排放量计算过程
上传附件
非正常工况证明材料
上传附件
其他
上传附件
上一步
下一步

图 8-19　附件

（10）提交报告

如图 8-20 所示，阅读“提交报告”页面内容，并核对企业基本信息，确认无误点击“提交”，完成年度执行报告填报。

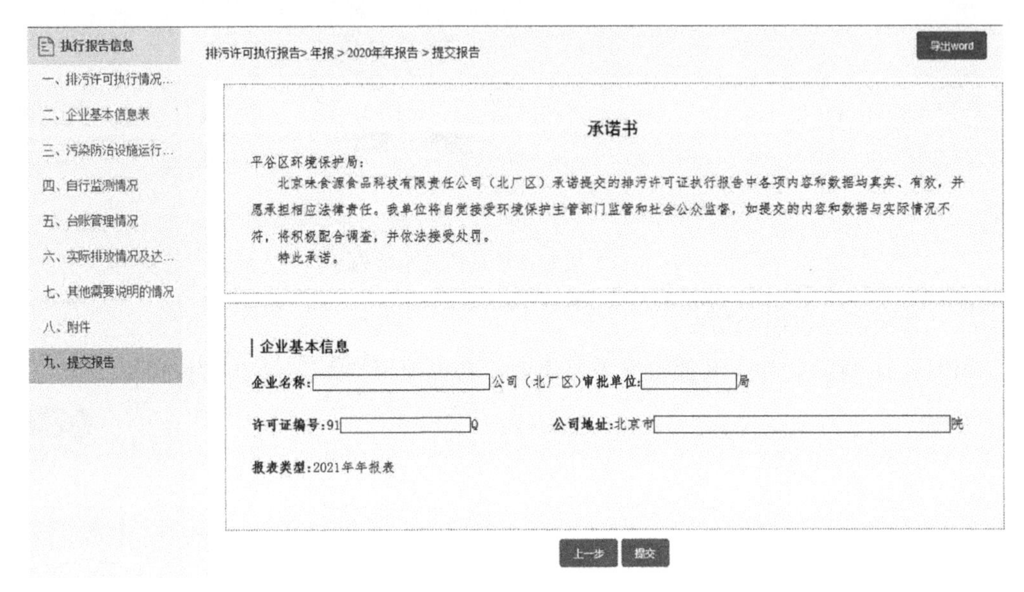

图 8-20　提交报告

8.1.1.7　信息公开

实行排污许可管理的排污单位，应当按证如实公开污染物排放信息。其中，污染物排放信息包括污染物排放种类、排放浓度和排放量，以及污染防治设施的建设运行情况、排污许可证执行报告、自行监测数据等；水污染物排入市政排水管网的，还应包括污水接入市政排水管网位置、排放方式等信息。实行排污许可重点管理的排污单位，还应在排污许可证申请前公开单位基本信息、拟申请许可事项。否则，将造成申请排污许可证应当提交相应材料的缺失。

日化工业排污单位信息公开方式统一为全国排污许可证管理信息平台，信息公开具体内容、时间节点等要求，除按照《排污许可管理条例》规定外，还应依据《企业事业单位环境信息公开办法》《国家重点监控企业自行监测及信息公开办法》和 HJ 1104—2020 等确定，在排污许可证副本环境管理要求信息公开部分予以明确。排污单位信息公开内容将在全国排污许可证管理信息平台公开端予以呈现，接受社会公众监督。

8.1.1.8　配合检查

排污单位应当配合生态环境主管部门监督检查，如实反映情况，并按照要求提供排污许可证、环境管理台账记录、排污许可证执行报告、自行监测数据等相关材料。同时，排污单位违反《排污许可管理条例》规定排放污染物，受到罚款处罚，被责令改正的，生态环境主管部门还将组织复查，发现继续实施该违法行为或者拒绝、阻挠复查的，将依照《中华人民共和国环境保护法》的规定按日连续处罚。因此，排污单位不但要持证、按证排污，落实上述各项环境管理要求，还要主动配合管理部门的监督检查。

8.1.2 无证或不按证排污法律责任

8.1.2.1 无证排污

① 排污单位有下列行为之一的，由生态环境主管部门责令改正或者限制生产、停产整治，处20万元以上100万元以下的罚款，而情节严重的报经有批准权的人民政府批准，责令停业、关闭：

a. 未取得排污许可证排放污染物；b. 排污许可证有效期届满未申请延续或者延续申请未经批准排放污染物；c. 被依法撤销、注销、吊销排污许可证后排放污染物；d. 依法应当重新申请取得排污许可证，但未重新申请取得排污许可证排放污染物。

② 排污单位未取得排污许可证排放污染物，被责令停止排污，拒不执行，尚不构成犯罪的，除依照《排污许可管理条例》规定予以处罚外，对其直接负责的主管人员和其他直接责任人员，依照《中华人民共和国环境保护法》的规定处以拘留。构成犯罪的，依法追究刑事责任。

8.1.2.2 不按证排污

（1）超许可排放限值排放污染物

排污单位超过许可排放浓度、许可排放量排放污染物的，由生态环境主管部门责令改正或者限制生产、停产整治，处20万元以上100万元以下的罚款；情节严重的，报经有批准权的人民政府批准，责令停业、关闭。

（2）“逃避监管”方式排放污染物

排污单位通过暗管、渗井、渗坑、灌注或者篡改、伪造监测数据，或者不正常运行污染防治设施等逃避监管的方式违法排放污染物。由生态环境主管部门责令改正或者限制生产、停产整治，处20万元以上100万元以下的罚款；情节严重的，报经有批准权的人民政府批准，责令停业、关闭。尚不构成犯罪的，对其直接负责的主管人员和其他直接责任人员，依照《中华人民共和国环境保护法》的规定处以拘留。构成犯罪的，依法追究刑事责任。

（3）违反无组织和特殊时段污染物排放控制要求

排污单位有下列行为之一的，由生态环境主管部门责令改正，处5万元以上20万元以下的罚款；情节严重的，处20万元以上100万元以下的罚款，责令限制生产、停产整治：

① 未按照排污许可证规定控制大气污染物无组织排放；

② 特殊时段未按照排污许可证规定停止或者限制排放污染物。

（4）未按证排放污染物和履行相关管理要求

排污单位有下列行为之一的，由生态环境主管部门责令改正，处2万元以上20万元以下的罚款；拒不改正的，责令停产整治：

① 污染物排放口位置或者数量不符合排污许可证规定；

② 污染物排放方式或者排放去向不符合排污许可证规定；

③ 损毁或者擅自移动、改变污染物排放自动监测设备；

④ 未按照排污许可证规定安装、使用污染物排放自动监测设备并与生态环境主管部门的监控设备联网，或者未保证污染物排放自动监测设备正常运行；

⑤ 未按照排污许可证规定制订自行监测方案并开展自行监测；

⑥ 未按照排污许可证规定保存原始监测记录；

⑦ 未按照排污许可证规定公开或者未如实公开污染物排放信息；

⑧ 发现污染物排放自动监测设备传输数据异常或者污染物排放超过排放标准等异常情况不报告；

⑨ 违反法律法规规定的其他控制污染物排放要求的行为。

（5）未按证开展台账记录和执行报告

排污单位有下列行为之一的，由生态环境主管部门责令改正，处每次5千元以上2万元以下的罚款；法律另有规定的，从其规定：

① 未建立环境管理台账记录制度，或者未按照排污许可证规定记录；

② 未如实记录主要生产设施及污染防治设施运行情况或者污染物排放浓度、排放量；

③ 未按照排污许可证规定提交排污许可证执行报告；

④ 未如实报告污染物排放行为或者污染物排放浓度、排放量。

（6）违规时拒不改正或阻挠复查

排污单位违反《排污许可管理条例》规定排放污染物，受到罚款处罚，被责令改正的，生态环境主管部门应当组织复查，发现其继续实施该违法行为或者拒绝、阻挠复查的，依照《中华人民共和国环境保护法》的规定按日连续处罚。

（7）不配合监督检查或弄虚作假

排污单位拒不配合生态环境主管部门监督检查，或者在接受监督检查时弄虚作假的，由生态环境主管部门责令改正，处2万元以上20万元以下的罚款。

（8）以不正当手段取得排污许可证

排污单位以欺骗、贿赂等不正当手段申请取得排污许可证的，由审批部门依法撤销其排污许可证，处20万元以上50万元以下的罚款，3年内不得再次申请排污许可证。

（9）伪造、变造、转让排污许可证

伪造、变造、转让排污许可证的，由生态环境主管部门没收相关证件或者吊销排污许可证，处10万元以上30万元以下的罚款，3年内不得再次申请排污许可证。

8.2 生态环境主管部门证后监管

8.2.1 生态环境主管部门证后监管要求

生态环境主管部门依证监管是排污许可制实施的关键，需按照“谁核发、谁监管”

的原则定期开展监管执法，首次核发排污许可证后，应及时开展检查。根据违法情节轻重，依法采取限制生产、停产整治、停业、关闭、按日连续处罚等措施，严厉处罚无证排污和不按证排污行为，对构成犯罪的，依法追究刑事责任，加强对排污许可的事中、事后监管，具体要求如下：

① 生态环境主管部门应将排污许可执法检查纳入生态环境执法年度计划，根据排污许可管理类别、排污单位信用记录和生态环境管理需要等因素，合理确定检查频次和检查方式。生态环境主管部门应当在全国排污许可证管理信息平台上记录执法检查时间、内容、结果以及处罚决定，同时将处罚决定纳入国家有关信用信息系统并向社会公布。

② 生态环境主管部门可以通过全国排污许可证管理信息平台监控排污单位的污染物排放情况，发现排污单位的污染物排放浓度超过许可排放浓度，应当要求排污单位提供排污许可证、环境管理台账记录、排污许可证执行报告、自行监测数据等相关材料进行核查，必要时可以组织开展现场监测。

③ 生态环境主管部门根据行政执法过程中收集的监测数据，以及排污单位的排污许可证、环境管理台账记录、排污许可证执行报告、自行监测数据等相关材料，对排污单位在规定周期内的污染物排放量，以及污染防治设施运行和维护是否符合排污许可证规定进行核查。

④ 生态环境主管部门依法通过现场监测、排污单位污染物排放自动监测设备、全国排污许可证管理信息平台获得的排污单位污染物排放数据，可以作为判定污染物排放浓度是否超过许可排放浓度的证据。排污单位自行监测数据与生态环境主管部门及其所属监测机构在行政执法过程中收集的监测数据不一致的，以生态环境主管部门及其所属监测机构收集的监测数据作为行政执法依据。

⑤ 排污单位未采用污染防治可行技术的，生态环境主管部门应当根据排污许可证、环境管理台账记录、排污许可证执行报告、自行监测数据等相关材料，以及生态环境主管部门及其所属监测机构在行政执法过程中收集的监测数据，综合判断排污单位采用的污染防治技术能否稳定达到排污许可证规定；对不能稳定达到排污许可证规定的，应当提出整改要求，并可以增加检查频次。

8.2.2 依证监管检查主要内容

8.2.2.1 废水排放合规性检查

（1）排放口（源）合规性检查

1）检查重点

所有生产废水和生活污水的排放方式和排放口地理坐标、排放去向、排放规律、受纳自然水体信息、排放污染物种类等。单独排入城镇集中污水处理设施的生活污水主要检查排放去向。

2）检查方法

以企业排污许可证为基础，现场核实废水排放去向、排放规律、受纳自然水体信息、排放污染物种类与排污许可证许可事项的一致性，对排放口设置的规范性进行检查。

① 排放去向　通过实地查看排放口，确定排放去向、受纳自然水体、排放污染物种类与排污许可证许可事项的相符性，检查是否有通过未经许可的排放口排放污染物的行为。对采用间接方式排放废水的企业，可通过检查与下游污水处理单位的协议等文件进行核实。发现废水排放去向与排污许可证规定不符的，需立即开展调查并根据调查结果进行执法。

② 排放口　根据《排污口规范化整治技术要求（试行）》（环监〔1996〕470号），对排放口设置的规范性进行检查，主要要求如下：

a. 合理确定污水排放口位置。按照《污水监测技术规范》（HJ 91.1—2019）设置采样点。例如：企业总排放口、污水处理设施的进水口和出水口等。应设置规范的、便于测量流量和流速的测流段。列入重点整治的污水排放口应安装流量计。一般污水排污口可安装三角堰、矩形堰、测流槽等测流装置或其他计量装置。

b. 开展排放口（源）规范化整治的单位，必须使用统一制作和监制的环境保护图形标志牌；环境保护图形标志牌设置位置应距污染物排放口（源）或采样点较近且醒目，并能长久保留；一般性污染物排放口（源），设置提示性环境保护图形标志牌。

c. 各级生态环境主管部门和排污单位均需使用统一印制的中华人民共和国规范化排污口标志登记证，并按要求认真填写有关内容。

d. 规范化整治排污口的有关设施（如：计量装置、标志牌等）属环境保护设施，各地生态环境部门应按照有关环境保护设施监督管理规定，加强日常监督管理，排污单位应将环境保护设施纳入本单位设备管理，制定相应的管理办法和规章制度。

地方生态环境主管部门针对排污口规范化整治有进一步要求的，按照地方管理要求执行。

③ 污染物种类　日化工业企业废水排放口及污染因子可参见表8-1进行检查。

表8-1　日化工业企业废水排放口及污染因子

废水类别	行业类别	排放口	污染因子
厂内综合污水处理站的综合污水（生产废水、生活污水等）	洗涤剂（含洗衣粉）制造排污单位	主要排放口（重点管理排污单位）；一般排放口（简化管理排污单位）	pH值、悬浮物、五日生化需氧量、化学需氧量（COD_{Cr}）、氨氮、阴离子表面活性剂、总磷
	肥皂（含香皂、皂粒、皂粉）制造排污单位		pH值、悬浮物、五日生化需氧量、化学需氧量（COD_{Cr}）、氨氮、总磷、动植物油
	其他日化排污单位		pH值、悬浮物、五日生化需氧量、化学需氧量（COD_{Cr}）、氨氮、总磷
生活污水（单独排放时）	所有日化排污单位	一般排放口（直排）	pH值、悬浮物、五日生化需氧量、化学需氧量（COD_{Cr}）、氨氮、总磷

（2）水污染物排放浓度合规性检查

1）采用污染防治措施情况

① 检查重点　检查是否采用了污水处理措施，核查产排污环节对应的废水污染防治设施编号、名称、工艺、是否为可行技术。

② 检查方法　在检查过程中以核发的排污许可证为基础，现场检查废水污染防治设施名称、工艺等与排污许可证登记事项的一致性。

依据 HJ 1104—2020、环境影响评价文件及批复等，对废水污染防治措施是否属于可行技术进行检查，利用可行技术判断企业是否具备符合规定的污染防治设施或污染物处理能力。在检查过程中发现废水污染防治措施不属于可行技术的，应当根据排污许可证、环境管理台账记录、排污许可证执行报告、自行监测数据等相关材料，以及生态环境主管部门及其所属监测机构在行政执法过程中收集的监测数据，综合判断排污单位采用的污染防治措施能否稳定达到排污许可证规定；在执法中关注排污情况，重点对达标情况进行检查，对不能稳定达到排污许可证规定的，应当提出整改要求，并可以增加检查频次。

2）污染防治设施运行情况

① 检查重点　各污染防治设施是否正常运行，以及运行和维护情况。

② 检查方法　在检查过程中对废水产生量及其与污水处理站进水量、排水量的一致性进行检查。现场检查污染防治设施的运行记录，如用电量记录、絮凝剂等试剂购买和使用消耗记录；核对药剂的使用量；对废水处理量与耗电量的相关性进行检查；现场检查污染防治设施的维修记录。

在检查过程中发现废水产生量低于最低排水量，或与污水处理站进水量不一致的，污水处理站进水量明显大于排水量的，废水处理量与耗电量相关性曲线波动不在正常范围内的，需要重点检查是否存在通过暗管、渗井、渗坑、灌注或雨水排放口等排放废水，或者篡改、伪造监测数据，或者不正常运行防治污染设施等逃避监管的方式违法排放水污染物。

对污染防治措施工艺参数或处理设备表观状态进行检查。在检查过程中发现废水治理措施工艺参数不相符或处理设备表观状态不正常的，建议后续对其达标情况进行重点检查。

3）污染物排放浓度满足许可浓度要求情况

① 检查重点　各废水排放口的化学需氧量、氨氮等污染物浓度值是否低于许可排放浓度限值要求。

② 检查方法　各项废水污染物采用自动监测、执法监测、企业自行开展或委托开展的手工监测进行确定。

a. 自动监测。将按照监测规范要求获取的自动监测数据计算得到有效日均浓度值，与许可排放浓度限值进行对比，超过许可排放浓度限值的，即视为超标。

对于自动监测，有效日均浓度值是以每日为一个监测周期所获得的某个污染物多个有效监测数据平均值。在同时监测污水排放流量的情况下，有效日均浓度值是以流量为权的某个污染物有效监测数据加权平均值；在未监测污水排放流量的情况下，有效日均浓度值是某个污染物的有效监测数据的算术平均值。

自动监测的有效日均浓度值应根据《水污染源在线监测系统（COD_{Cr}、NH_3-N等）数据有效性判别技术规范》（HJ 356—2019）、《水污染源在线监测系统（COD_{Cr}、NH_3-N等）运行技术规范》（HJ 355—2019）等相关文件确定。技术规范修订后按其最新修订版执行。

b. 执法监测。对日化工业排污单位进行执法监测时，可以现场即时采样或监测的结果，作为判定污染物排放是否超标的证据。

日化工业排污单位自行监测数据与生态环境主管部门及其所属监测机构在行政执法过程中收集的监测数据不一致的，以生态环境主管部门及其所属监测机构收集的监测数据作为行政执法依据。

c. 手工自行监测。按照自行监测方案、监测规范要求开展的手工监测，当日各次监测数据平均值（或当日混合样监测数据）超标的即视为超标。

（3）水污染物排放量合规性检查

1）检查重点

化学需氧量、氨氮的实际排放量是否满足年许可排放量要求。

2）检查方法

日化工业排污单位的水污染物在核算时段内的实际排放量等于正常情况与非正常情况实际排放量之和。排污单位的水污染物在核算时段内的实际排放量等于主要排放口即排污单位废水总排放口（综合污水处理站排放口）的实际排放量。

排污单位的水污染物在核算时段内正常情况下的实际排放量采用实测法核算，分为自动监测实测法和手工监测实测法。对于排污许可证中载明的要求采用自动监测的污染物项目，应采用符合监测规范的有效自动监测数据核算污染物实际排放量。对于未要求采用自动监测的污染物项目，可采用自动监测数据或手工监测数据核算污染物实际排放量。

采用自动监测的污染物项目，若同一时段的手工监测数据与自动监测数据不一致，且手工监测数据符合法定监测标准和监测方法的，以手工监测数据为准。要求采用自动监测而未采用的排放口或污染物，采用产污系数法核算污染物排放量，且按直接排放进行核算。未按照相关规范文件等要求进行手工监测（无有效监测数据）的排放口或污染物，有有效治理设施的按排污系数法核算，无有效治理设施的按产污系数法核算。

排污单位的水污染物在核算时段内非正常情况下的实际排放量采用产污系数法核算，且按直接排放进行核算。排污单位如含有适用其他行业排污许可技术规范的生产设施，水污染物的实际排放量为涉及的各行业生产设施实际排放量之和。

8.2.2.2 废气排放合规性检查

（1）排放口（源）合规性检查

1）检查重点

废气排放口基本情况，包括检查风送设施、配料罐、喷粉塔、气提装置、反应器、蒸馏设备、喷雾干燥塔、混合设备等的排放口数量、地理坐标、排气筒高度、排气筒出口内径、排放污染物种类、排放方式等。

2）检查方法

以核发的排污许可证为基础，现场核实排放口数量、地理坐标、排气筒高度、排气筒出口内径、排放污染物种类与许可要求的一致性，对排放口设置的规范性进行检查。

① 污染物种类　日化工业排污单位废气排放口及污染因子可参见表 8-2 进行检查。

表 8-2　废气排放口及污染因子参照表

生产设施	排放口	污染因子
肥皂制造输送风机	风送设施排气筒	颗粒物
高塔喷粉洗衣粉制造喷粉塔	喷粉塔排气筒	颗粒物、二氧化硫、氮氧化物
高塔喷粉洗衣粉制造气提装置	气提装置排气筒	颗粒物
高塔喷粉洗衣粉制造配料罐	配料罐排气筒	颗粒物
浆膏状香精制造配料罐	配料罐排气筒	非甲烷总烃
胶囊型粉末香精制造配料罐	配料罐排气筒	非甲烷总烃
合成香料制造反应器	反应器排气筒	非甲烷总烃
浆膏状香精制造反应器	反应器排气筒	非甲烷总烃
胶囊型粉末香精制造反应器	反应器排气筒	非甲烷总烃
胶囊型粉末香精制造喷雾干燥塔	喷雾干燥塔排气筒	颗粒物、非甲烷总烃
胶囊型粉末香精制造混合设备	混合设备排气筒	非甲烷总烃
天然香料制造蒸馏设备	蒸馏设备排气筒	非甲烷总烃
有肥皂制造的排污单位	—	颗粒物
有高塔喷粉洗衣粉制造的排污单位厂界	—	颗粒物
有制冷系统（以氨为制冷剂）或液氨储罐的排污单位厂界	—	氨
有香料、香精制造的排污单位厂界	—	非甲烷总烃
所有排污单位厂界	—	臭气浓度

② 排放口　根据《排污口规范化整治技术要求（试行）》（环监〔1996〕470 号）进行检查。主要要求如下：

a. 排气筒应设置在便于采样、监测的采样口。采样口的设置应符合《固定源废气监测技术规范》（HJ/T 397—2007）要求。采样口位置无法满足要求的，其监测位置由当地环境监测部门确认。无组织排放有毒有害气体的，应加装引风装置，进行收集、处理，并设置采样点。

b. 开展排放口（源）规范化整治的单位，必须使用统一制作和监制的环境保护图形标志牌；环境保护图形标志牌设置位置应距污染物排放口（源）或采样点较近且醒目，并能长久保留；一般性污染物排放口（源），设置提示性环境保护图形标志牌。

c. 各级生态环境主管部门和排污单位均需使用统一印制的中华人民共和国规范化排污口标志登记证，并按要求认真填写有关内容。

d. 规范化整治排污口的有关设施（如计量装置、标志牌等）属环境保护设施，各地生态环境部门应按照有关环境保护设施监督管理规定，加强日常监督管理，排污单位应将环境保护设施纳入本单位设备管理，制定相应的管理办法和规章制度。

地方生态环境主管部门针对排污口规范化整治有进一步要求的，按照地方生态环境主管部门要求执行。

(2) 大气污染物排放浓度合规性检查

1) 采用污染防治措施情况

① 检查重点　检查是否采用了废气治理措施，核实产排污环节对应的废气污染防治设施编号、名称、工艺、是否为可行技术。

② 检查方法　在检查过程中以核发的排污许可证为基础，现场检查废气处理装置（袋式除尘、旋风除尘、静电除尘、多管除尘、滤筒除尘、电除尘、湿式除尘、水浴除尘、电袋复合除尘、低氮燃烧器等），废气污染防治设施名称、工艺等与排污许可证登记事项的一致性。

依据 HJ 1104—2020、环境影响评价文件及批复等，对废气污染防治措施是否属于污染防治可行技术进行检查，利用可行技术判断企业是否具备符合规定的污染防治设施或污染物处理能力。在检查过程中发现废气污染防治措施不属于可行技术的，应当根据排污许可证、环境管理台账记录、排污许可证执行报告、自行监测数据等相关材料，以及生态环境主管部门及其所属监测机构在行政执法过程中收集的监测数据，综合判断排污单位采用的污染防治技术能否稳定达到排污许可证规定；在执法中关注排污情况，重点对达标情况进行检查，对不能稳定达到排污许可证规定的，应当提出整改要求，并可以增加检查频次。

2) 污染防治设施运行情况

① 检查重点　各废气污染防治设施是否正常运行，以及运行和维护情况。

② 检查方法　通过除尘设施进出口颗粒物浓度，计算去除效率。通过查看排气筒出口是否有明显可见烟、尘，判断滤袋是否有破损（新滤袋尚未进入除尘稳定期时也会出现可见烟，应排除）。

查阅中控系统及台账记录，检查静电除尘器电压、电流是否有异常波动，异常波动是否有正当理由，并在台账中予以记录。现场查阅记录或现场质询异常波动原因，如无正当理由，则基本可以判定设施存在不正常运行的现象。判断运行电场数量的比例是否正常，并进一步调查是否存在不正常运行的情况。

查阅中控系统及台账记录，检查布袋除尘器压差、喷吹压力是否有异常波动，异常波动是否有正当理由，并在台账中予以记录。现场查阅记录或现场质询异常波动原因，如无正当理由则基本可以判定设施存在不正常运行的现象。

通过治理设施进、出口氮氧化物浓度等参数和对应的湿基流量（包含流速、温度、压力）参数以及换算干基用的含氧量、湿度参数，计算脱硝效率。根据计算结果判定其是否符合常规情况并达到设计去除效率。

检查正常工况下，实际喷氨量与设计喷氨量是否大致一致，判定脱硝设施是否正常运行。检查脱硝设施运行参数的逻辑关系是否合理，如在入口氮氧化物浓度变化不大的情况下，还原剂流量与出口氮氧化物浓度呈反向关系；负荷较低、烟温达不到脱硝反应窗口温度时，曲线中出口氮氧化物浓度是否与入口浓度基本一致（由于还原剂停止加入，出口氮氧化物浓度会逐步上升至与入口浓度一致）。通过 DCS（集散控制系统）实时数据和历史曲线判别还原剂流量、稀释风机或稀释水泵电流是否正常。

对于挥发性有机物治理，采用冷凝措施的，主要检查废气出口温度是否符合设计要求，以及引风机运行、进出口废气温度和冷凝器溶剂回收情况；采用吸附措施的，主要检查吸附材料层结构及风量、风速等参数是否符合设计要求，以及引风机运行、吸附材料填充和更换等情况；采用吸收措施的，主要检查吸收剂管道阀门是否开启，以及吸收剂添加或更换、引风机和吸收剂循环泵运行等情况；采用燃烧措施的，主要检查燃烧温度是否符合设计要求，以及引风机运行、燃料消耗或用电等情况。

在厂内污水处理站观察是否有臭气收集处理设施，若有应进一步检查装置吸附滤料、吸附剂状态及更换情况。

3）污染物排放浓度满足许可浓度要求情况

① 检查重点　各废气排放口的颗粒物、二氧化硫、氮氧化物、非甲烷总烃、氨、臭气浓度等污染物浓度值是否低于许可排放浓度限值要求。

② 检查方法　日化工业排污单位各废气排放口污染物的排放浓度达标是指“任一小时浓度均值均满足许可排放浓度要求”。各项废气污染物小时浓度均值根据自动监测数据和手工监测数据确定。

自动监测小时均值是指“整点 1 小时内不少于 45 分钟的有效数据的算术平均值”。按照《固定污染源排气中颗粒物测定与气态污染物采样方法》（GB/T 16157—1996）和《固定源废气监测技术规范》（HJ/T 397—2007）中的相关规定，手工监测小时均值是指“1 小时内等时间间隔采样 3～4 个样品监测结果的算术平均值”。

对于日化工业排污单位的污染因子，按照剔除异常值的自动监测数据、执法监测数据及企业自行开展的手工监测数据作为达标判定依据。若同一时段的手工监测数据与自动监测数据不一致，且手工监测数据符合法定的监测标准和监测方法的，以手工监测数据作为优先达标判定依据。对日化工业排污单位进行执法监测时，可以现场即时采样或监测的结果，作为判定污染物排放是否超标的证据。

对于未要求采用自动监测的排放口或污染物，应以手工监测为准，同一时段有执法监测的，以执法监测为准。

8.2.2.3　环境管理合规性检查

（1）自行监测落实情况检查

1）检查内容

主要包括是否制订了监测方案，是否开展了自行监测，以及自行监测的点位、因子、频次等是否符合排污许可证要求。

① 自动监测　主要检查以下内容与排污许可证载明内容的相符性：排放口编号、监测内容、污染物名称，自动监测设施是否符合安装、联网、正常运行、维护等管理要求，以及自动监测设施发生故障期间，是否按排污许可证规定开展手工监测。

② 手工自行监测　主要检查以下内容与排污许可证载明内容的相符性：排放口编

号、监测内容（气量、水量、温度、含氧量等非污染物的监测项目）、污染物名称、手工监测采样方法及个数、手工监测频次。

2）检查方法

主要通过资料核查，包括：自动监测、手工自行监测记录，环境管理台账，自动监测设施的比对、验收等文件。对于自动监测设施，可现场查看运行情况、药剂有效期等，还可进行标样测试、试剂校准、比对监测等。

3）检查要点

① 废水自动监控设施检查要点

a. 采样及预处理单元。废水采样及预处理单元常见问题及检查方法见表 8-3。

表 8-3　废水采样及预处理单元常见问题及检查方法

序号	常见问题	影响	规范要求	检查方法
1	采样探头安装位置不当	(1)采样探头堵塞，引起数据异常波动； (2)所取水样不具有代表性； (3)人为作假，导致数据失真	(1)水质自动采样单元的采水口应设置在堰槽前方，合流后充分混合处，并尽量设在流量监测单元标准化计量堰(槽)取水口头部的流路中央； (2)采水口朝向应与水流的方向一致，减少采水部前端的堵塞； (3)采水装置宜设置成可随水面的涨落而上下移动的形式(HJ/T 353—2019)	(1)现场观察采样探头安装位置，是否设置在废水排放堰槽前方，是否在取水口头部的流路中央； (2)测量合流排水时，现场观察采样探头是否在合流后充分混合处； (3)现场观察采水口朝向是否与水流方向一致； (4)现场观察采水装置是否可随水面的涨落而上下移动； (5)在采样探头上游一定距离处采样进行比对
2	采样管路未固定或采用软管采样	采样时，采样探头可以大范围移动，采到的水样不具有代表性，并为作假提供了条件	水质自动采样单元的管材应采用优质的聚氯乙烯(PVC)、三丙聚丙烯(PPR)等不影响分析结果的硬管(HJ 353—2019)	现场观察采样管路材质和安装情况
3	(1)在堰槽采样探头附近排入浓度较低的水； (2)采样管设置旁路，用自来水等低浓度水稀释水样	人为作假，使数据偏低	(1)水质自动采样单元的管路宜设置为明管，并标注水流方向； (2)水质自动采样单元的构造应保证将水样不变质地输送到各水质分析仪(HJ 353—2019)	(1)现场观察采样单元的管路是否为明管，并标注水流方向； (2)现场检查采水系统管路中间是否有三通管等连接； (3)在排放口采集水样进行比对监测
4	采样管路人为加装中间水槽，故意向中间水槽内注入其他水样替代实际水样	人为作假，导致数据失真	水质自动采样单元的构造应保证将水样不变质地输送到各水质分析仪(HJ 353—2019)	(1)现场观察是否设置中间水槽，如仪器要求设置，则需检查水槽是否有异常水样接入； (2)查阅仪器说明书和验收材料，对照现场安装情况，检查是否违规设置中间水槽； (3)采集排放口水样和中间水槽水样进行比对监测

续表

序号	常见问题	影响	规范要求	检查方法
5	采样管路堵塞	无法正常采样，导致分析仪器报警、数据异常或缺失	(1)采水口朝向应与水流的方向一致，减少采水部前端的堵塞(HJ 353—2019)； (2)根据企业排放废水实际情况，水质自动分析仪可安装过滤等前处理装置，所安装的过滤等前处理装置应防止过度过滤(HJ 353—2019)； (3)每周检查水质自动采样系统管路是否清洁，采样泵、采样桶和留样系统是否正常工作(HJ/T 355—2019)	(1)现场观察采水口朝向是否与水流的方向一致； (2)现场手动启动采样装置，观察流路是否通畅； (3)查看仪器报警记录； (4)查看历史数据，是否缺失或异常
6	采样管路未采取防冻、防腐措施	采样管路冻裂或管路内结冰堵塞，或腐蚀损坏，无法采样	水质自动采样单元的构造应保证将水样不变质地输送到各水质分析仪，应有必要的防冻和防腐措施(HJ 353—2019)	现场观察是否有防冻、防腐措施

b. 化学需氧量水质自动监测仪。化学需氧量水质自动监测仪常见问题及检查方法见表 8-4。

表 8-4 化学需氧量水质自动监测仪常见问题及检查方法

序号	常见问题	影 响	规范要求	检查方法
1	未定期更换试剂，导致试剂超过有效使用期或无试剂	系统无法正常工作，测量数据异常	每周检查各水污染源在线监测仪器标准溶液和试剂是否在有效使用期内，保证按相关要求定期更换标准溶液和试剂(HJ/T 355—2019)	(1)观察所需试剂是否齐全，试剂瓶内是否有试剂； (2)观察试剂标签，明确试剂是否在有效期内； (3)检查卤素洗涤器、冷凝器水封容器、增湿器中蒸馏水是否足够
2	量程校正液实际浓度与仪器设定浓度不符	这是一种常用的作假手段，对测定数据的影响分两种情况： (1)如果量程校正液实际浓度低于仪器设定浓度，将使实际水样测定浓度接近等比例增高，这种情况一般在污水处理厂进口在线仪器上使用； (2)如果量程校正液实际浓度高于仪器设定浓度，将使实际水样测定浓度接近等比例降低，这种情况一般在排放口在线仪器上使用	(1)在线监测仪器量程应根据现场实际水样排放浓度合理设置； (2)选用浓度约为现场工作量程上限值 0.5 倍的标准样品定期进行自动标样核查； (3)比对监测时，应核查水污染源在线监测仪器参数设置情况，必要时进行标准溶液抽查，核查标准溶液是否符合相关规定要求(HJ/T 355—2019)	(1)检查仪器设置的量程校正液浓度是否与试剂实际浓度一致； (2)采用国家标准样品进行比对试验，相对误差应不超过±10%； (3)将量程校正液带回实验室分析

续表

序号	常见问题	影响	规范要求	检查方法
3	蠕动泵管老化，未及时更换	导致取样不准确，测试结果不准确	每月检查和保养易损耗部件，必要时更换；每月根据情况更换蠕动泵管，清洗混合采样瓶等（HJ/T 355—2019）	（1）查阅运维记录，检查是否定期更换蠕动泵管（一般蠕动泵管每3个月至少需要更换一次）； （2）将蠕动泵管拆卸下来，观察其是否有裂纹、能否恢复原状，如拆卸后不能恢复原状，或泵管表面有裂纹，则需要更换
4	① 消解温度偏低； ② 消解时间不足	水样消解不完全，测定数据偏低	加热器加热后应在10min内达到设定的温度165℃±2℃（HJ/T 399）	（1）现场查看消解参数设置，一般消解温度不小于165℃，消解时间不小于15min，具体参数要求参考仪器说明书； （2）进行实际水样比对试验，应满足HJ/T 355—2019标准表1的性能要求
5	消解单元漏液	消解压力、温度、试剂和样品的量均会受到影响，导致监测数据不准确	保持各仪器管路通畅，出水正常，无漏液（HJ/T 355—2019）	现场观察有无漏液痕迹
6	光源老化或故障	无法正常测量，导致数据异常	定期更换易耗品（HJ/T 55）	（1）查阅运维记录，检查是否定期更换光源（光管更换周期需参照仪器说明书）； （2）手动测量，观察比色单元发光管是否发光
7	量程设置不当	① 量程设置过低，实际水样浓度超过量程上限时，测量数据无效； ② 量程设置过高，在测量的实际水样浓度远低于测量量程时（如低于10%），可能导致测量误差过大，影响数据的准确性	（1）在线监测仪器量程应根据现场实际水样排放浓度合理设置，量程上限应设置为现场执行的污染物排放标准限值的2～3倍； （2）针对模拟量采集时，应保证数据采集传输仪的采集信号量程设置、转换污染物浓度量程设置与在线监测仪器设置的参数一致（HJ/T 355—2019）	（1）查阅仪表历史数据，对照仪表设置的量程，观察是否经常超出量程或满量程显示； （2）先用接近实际废水浓度的质控样进行测定，相对误差应不大于±10%； （3）再用接近但低于量程的质控样进行测定，相对误差也应不大于±10%
8	通过修改仪器标准曲线的斜率和截距、设定数据上下限等方式，使仪表历史数据长期在一个较小范围内波动	人为作假，数据不真实	—	（1）对于排放口，用介于量程和排放标准之间的质控样进行测定，相对误差应不大于±10%； （2）对于进水口，用低于日常显示数据（约为日常显示数据的50%）的质控样进行比对，相对误差应不大于±10%

续表

序号	常见问题	影 响	规范要求	检查方法
9	TOC 法的仪器转换系数设置不正确	测量数据不正确	(1)每月检查 TOC-COD_{Cr} 转换系数是否适用,必要时进行修正; (2)每月至少进行一次实际水样比对试验,试验结果应满足 HJ/T 355—2019 表 1 中规定的性能指标要求	(1)检查仪器转换系数是否与经有效性审核认可的转换系数记录相符; (2)进行实际水样比对试验,相对误差应满足规范要求

c. 氨氮水质自动监测仪。化学需氧量水质自动监测仪的一些常见问题，在氨氮水质自动监测仪上也同样存在。氨氮水质自动监测仪的一些特有问题见表 8-5。

表 8-5　氨氮水质自动监测仪特有问题及检查方法

序号	常见问题	影响	规范要求	检查方法
纳氏比色法氨氮分析仪				
1	比色池污染	降低测量精度	纳氏试剂易在比色池壁结垢,一般 1 个月需清洗一次,具体清洗周期可参见仪器说明书	现场观察比色池有无漏液痕迹、比色池是否清洁
气敏电极法氨氮分析仪				
2	恒温装置温度不稳定	降低测量精度	温度对气敏电极法测量精度有较大影响,因此测量时应保证恒温模块正常工作	(1)对照仪器使用说明书,查看恒温模块温度设置是否正确(一般设置温度 30～40℃); (2)用手触摸加热模块表面,感受加热模块是否工作
3	电极老化	降低测量精度,严重时导致仪器无法正常工作	易耗品定期更换,每周检查电极填充液是否正常,必要时对电极探头进行清洗(HJ/T 355—2019)	(1)查看维护记录,检查是否按使用说明书定期更换电极; (2)观察电极探头是否损坏或有污垢; (3)进行实际水样比对试验

d. 流量计。流量计常见问题及检查方法见表 8-6。

表 8-6　流量计常见问题及检查方法

序号	常见问题	影响	规范要求	检查方法
1	使用超声波明渠流量计时,堰槽不规范	流量测定不准确	(1)堰槽上游顺直段长度应大于水面宽度的 5～10 倍; (2)堰槽下游出口无淹没流; (3)计量堰槽符合明渠堰槽流量计规程(JJG 711—1990)中标明的技术要求	对照堰槽规格表,用尺子现场测量,核实是否一致

续表

序号	常见问题	影响	规范要求	检查方法
2	使用超声波明渠流量计时，流量计安装不规范（如流量计探头未固定，可移动；探头和校正棒与液面不垂直；安装位置过高或过低）	测量数据不准确	（1）探头安装在计量堰槽规定的水位观测断面中心线上； （2）仪器零点水位与堰槽计量零点一致； （3）探头安装牢固，不易移动（JJG 711—1990）	（1）现场观察流量计安装情况，应满足规范要求； （2）使用直尺直接测量液位，用流量公式计算实际流量，允许误差不超过5%
3	使用超声波明渠流量计时，流量计上传数据人为作假	流量计上传数据和实际测量数据不一致	—	采用遮挡法（用遮挡物在流量计探头正下方上下移动），观察流量计数值与数采仪是否同步变化
4	使用超声波明渠流量计时，参数设置不正确	参数设置与实际堰槽尺寸不符，会导致流量测定不准确	—	查阅参数设置，主要包括堰槽型号、喉道宽、液位三个参数是否和现场实际尺寸一致。此外，对于某些需要手动输入流量公式的仪器，还需检查流量公式是否正确
5	使用电磁管式流量计时，测量流体不满管	不满足电磁流量计测定要求，测定结果不准确	—	观察电磁流量计安装位置是否设置了U形管段等保证流体满管的措施

② 废气自动监控设施检查要点

a. 采样及预处理单元。废气采样及预处理单元常见问题及检查方法见表8-7。

表8-7 废气采样及预处理单元常见问题及检查方法

序号	常见问题	影响	规范要求	检查方法
采样点位				
1	流速和颗粒物采样点位于烟道弯头、阀门、变径管处，弯道或前后直管段长度不足	在这些位置流场不稳定，流速和颗粒物浓度无规律剧烈波动	（1）应优先选择在垂直管段和烟道负压区域； （2）也可在距弯头、阀门、变径管下游方向不小于4倍烟道直径，上游方向不小于2倍烟道直径处（HJ 75—2017）	现场观察
2	参比方法采样孔设置在CEMS采样孔上游，或距离CEMS采样孔较远	测定结果可比性差	在烟气CEMS监测断面下游应预留参比方法采样孔，采样孔数目及采样平台等按《固定污染源排气中颗粒物测定与气态污染物采样方法》（GB/T 16157—1996）要求确定，以供参比方法测试使用。在互不影响测量的前提下，应尽可能靠近（HJ 75—2017）	现场观察
3	颗粒物采样孔设在气态污染物采样孔的上游	颗粒物监测时需连续吹扫，吹扫空气会使气态污染物被稀释，监测结果偏低	—	现场观察

续表

序号	常见问题	影响	规范要求	检查方法
采样管线				
4	(1)采样管线未全程伴热； (2)采样探头加热温度或采样管线伴热温度不足	导致采样管内烟气温度低于露点，水汽结露，二氧化硫溶于水中，加大测量误差，使测定结果偏低	—	(1)观察采样管线，是否全程伴热； (2)用手触碰采样管线，感受是否有温度异常偏低的部分； (3)检查采样管两端，恒功率伴热管是否预留1m伴热带； (4)检查探头加热温度(温度显示仪表在采样探头旁或分析仪机柜内，一般加热温度不低于160℃)； (5)检查伴热管伴热温度(温度显示仪表在分析仪机柜内，一般伴热温度不低于120℃)
预处理				
5	颗粒物测量仪镜片、气态污染物采样探头、皮托管探头未正常反吹	不正常反吹，将导致颗粒物测量仪镜片污染，使浓度偏大；气态污染物采样探头和皮托管探头堵塞，数据异常，严重时设备无法运行	—	(1)观察平台上颗粒物测量仪反吹风机叶片是否转动，听风机是否有运转的声音，用手感受风机是否振动，判断风机是否正常运行； (2)观察平台上气态污染物探头和皮托管探头反吹管是否正常连接，反吹气阀门是否打开； (3)观察监测站房内或平台上反吹气源压力表，压力一般在0.4～0.7MPa
6	气态污染物采样探头滤芯、预处理机柜滤芯长期未更换，导致滤芯失效	滤芯堵塞，导致采样流量降低，严重时设备无法运行	一般不超过3个月更换一次采样探头滤芯(HJ 76—2017)	(1)查看气态污染物采样探头滤芯表面是否粉尘过大； (2)查看机柜滤芯是否变形、变色，表面有无大量粉尘
7	①冷凝器冷凝温度过高或过低； ②冷凝温度不稳定	(1)冷凝温度过高，导致烟气中的水分不能充分析出，分析仪表损坏； (2)冷凝温度过低，尤其在低于0℃时，可能会导致冷凝管排水口结冰，无法正常排水	—	(1)查看冷凝器上的显示温度，一般冷凝温度应在3～5℃； (2)观察抽气泵，如果除湿不好，抽气泵易腐蚀

续表

序号	常见问题	影响	规范要求	检查方法
预处理				
8	(1)冷凝器排水蠕动泵泵管老化； (2)蠕动泵损坏； (3)蠕动泵泄漏	冷凝水无法正常排出，严重时导致冷凝器不能正常工作	每3个月至少检查一次气态污染物CEMS的过滤器、采样探头和管路的结灰和冷凝水情况，气体冷却部件、转换器、泵膜老化状态(HJ 75—2017)	(1)查看蠕动泵电机是否按标识方向转动，观察蠕动泵泵管是否有水柱顺利排出； (2)查阅运维记录，检查是否定期更换蠕动泵泵管(一般至少3个月需要更换一次)； (3)将蠕动泵泵管拆卸下来，观察其是否有裂纹、能否恢复原状。如拆卸后不能恢复原状，或泵管表面有裂纹，则需要更换

b. 分析单元。分析单元常见问题及检查方法见表8-8。

表8-8 分析单元常见问题及检查方法

序号	常见问题	影响	规范要求	检查方法
1	仪器未及时进行校准或校验	测量误差增大，降低仪器准确度，严重时仪器精度无法满足标准要求	对现有仪器，一般应该满足以下几点， (1)零点校准：气态污染物(二氧化硫、氮氧化物)24h一次；颗粒物和流速每3个月一次； (2)跨度校准：气态污染物(二氧化硫、氮氧化物)15d一次；颗粒物和流速每3个月一次； (3)全系统校准：抽取式气态污染物CEMS每3个月至少进行一次全系统的校准，要求零气和标准气体与样品气体通过的路径(如采样探头、过滤器、洗涤器、调节器)一致，并进行零点和跨度、线性误差和响应时间的检测； (4)定期校验：每6个月一次(HJ 75—2017)	(1)对气态污染物，现场测定零点漂移和跨度漂移，应不超过±2.5%F.S.； (2)如零点漂移和跨度漂移符合要求，则用接近被测气体浓度的标准气体进行全系统检验，误差不超过±5%； (3)查看CEMS或DCS中校准和校验期间的历史数据，如未屏蔽，则应能够找到相应的浓度值。如已屏蔽，则应保持固定值
2	量程设置过高或过低	(1)量程设置过高，在测量的烟气实际浓度远低于测量量程时(如低于20%)，可能导致测量误差过大，影响数据的准确性； (2)量程设置过低，烟气实际浓度超过量程上限时，测量数据无效，排放情况无法得到有效监控	—	(1)查阅仪表历史数据，观察污染物实际排放浓度范围； (2)通常实际排放浓度应该在量程的20%～80%范围内； (3)如实际排放浓度低于量程的20%，通入与实际排放浓度接近的标准气体进行测定，相对误差应不超过±5%； (4)观察历史数据中是否经常出现超出仪器量程范围的数据

续表

序号	常见问题	影响	规范要求	检查方法
3	通过修改测量仪器标准曲线的斜率和截距、不正确设置校准系数、设定数据上下限等方式，对测定数据进行修饰	人为作假，数据不真实	—	分别用低、中、高浓度的标准气体进行全系统检验，误差不超过±5%
4	标气实际浓度与仪器设定的标气浓度不一致	① 如果标气实际浓度低于仪器设定浓度，将使实际测定浓度接近等比例增高；② 如果标气实际浓度高于仪器设定浓度，将使实际测定浓度接近等比例降低	—	① 使用自备标准气体进行测定，相对误差应不超过±5%；② 使用快速测定仪或将现场标气带回实验室测定，其浓度应与仪器设定的标气浓度一致

c. 公用工程。公用工程常见问题及检查方法见表 8-9。

表 8-9　公用工程常见问题及检查方法

序号	常见问题	影响	规范要求	检查方法
1	采样平台及爬梯不规范。如采样平台面积不足；平台高于 5m 时设置直爬梯；采样平台和爬梯无护栏等	不便于维护和比对监测	(1)平台面积应不小于 1.5m^2，并设有 1.1m 高的护栏，采样孔距平台面为 1.2～1.3m(GB 16157—1996)；(2)当采样平台设置在离地面高度≥5m 的位置时，应有通往平台的 Z 字梯/旋梯/升降梯，爬梯宽度应不小于 0.9m(HJ 75—2017)	现场观察
2	监测站房周边有高温、高尘、强电磁干扰等	影响设备正常运行。如环境温度过高，易使设备零点漂移、量程漂移变大，缩短仪器寿命。高尘环境易使设备发生漏电、短路等故障。受到强电磁干扰时，易产生数据丢包、乱码等	(1)不受环境光线和电磁辐射的影响(HJ 75—2017)；(2)站房内应安装空调，并保证环境温度 5～40℃，相对湿度≤85%(环发〔2008〕25 号)	现场观察

(2) 环境管理台账落实情况检查

1) 检查内容

主要包括是否有环境管理台账，环境管理台账是否符合排污许可证和相关技术规范要求。主要检查排污单位基本信息、生产运行管理信息、污染防治设施运行管理信息、监测记录信息和其他环境管理信息等的记录内容、记录频次和记录形式。

2) 检查方法

查阅环境管理台账，比对排污许可证要求检查台账记录的及时性、完整性、规范性、真实性。涉及专业技术的，可委托第三方技术机构对排污单位的环境管理台账记录进行审核。

(3) 执行报告落实情况检查

1) 检查内容

执行报告上报频次和主要内容是否满足排污许可证要求。

2) 检查方法

查阅排污单位执行报告文件及上报记录，检查执行报告的及时性、完整性、规范性、真实性。涉及专业技术领域的，可委托第三方技术机构对排污单位的执行报告内容进行审核。

(4) 信息公开落实情况检查

1) 检查内容

主要包括是否开展了信息公开，信息公开是否符合相关规范要求。主要检查信息公开的公开方式、时间节点、公开内容与排污许可证要求的相符性。

2) 检查方法

主要包括资料检查和现场检查，其中资料检查为查阅网站截图、报刊、照片或其他信息公开记录，现场检查为现场查看电子屏幕、公示栏等。《排污许可管理条例》于2021年3月1日施行后，可统一通过全国排污许可证管理信息平台检查。

8.2.3 依证监管现场检查指南

8.2.3.1 现场检查资料准备

现场执法检查前需了解企业基本情况，并对照企业排污许可证填写企业基本信息表(表8-10)，标明被检查企业的单位名称、注册地址、生产经营场所地址和行业类别，根据企业实际情况勾选主要生产工艺，填写生产线数量以及单条生产线的规模。

表8-10 企业基本信息表

单位名称		注册地址	
生产经营场所地址		行业类别	
主要生产工艺	肥皂制造 □	生产线数量____	规模____t/a
	甘油(副产品)生产 □	生产线数量____	规模____t/a
	高塔喷粉洗衣粉制造 □	生产线数量____	规模____t/a
	液体洗涤剂制造 □	生产线数量____	规模____t/a
	合成香料制造 □	生产线数量____	规模____t/a
	天然香料制造 □	生产线数量____	规模____t/a
	热反应香精制造 □	生产线数量____	规模____t/a
	非热反应香精制造 □	生产线数量____	规模____t/a

8.2.3.2 废水污染防治设施合规性检查

(1) 废水排放口检查

对照排污许可证，核实废水实际排放口与许可排放口的一致性。检查是否有通过未经许可的排放口排放污染物的行为、废水排放口是否满足《排污口规范化整治技术要求（试行）》时可参考并填写废水排放口检查表，具体见表8-11。

表8-11 废水排放口检查表

废水排放口名称	废水排放口编号	排污许可证排放去向	实际排放去向	是否一致	排放口规范设置	备注
				是□ 否□	是□ 否□	

（2）废水治理措施检查

以核发的排污许可证为基础，现场检查废水污染防治设施名称、工艺等与排污许可证登记事项的一致性，判定是否为可行技术时，可参考并填写废水污染防治措施检查表，具体见表8-12。

表8-12 废水污染防治措施检查表

项目	排污许可证措施	实际治理措施	是否一致	是否为可行技术	备注
污水处理工艺			是□ 否□ 是□ 否□ 是□ 否□	是□ 否□ 是□ 否□ 是□ 否□	

（3）污染物排放浓度合规性检查

1）常规水污染因子达标情况检查

常规水污染因子自动监测达标情况检查表见表8-13，执法监测达标情况检查表见表8-14，手工自行监测达标情况检查表见表8-15。

表8-13 常规水污染因子自动监测达标情况检查表

监测手段	时间段	水污染因子	达标率/%	最大值/(mg/L)	是否达标	备注
自动监测		化学需氧量			是□ 否□	
		氨氮			是□ 否□	
		采用自动监测的其他因子			是□ 否□	

表8-14 常规水污染因子执法监测达标情况检查表

监测手段	时间段	水污染因子	监测次数	超标次数	是否达标	备注
执法监测		pH值			是□ 否□	
		总磷			是□ 否□	
		化学需氧量			是□ 否□	
		悬浮物			是□ 否□	
		生化需氧量			是□ 否□	
		氨氮			是□ 否□	

表 8-15 常规水污染因子手工自行监测达标情况检查表

监测手段	时间段	水污染因子	监测次数	超标次数	是否达标	备注
手工自行监测		pH 值			是□ 否□	
		总磷			是□ 否□	
		化学需氧量			是□ 否□	
		悬浮物			是□ 否□	
		生化需氧量			是□ 否□	
		氨氮			是□ 否□	

2）特征水污染因子达标情况检查

对于洗涤剂（含洗衣粉）制造排污单位，需对废水排放口阴离子表面活性剂排放情况进行监控。对于肥皂（含香皂、皂粒、皂粉）制造排污单位，需对废水排放口动植物油排放情况进行监控。对于监测数据存在超标的应依法进行查处，并在后续的执法中重点关注。洗涤剂（含洗衣粉）制造排污单位特征水污染因子达标情况检查表见表 8-16。肥皂（含香皂、皂粒、皂粉）制造排污单位特征水污染因子达标情况检查表见表 8-17。

表 8-16 洗涤剂（含洗衣粉）制造排污单位特征水污染因子达标情况检查表

污染物	污染物排放限值	污染物特别排放限值	排放值	是否达标	备注
阴离子表面活性剂				是□ 否□	

表 8-17 肥皂（含香皂、皂粒、皂粉）制造排污单位特征水污染因子达标情况检查表

污染物	污染物排放限值	污染物特别排放限值	排放值	是否达标	备注
动植物油				是□ 否□	

（4）污染物实际排放量合规性检查要点

在检查化学需氧量、氨氮的实际排放量是否满足年许可排放量要求时，可参考并填写水污染物实际排放量合规性检查表，具体见表 8-18。

表 8-18 水污染物实际排放量合规性检查表

污染物	许可排放量/(t/a)	实际排放量/(t/a)	是否满足许可要求	备注
化学需氧量			是□ 否□	
氨氮			是□ 否□	

8.2.3.3 废气污染防治设施合规性检查

（1）有组织废气污染防治合规性检查

1）废气排放口检查

对照排污许可证，核实废气实际排放口与许可排放口的一致性，检查是否有通过未经许可的排放口排放污染物的行为，废气有组织排放口是否满足《排污口规范化整治技术要求（试行）》时，可参考并填写有组织废气排放口检查表，具体见表 8-19。

表 8-19　有组织废气排放口检查表

污染源	采样孔规范设置	采样监测平台规范设置	排气口规范设置	是否合规	备注
肥皂制造皂粒风送	是□　否□	是□　否□	是□　否□	是□　否□	
高塔喷粉洗衣粉制造配料	是□　否□	是□　否□	是□　否□	是□　否□	
高塔喷粉洗衣粉制造浆料干燥	是□　否□	是□　否□	是□　否□	是□　否□	
高塔喷粉洗衣粉制造气提	是□　否□	是□　否□	是□　否□	是□　否□	
合成香料制造合成反应	是□　否□	是□　否□	是□　否□	是□　否□	
天然香料制造蒸馏	是□　否□	是□　否□	是□　否□	是□　否□	
热反应香精制造配料	是□　否□	是□　否□	是□　否□	是□　否□	
热反应香精制造热加工	是□　否□	是□　否□	是□　否□	是□　否□	
热反应香精制造喷雾干燥	是□　否□	是□　否□	是□　否□	是□　否□	
热反应香精制造混合	是□　否□	是□　否□	是□　否□	是□　否□	

2）废气污染防治措施

以核发的排污许可证为基础，现场检查废气污染防治设施名称、工艺等与排污许可证登记事项的一致性，是否为可行技术时，可参考并填写有组织废气污染防治措施检查表，具体见表 8-20。

表 8-20　有组织废气污染防治措施检查表

污染源	大气污染因子	排污许可证载明治理措施	实际治理措施	是否与排污许可证一致	是否为可行技术	备注
肥皂制造皂粒风送	颗粒物			是□　否□	是□　否□	
高塔喷粉洗衣粉制造配料	颗粒物			是□　否□	是□　否□	
高塔喷粉洗衣粉制造浆料干燥	颗粒物			是□　否□	是□　否□	
	氮氧化物			是□　否□	是□　否□	
	二氧化硫			是□　否□	是□　否□	
高塔喷粉洗衣粉制造气提	颗粒物			是□　否□	是□　否□	
合成香料制造合成反应	非甲烷总烃			是□　否□	是□　否□	
天然香料制造蒸馏	非甲烷总烃			是□　否□	是□　否□	
热反应香精制造配料	非甲烷总烃			是□　否□	是□　否□	
热反应香精制造热加工	非甲烷总烃			是□　否□	是□　否□	
热反应香精制造喷雾干燥	颗粒物			是□　否□	是□　否□	
	非甲烷总烃			是□　否□	是□　否□	
热反应香精制造混合	非甲烷总烃			是□　否□	是□　否□	

3）污染防治措施运行合规性检查

检查废气污染防治措施运行情况时，可参考并填写废气污染防治措施运行情况检查表，具体见表 8-21。

表 8-21　废气污染防治措施运行情况检查表

静电除尘

污染源排放口名称	除尘效率/%		是否符合设计要求	电压、电流是否有异常波动	是否有正当理由并记录	运行电场数量的比例	是否合规	备注
	设计	实际						
			是□　否□	是□　否□	是□　否□		是□　否□	

布袋除尘

污染源排放口名称	除尘效率/%		是否符合设计要求	压差、喷吹压力是否有异常波动	是否有正当理由并记录	是否有明显可见烟	是否合规	备注
	设计	实际						
			是□　否□	是□　否□	是□　否□	是□　否□	是□　否□	

其他除尘

污染源排放口名称	除尘效率/%		是否符合设计要求	是否有异常波动	是否有正当理由并记录	是否合规	备注
	设计	实际					
			是□　否□	是□　否□	是□　否□	是□　否□	

脱硝

污染源排放口名称	脱硝效率/%		是否符合设计要求	脱硝反应窗口温度/℃	实际烟温/℃	是否合规	备注
	设计	实际					
			是□　否□			是□　否□	

挥发性有机物治理措施(冷凝)

污染源排放口名称	出口温度是否符合设计要求	是否存在出口温度高于冷却介质进口温度的现象	是否记录冷凝器溶剂回收量	引风机是否运行	是否合规	备注
	是□　否□	是□　否□	是□　否□	是□　否□	是□　否□	

挥发性有机物治理措施(吸附)

污染源排放口名称	是否符合设计要求	是否有活性炭等吸附材料填充	是否有吸附材料更换记录	引风机是否运行	是否合规	备注
	是□　否□	是□　否□	是□　否□	是□　否□	是□　否□	

挥发性有机物治理措施(吸收)

污染源排放口名称	吸收剂循环泵是否运转	是否有吸收剂添加或更换情况记录	吸收剂管道阀门是否开启	引风机是否运行	是否合规	备注
	是□　否□	是□　否□	是□　否□	是□　否□	是□　否□	

续表

挥发性有机物治理措施(燃烧)					
污染源排放口名称	燃烧温度是否符合设计要求	是否有燃料消耗量或用电量记录	引风机是否运行	是否合规	备注
	是□ 否□	是□ 否□	是□ 否□	是□ 否□	

4) 污染物排放浓度合规性检查

有组织废气大气污染物排放浓度达标情况检查内容参见表 8-22。

表 8-22 有组织废气大气污染物排放浓度达标情况检查表

污染源名称	污染因子	自动监测数据是否达标	自动监测历史数据是否达标	手工监测数据是否达标	执法监测数据是否达标	备注
	颗粒物	是□ 否□	是□ 否□	是□ 否□	是□ 否□	
	二氧化硫	是□ 否□	是□ 否□	是□ 否□	是□ 否□	
	氮氧化物	是□ 否□	是□ 否□	是□ 否□	是□ 否□	
	非甲烷总烃	是□ 否□	是□ 否□	是□ 否□	是□ 否□	

注:自动监测数据和手工监测数据是否达标,均指整点 1h 内不少于 45min 的有效数据的算术平均值是否满足执行标准中大气污染物排放浓度限值要求。

(2) 无组织废气污染防治合规性检查

无组织废气污染防治检查内容参见表 8-23。

表 8-23 无组织废气污染防治检查表

序号	无组织废气排放节点	排污许可证载明治理措施	实际治理措施	是否合规	备注
1	制冷系统(以氨为制冷剂时)、液氨储罐			是□ 否□	
2	厂内综合污水处理站			是□ 否□	
3	原辅材料、中间产品及成品贮存场或设施,以及投料系统、筛分系统、包装系统			是□ 否□	
4	肥皂(含香皂、皂粒、皂粉)制造排污单位皂粒真空干燥废气			是□ 否□	
5	露天储煤场等易起扬尘区域			是□ 否□	
6	挥发性有机物无组织排放			是□ 否□	
达标情况					
判定依据				是否达标	备注
现有监测数据				是□ 否□	

8.2.3.4 环境管理要求执行情况合规性检查

自行监测、环境管理台账、执行报告以及信息公开等环境管理要求执行情况检查内容，可参考表8-24～表8-27。

（1）自行监测情况检查

表 8-24 自行监测执行情况检查表

序号	监测点位	监测内容	排污许可证要求	实际执行	是否合规	备注
1	废水排放口	监测指标			是□ 否□	
		监测频次			是□ 否□	
2	生活污水排放口（单独排放时）	监测指标			是□ 否□	
		监测频次			是□ 否□	
3	雨水排放口（重点管理）	监测指标			是□ 否□	
		监测频次			是□ 否□	
4	废气排放口（有组织）	监测指标			是□ 否□	
		监测频次			是□ 否□	
5	厂界（无组织）	监测指标			是□ 否□	
		监测频次			是□ 否□	

（2）环境管理台账记录情况检查

表 8-25 环境管理台账记录情况检查表

序号	环境管理台账记录内容		排污许可证要求	实际执行	是否合规	备注
1	排污单位基本信息	记录内容			是□ 否□	
		记录频次			是□ 否□	
		记录形式			是□ 否□	
		台账保存时间			是□ 否□	
2	生产运行管理信息	记录内容			是□ 否□	
		记录频次			是□ 否□	
		记录形式			是□ 否□	
		台账保存时间			是□ 否□	
3	污染防治设施运行管理信息	记录内容			是□ 否□	
		记录频次			是□ 否□	
		记录形式			是□ 否□	
		台账保存时间			是□ 否□	

续表

序号	环境管理台账记录内容		排污许可证要求	实际执行	是否合规	备注
4	监测记录信息	记录内容			是□　否□	
		记录频次			是□　否□	
		记录形式			是□　否□	
		台账保存时间			是□　否□	
5	其他环境管理信息	记录内容			是□　否□	
		记录频次			是□　否□	
		记录形式			是□　否□	
		台账保存时间			是□　否□	

（3）执行报告情况检查

表 8-26　执行报告上报情况检查表

执行报告主要检查内容		实际执行	是否合规	备注
报告频次	年报＋季报(重点管理)□　季报(简化管理)□		是□　否□	
年度报告	排污单位基本信息表①		是□　否□	
	污染防治设施正常情况汇总表——废水污染防治设施②		是□　否□	
	污染防治设施正常情况汇总表——废气污染防治设施③		是□　否□	
	污染防治设施异常情况汇总表——废气/废水防治设施④		是□　否□	
	污染防治设施异常情况汇总表⑤		是□　否□	
	(正常监测时段)有组织废气污染物排放浓度监测数据统计表⑥		是□　否□	
	(正常监测时段)废水污染物排放浓度监测数据统计表⑦		是□　否□	
	(正常监测时段)超标率⑧		是□　否□	
	非正常工况/特殊时段有组织废气污染物监测数据统计表⑨		是□　否□	
	监测频次合规⑩		是□　否□	
	实际排放量⑪		是□　否□	
	超标排放信息⑫		是□　否□	
	附图附件——自行监测布点图⑬		是□　否□	
	污染物实际排放量计算过程⑭		是□　否□	
季度报告	排污单位基本信息表①		是□　否□	
	污染防治设施异常情况汇总表⑤		是□　否□	
	实际排放量⑪		是□　否□	

续表

执行报告主要检查内容		实际执行	是否合规	备注
报告频次	年报＋季报(重点管理)□　　季报(简化管理)□		是□　否□	
季度报告	超标排放信息[12]		是□　否□	
	污染物实际排放量计算过程[14]		是□　否□	

① 排污单位基本信息表：排污单位应逐项填报“主要原料用量”“能源消耗”“运行时间”“主要产品产量”“全年生产负荷”“取排水”的数量或内容。

② 污染防治设施正常情况汇总表——废水污染防治设施：排污单位应逐项填报“废水污染防治设施运行时间”“污水处理量”“药剂使用量”的内容。

③ 污染防治设施正常情况汇总表——废气污染防治设施：排污单位应逐项填报“废气污染防治设施运行时间”“药剂使用量”的内容。

④ 污染防治设施异常情况汇总表——废气/废水防治设施：排污单位应逐项填报“开始时间”“结束时间”“故障设施”“故障原因”“采取的应对措施”“各排放因子浓度”的内容。

⑤ 污染防治设施异常情况汇总表：排污单位未填报“污染防治设施异常情况汇总表”的，应在本章节小结中说明污染治理设施不存在异常情况。

⑥（正常监测时段）有组织废气污染物排放浓度监测数据统计表：排污单位应结合自动监测和手工监测数据逐项填报“有效监测数据(小时值)数量”“监测结果”“超标数据数量”的内容。

⑦（正常监测时段）废水污染物排放浓度监测数据统计表：排污单位应结合自动监测和手工监测数据逐项填报“有效监测数据(日均值)数量”“浓度监测结果”“超标数据数量”的内容。

⑧（正常监测时段）超标率：“超标率”应与“有组织废气(废水)污染物超标时段小时/日均值报表”内容合理对应。

⑨ 非正常工况/特殊时段有组织废气污染物监测数据统计表：排污单位应逐项填报“起止时间”“有效监测数据(小时值)数量”“浓度监测结果”“超标数据数量”的内容。

⑩ 监测频次合规：“有效监测数据数量”应与排污许可证规定的监测频次要求合理对应。

⑪ 实际排放量：a. 排污单位应逐项填报“废水污染物实际排放量报表”中“主要排放口”“一般排放口合计”对应的“实际排放量”的内容，重点管理排污单位的主要排放口应按排放口逐个填报；b. 排污单位应逐项填报“废气污染物实际排放量报表”中“有组织废气主要排放口”“其他合计”对应的“实际排放量”的内容，重点管理排污单位的主要排放口应按排放口逐个填报。

⑫ 超标排放信息：排污单位应逐项填报废气(水)污染物超标时段小时(日)均值报表的“超标时段”“排放口”“污染物种类”“实际排放浓度”“超标原因”的内容，其中废气超标时段应逐个小时填报，废水超标时段应逐日填报；且超标排放信息表应和自行监测的超标监测数据统计对应，如有超标的监测数据，则此处应有超标时段污染物排放信息，并核实超标数据数量是否正确填报。

⑬ 附图附件——自行监测布点图：排污单位应上传“自行监测布点图”，且监测点位标注完整，如实反映实际监测点位布设位置。

⑭ 污染物实际排放量计算过程：排污单位应上传“污染物实际排放量计算过程”，完整说明数据来源、计算方法，且实际排放量计算方法应符合 HJ 1104——2020 中的要求。a. 依法安装使用污染物自动监测设备的，应按照污染物自动监测数据计算；未安装使用污染物自动监测设备的，应按照手工监测数据或 HJ 1104——2020 中要求的计算方法计算。b. 结合排污单位上传的计算过程附件及行业技术规范，判断实际排放量计算过程是否正确(注意手工监测与自动监测的计算公式不同)并进行核算，且实际排放量数据应与计算附件相一致。c. 判断实际排放量是否超出许可排放量，按照 HJ 1104——2020 的具体要求判断全厂总的实际排放量是否超过全厂总的许可排放量。

(4) 信息公开情况检查

表 8-27　信息公开情况检查表

序号	信息公开要求	排污许可证要求	实际执行	是否合规	备注
1	公开方式			是□　否□	
2	时间节点			是□　否□	
3	公开内容			是□　否□	

参考文献

[1] 国务院.《排污许可管理条例》(中华人民共和国国务院令 第736号)[Z]. 2021.

[2] 国务院办公厅. 关于印发控制污染物排放许可制实施方案的通知:国办发〔2016〕81号[Z]. 2016.

[3] 环境保护部. 排污许可管理办法(试行):环境保护部令 第48号[Z]. 2018.

[4] 国务院.《中华人民共和国环境保护税法实施条例》(中华人民共和国国务院令 第693号)[Z]. 2017.

[5] 生态环境部规划财务司. 排污许可管理手册(2018版)[M]. 北京:中国环境出版社,2018.

[6] 生态环境部. 固定污染源排污许可分类管理名录(2019年版):生态环境部令 第11号[Z]. 2019.

[7] 生态环境部. 企业环境信息依法披露管理办法:生态环境部令 第24号[Z]. 2021.

[8] 生态环境部. 关于固定污染源排污限期整改有关事项的通知(环环评〔2020〕19号)[Z]. 2020.

[9] 生态环境部. 关于开展工业固体废物排污许可管理工作的通知(环办环评〔2021〕26号)[Z]. 2021.

[10] 生态环境部,财政部,税务总局. 关于发布计算环境保护税应税污染物排放量的排污系数和物料衡算方法的公告:生态环境部、财政部、税务总局公告 第16号[Z]. 2021.

[11] 生态环境部. 关于发布《排放源统计调查产排污核算方法和系数手册》的公告:生态环境部公告 第24号[Z]. 2021.

[12] 生态环境部. 关于发布《一般工业固体废物管理台账制定指南(试行)》的公告:生态环境部公告 第82号[Z]. 2021.

[13] 环境保护部. 关于发布《危险废物产生单位管理计划制定指南》的公告:环境保护部公告 第7号[Z]. 2016.

[14] 财政部、税务总局、生态环境部. 关于环境保护税有关问题的通知(财税〔2018〕23号)[Z]. 2018.

[15] 财政部、税务总局、生态环境部. 关于明确环境保护税应税污染物适用等有关问题的通知(财税〔2018〕117号)[Z]. 2018.

[16] 生态环境部. 关于在京津冀及周边地区、汾渭平原强化监督工作中加强排污许可执法监管的通知(环办执法函〔2019〕329号)[Z]. 2019-03-27.

[17] 中共中央关于坚持和完善中国特色社会主义制度 推进国家治理体系和治理能力现代化若干重大问题的决定[A/OL]. (2019-11-05). http://www.gov.cn/xinwen/2019-11/05/content_5449023.htm.

[18] 中华人民共和国国民经济和社会发展第十四个五年规划和2035年远景目标纲要[N]. 人民日报,2021-03-13(001).

[19] 中共中央 国务院关于全面加强生态环境保护坚决打好污染防治攻坚战的意见[OL]. http://www.gov.cn/zhengce/2018-06/24/content_5300953.htm.

[20] 国家统计局. 国民经济行业分类:GB/T 4754—2017[S]. 北京:中国标准出版社,2017.

[21] 生态环境部. 排污许可证申请与核发技术规范 工业固体废物(试行):HJ 1200-2021[S]. 北京:中国环境科学出版社,2021.

[22] 生态环境部. 排污许可证申请与核发技术规范 日用化学产品制造工业:HJ 1104—2020[S]. 北京:中国环境科学出版社,2020.

[23] 环境保护部. 排污单位自行监测技术指南 总则:HJ 819—2017[S]. 北京:中国环境科学出版社,2017.

[24] 环境保护部. 排污许可证申请与核发技术规范 总则:HJ 942—2018[S]. 北京:中国环境科学出版社,2018.

[25] 生态环境部．排污许可证申请与核发技术规范 锅炉：HJ 953—2018[S]. 北京：中国环境科学出版社，2018.

[26] 生态环境部．排污单位环境管理台账及排污许可证执行报告技术规范 总则（试行）：HJ 944—2018[S]. 北京：中国环境科学出版社，2018.

[27] 环境保护部．排污单位编码规则：HJ 608—2017[S]. 北京：中国环境科学出版社，2018.

[28] 李干杰．持续推进排污许可制改革 提升环境监管效能[N]. 经济日报，2020-01-11(009).

[29] 黄润秋．以生态环境高水平保护推进经济高质量发展[N]. 经济日报，2020-09-13(001).

[30] 王金南，吴悦颖，雷宇，等．中国排污许可制度改革框架研究[J]. 环境保护，2016，44(3)：10-16.

[31] 李丽平，徐欣，李瑞娟，等．中国台湾地区排污许可制度及其借鉴意义[J]. 环境科学与技术，2017，40(06)：201-205.

[32] 宋国君，张震，韩冬梅．美国水排污许可证制度对我国污染源监测管理的启示[J]. 环境保护，2013，41(17)：23-26.

[33] 苏丹，王鑫，李志勇，等．中国各省级行政区排污许可证制度现状分析及完善[J]. 环境污染与防治，2014，36(7)：84-91，96.

[34] 薛鹏丽，孙晓峰，宋云．中瑞排污许可证制度的对比研究[J]. 环境污染与防治，2015，37(03)：62-65.

[35] 王宏洋，赵鑫，曲超，等．美国排水综合毒性在有毒污染物排放控制中的应用方法与启示[J]. 环境工程技术学报，2016，6(06)：636-644.

[36] 王淑一，雷坤，邓义祥，等．企业水污染源基于技术的排污许可限值确定方法及其案例研究[J]. 环境科学学报，2016，36(12)：4563-4569.

[37] 梁鹏，杜蕴慧，吴铁，等．欧盟最佳可行技术体系研究及对我国的启示——以钢铁行业为例[J]. 环境保护，2017，45(Z1)：90-92.

[38] 宋国君，贾册．中国空气固定源排污许可证内容设计[J]. 环境污染与防治，2019，41(07)：856-859.

[39] 王焕松，柴西龙，姚懿函．排污许可制度基层实践与顶层设计优化探索[J]. 环境保护，2018，46(8)：24-26.

[40] 沙克昌，陈永波，杜蕴慧，等．排污许可行业划分分析[J]. 环境影响评价，2020，42(02)：6-8，56.

[41] 龚盛昭，陈庆生．日用化学品制造原理与工艺[M]. 北京：化学工业出版社，2014.

[42] 汪键．实施排污许可落实治污主体责任[N]. 中国环境报，2018-05-25(003).

[43] 童莉，潘英姿．建立控制污染物排放许可制 强化企业全面落实环保主体责任[J]. 环境保护，2018，46(8)：14-16.

[44] 邹世英，杜蕴慧，柴西龙，等．排污许可制度改革进展及展望[J]. 环境影响评价，2020，42(02)：1-5.

[45] 王焕松，张亮，顾琦玮，等．日用化学产品制造工业排污许可管理技术要点解析[J]. 日用化学品科学，2021，44(09)：10-14.

[46] 戴伟平，邓小刚，吴成志，等．美国排污许可证制度200问[M]. 北京：中国环境出版社，2016.

[47] 邹世英，柴西龙，杜蕴慧，等. 排污许可制度改革的技术支撑体系[J]. 环境影响评价，2018，40(01)：1-5.

[48] 刘志全．完善排污许可制度体系，全面服务生态环境质量改善[J]. 环境与可持续发展，2021，46(01)：11-14.

[49] 程言君，王焕松，张亮．全力将排污许可制改革向纵深推进[N]. 中国环境报，2019-12-17(003).

[50] 卢瑛莹，冯晓飞，陈佳，等．排污许可证制度实践与改革探索[M]. 北京：中国环境出版社，2016.

[51] 王金南，吴悦颖，雷宇，等．中国排污许可制度改革框架研究[J]. 环境保护，2016，44(Z1)：10-16.

[52] 史学瀛，杨博文．我国环境保护税与排污许可管理的制度耦合与衔接机制[J]. 税收经济研究，2019，24(01)：17-24.

[53] 李挚萍，陈曦珩．综合排污许可制度运行的体制基础及困境分析[J]. 政法论丛，2019(01)：104-112.

[54] 吴满昌，程飞鸿．论环境影响评价与排污许可制度的互动和衔接——从制度逻辑和构造建议的角度[J]. 北京理工大学学报(社会科学版)，2020，22(02)：117-124.

[55] 梁忠，汪劲．我国排污许可制度的产生、发展与形成——对制定排污许可管理条例的法律思考[J]. 环境影响评价，2018(1)：6-9.

[56] 沈百鑫，李志林．从中德比较论我国环境许可制度的发展[J]. 中国环境管理，2018，10(04)：47-55.

[57] 王军霞,刘通浩,张守斌,等, 排污单位自行监测监督检查技术研究[J]. 中国环境监测,2019,35:23-28.

[58] 吴舜泽,多金环,李丽平,等. 排污许可制度国际经验及启示[M]. 北京:中国环境出版社, 2020.

[59] 马冰,董飞,彭文启,等. 中美排污许可制度比较及对策研究[J]. 中国农村水利水电, 2019(12): 69-74.

[60] 谢伟. 美国国家污染物排放消除系统许可证管理制度及其对我国排污许可证管理的启示[J]. 科技管理研究, 2019, 39(03): 238-245.

[61] 林业星,沙克昌,王静,等. 国外排污许可制度实践经验与启示[J]. 环境影响评价, 2020, 42(01): 14-18.

[62] 张建宇,庄羽. 美国国家污染物排放削减系统许可程序概述[J]. 环境影响评价, 2018, 40(01): 33-37.

[63] 王焕松,王洁,张亮,董妍. 我国排污许可证后监管问题分析与政策建议[J]. 环境保护,2021,49(09):19-22.

[64] 刘宁,汪劲.《排污许可管理条例》的特点、挑战与应对[J]. 环境保护,2021,49(09):13-18.

[65] NPDES Compliance Inspection Manual. EPA Office of Wastewater Management-Water Permitting. https://www. epa. gov/sites/production/files/2013-09/docume nts/npdesinspect0. pdf.

[66] U. S. EPA NPDES permit writers manual. EPA Office of Wastewater Management-Water Permitting. https://www. epa. gov/sites/production/files/2015-09/documents/pwm2010. pdf.

[67] Water Permitting101. EPA Office of Wastewater Management-Water Permitting. http://www. epa. gov/ np-des/pubs/101pape. pdf.

[68] Jensen Ditte M R, Thomsen Anja T H, Larsen Torben, Egemose Sara. From EU Directives to Local Stormwater Discharge Permits: A Study of Regulatory Uncertainty and Practice Gaps in Denmark [J]. Sustainability, 2020, 12:6317.

[69] Zhou J, Wang J, Jiang H, Cao D, Tian R, Bi J, Zhang J, Cheng X. A review of development and reform of emission permit system in China [J]. Journal of Environmental Management, 2019, 247:561-569.

[70] Ding Z. Study on the Permit System of Sewage Discharge Based On Water Pollution [J]. IOP Conference Series: Earth and Environmental Science, 2020, 598:012-017.

[71] Howe C W. Taxes versus tradable discharge permits: A review in the light of the U. S. and European experience [J]. Environ Resource Econ 4, 1994 (4): 151-169 .

[72] Mrozek J R, Keeler A G. Pooling of Uncertainty: Enforcing Tradable Permits Regulation when Emissions are Stochastic[J]. Environ Resource Econ, 2004, 29 (4): 459-481.

[73] Wu J. From Pollution Charge to Environmental Protection Tax: A Comparative Analysis of the Potential and Limitations of China' s New Environmental Policy Initiative[J]. Journal of Comparative Policy Analysis, 2018, 20(2):223-236.